AF341422

LE PIGEON

HISTOIRE NATURELLE

RACES D'UTILITÉ ET D'AMATEURS
REPRODUCTION — ÉDUCATION — HYGIÈNE — MALADIES
ÉCOLES DE TIR

PAR

EUG. GAYOT

DE LA SOCIÉTÉ CENTRALE D'AGRICULTURE DE FRANCE

> La gent maudite aussitôt poursuivit
> Tous les pigeons, en fit ample carnage,
> Et dépeupla les bourgades, les champs.
> *Les Vautours et les Pigeons.*

PARIS

E. DENTU, ÉDITEUR

Libraire de la Société des Gens de Lettres

PALAIS-ROYAL, 15-17-19, GALERIE D'ORLÉANS

LE PIGEON

PARIS. — IMPRIMERIE DE E. DONNAUD, RUE CASSETTE, 9.

LE

PIGEON

HISTOIRE NATURELLE

RACES D'UTILITÉ ET D'AMATEURS
REPRODUCTION — ÉDUCATION — HYGIÈNE — MALADIES
ÉCOLES DE TIR

PAR

EUG. GAYOT

DE LA SOCIÉTÉ CENTRALE D'AGRICULTURE DE FRANCE

La gent maudite aussitôt poursuivit
Tous les pigeons, en fit ample carnage,
Et dépeupla les bourgades, les champs.
Les Vautours et les Pigeons.

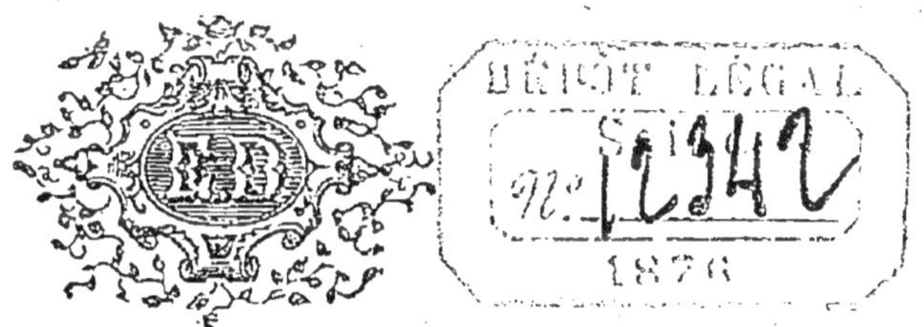

PARIS

E. DENTU, ÉDITEUR

LIBRAIRIE DE LA SOCIÉTÉ DES GENS DE LETTRES

PALAIS-ROYAL, 15-17-19, GALERIE D'ORLÉANS

1876

Dans le domaine de la ferme, trois mères-branches :
— les poules, — les lapins, — les pigeons.

J'ai fait — Poules et oeufs, — Lièvres, Lapins et Léporides, mêlés aux *Petits quadrupèdes de la maison et des champs ;* voici venir — Le Pigeon.

Au second livre j'avais pu souhaiter le succès du premier ; qu'à ce dernier-né échoie même destin. Je croirai alors avoir fait quelque bien.

C'est par une meilleure exploitation du poulailler que la richesse a pénétré dans la basse-cour et, par celle-ci — justement définie la corne d'abondance de la ferme, — que l'aisance est entrée sans bruit chez la modeste fermière et chez la ménagère avisée.

On avait, en notre pays, plus d'éloignement que de goût pour le lapin. La cherté de la viande de boucherie et la réalisation toujours ajournée du vœu du Roi Henri lui ont ouvert bien des portes par lesquelles passe aussi son nouveau compagnon — le léporide, et de nombreuses éducations ajoutent aujourd'hui une abondante et rapide production de viande à la production de plus en plus insuffisante de celle que fournit l'engraissement perfectionné des grandes espèces.

Autre source oubliée et négligée, le Pigeon doit à présent reprendre la place qu'il a tenue jadis dans notre économie rurale où son délaissement inopportun et un étrange préjugé ont creusé dans l'alimentation publique un vide qu'il importe de remplir.

Ce résultat est celui que vise ce livre nouveau — Le Pigeon.

Et maintenant qu'il aille, au gré des vents ou de la fortune, par monts et par vaux, chez les grands et chez les petits, chez les pauvres et chez les riches, ici, là, ailleurs, partout, car il portera quelque chose à tous, et qu'il y fasse son œuvre.

Eug. Gayot.

1er Juillet 1876.

LE PIGEON

A VOL D'OISEAU.

Non, et c'est étrange, les savants n'ont pas encore assigné sa place au pigeon, au pigeon qui, depuis soixante siècles — peut-être bien — a fait commerce d'amitié avec l'homme. Les uns le disent gallinacé ; certains le veulent passereau. Ni l'un ni l'autre pourtant, mais — lui — prétendent des gens bien informés, qui l'ont regardé de très-près ; ni l'un ni l'autre donc, je le répète, mais lui en dépit des points de contact qu'il a nécessairement avec ses plus proches ou de droite ou de gauche : ni ceci ni cela en somme, mais un intermédiaire, une nuance entre deux tons auxquels il sert de raccordement. Ainsi, ni passereau ni gallinacé, mais colombien.

Si, pour le caser définitivement, l'oiseau

> Au cou changeant, au cœur tendre et fidèle,

donne ainsi tant de fil à retordre aux naturalistes, on ne voit pas que les agriculteurs aient beaucoup mieux réussi à déterminer, parmi ceux qu'ils tiennent, qu'ils retiennent à un titre quelconque, ou sa véritable place ou ses véritables fonctions dans l'économie domestique ou rurale. Nous ne saurions dire, en effet, que nous ayons sérieusement pris la direction

dc ses facultés, que nous utilisions ses aptitudes à notre gré
d'une façon plus ou moins sûre : ou que nous nous soyon
imposé la tâche de donner satisfaction à tous ses besoins
Aussi a-t-il gardé de son indépendance autant qu'il a voulu
S'il vit en partie à côté de nous, il ne vit encore que dan
une certaine mesure pour nous et par nous.

Buffon avait déjà constaté ce fait. « Il était aisé, a-t-i
écrit, de rendre domestiques des oiseaux pesants, tels qu
les coqs, les dindons et les paons; mais ceux qui sont léger
et dont le vol est rapide demandaient plus d'art pour êtr
subjugués. Une chaumière basse, dans un terrain clos, suffi
pour contenir, élever et faire multiplier nos volailles; il fau
des tours, des bâtiments élevés, faits exprès, bien enduit
en dehors et garnis en dedans de nombreuses cellules, pou
attirer, retenir et loger les pigeons. Ils ne sont réellemen
ni domestiques comme les chiens et les chevaux, ni prisonniers comme les poules. Ce sont plutôt des captifs volontaires, des hôtes fugitifs, qui ne se tiennent dans le logemen
qu'on leur offre qu'autant qu'ils s'y plaisent, qu'autant qu'il
y trouvent la nourriture abondante, le gîte agréable et toute
les commodités, toutes les aisances nécessaires à la vie; pou
peu que quelque chose leur manque ou leur déplaise, il
quittent et se dispersent pour aller ailleurs. Il y en a mêm
qui préfèrent constamment les trous poudreux des vieille
murailles aux boulins les plus propres de nos colombiers;
d'autres qui se gîtent dans des fentes et des creux d'arbres;
d'autres qui semblent fuir nos habitations et que rien ne
peut y attirer; tandis qu'on en voit au contraire qui n'osen
les quitter, et qu'il faut nourrir autour de leur volière qu'ils
n'abandonnent jamais. »

Ainsi que d'autres, l'espèce du pigeon, se rapprochant
beaucoup en cela de l'espèce ovine, témoigne qu'il y a bien
des degrés dans cette condition spéciale qui est la domesticité, c'est-à-dire dans la puissance exercée par l'homme
sur les animaux dont il cherche à faire coïncider les efforts,

le labeur, le fonctionnement régulier avec ses propres desseins, avec ses vues plus ou moins intéressées. A l'appui de cette assertion les preuves abondent. L'abeille à laquelle nous offrons une habitation et à qui nous prenons le fruit de son travail — le miel et la cire — sans lui avoir toujours fourni une nourriture appropriée, est bien moins sous notre dépendance que la cochenille, par exemple, dont nous réglons la multiplication et pour laquelle, avec précaution, nous préparons les nopals. Abeilles et cochenilles nous sont moins complétement soumises que ne l'est le ver à soie. Le lapin de clapier est nôtre assurément, en tant que, pour lui, il y a force majeure ; mais que les liens de sa captivité s'élargissent et tout aussitôt il nous échappe. Le chat, n'en déplaise à ses meilleurs amis, ne nous a sacrifié aucun de ses instincts. De nous il use et il abuse, au gré de ses besoins ou de sa satisfaction individuelle, en bon égoïste, sans le moindre souci des désirs ou de la volonté du maître. On a fait autrefois quelque bruit autour d'un pisciculteur habile qu'on avait surnommé le dompteur de poissons ; mais il n'est pas à supposer qu'on aille jamais jusqu'à appliquer la qualification de domestiques ni aux poissons de nos étangs ni à ceux qui viennent ou qui pourront venir au monde de par la pisciculture, alors même que cette science aura dit son dernier mot.

Les pigeons sont plus près de l'homme, sous sa dépendance plus immédiate, et sont à la fois plus éloignés et non moins indépendants. Il en est qui, dès longtemps, ne savent plus se passer de l'assistance devenue indispensable du maître ; mais d'autres semblent de moins en moins disposés à se donner, comme ceux-ci, corps et âme. Les uns et les autres pourtant, cela semble hors de doute, pourraient être également acquis ou conquis : acquis au même degré, conquis au même titre. S'il en est autrement, s'il en est d'insoumis ou de quasi réfractaires à la domesticité, est-ce donc la faute de l'oiseau ? Je crois bien plutôt que c'est la faute de celui qui s'est appelé « le souverain légitime, » rien que cela. M'est avis, en effet, qu'après avoir été en pleine possession de l'espèce à laquelle il avait fait dans l'économie générale une large place, à tous égards justifiée, l'homme peu à peu a rétréci cette place et négligé l'espèce. Ainsi rendue de plus en plus à elle-même, cette dernière s'est peu à peu retirée et successivement ensauvagée. Qu'en est-il résulté pour l'oiseau ? Tout simplement, il est rentré dans le giron de la nature et, grâce à Dieu, il est resté lui-même. Ce n'est pas l'ordinaire. Plus habituellement, les espèces abandonnées ou pourchassées retombent à l'état barbare. Très-heureusement, le pigeon a été préservé de toute déchéance. En l'abandonnant, on ne l'a ni poursuivi ni persécuté ; il a continué de vivre à sa guise, dans la plénitude de sa liberté, pourvoyant à ses seuls besoins et produisant tout juste pour lui, sans effort, et sans avoir à subir les effets d'aucun stimulant spécial. En cette condition il ne se doit qu'à lui-même ; son existence est singulièrement simplifiée.

Puisque j'ai mis le bout du pied sur ce terrain, j'ouvre une parenthèse et incidemment, très-légèrement surtout, j'effleurerai un beau sujet d'étude qui, par aventure, apporte son petit tribut à la question du pigeon telle que je la pose et l'envisage ici.

En peu de mots donc, qu'est-ce qu'un animal ? quel rôle remplit-il dans l'ordre général de la création ? quels sont ses rapports avec l'éducateur qui insensiblement se l'approprie ? L'animal peut être défini un être vivant, c'est-à-dire capable de se nourrir et de se reproduire, doué en outre de la faculté de sentir ou connaître, et de la faculté de vouloir.

Cette réunion de propriétés élève l'animal fort au-dessus de la plante. Simple automate vivant, celle-ci se nourrit et s'accroît en dehors de tout vouloir, sans en avoir connaissance, et de même se reproduit sans concourir spontanément à la perpétuité de l'espèce. Ces phénomènes s'exécutent en la plante par le jeu de forces et de lois indépendantes d'elle-même. En cela gît la différence. La faculté de vouloir — don spécial, attribut supérieur — fait de l'animal une créature bien autre et de haut titre, douée d'une initiative propre en vertu de laquelle il peut produire en lui-même des changements d'un certain ordre. Il a donc une part de liberté, et aussi conscience de ses besoins et de ses penchants. En lui, ni nutrition ni reproduction sans une participation directe, effective; mais un instinct impérieux le domine et sagement garantit, contre des écarts de volonté ou contre les bizarreries du caprice, l'exécution des actes importants auxquels il a le privilége de s'associer.

La plante a pour mission de former de la matière végétale aux dépens du règne inorganique. Qu'elle se nourrisse ou qu'elle se reproduise, le dernier résultat de ses fonctions est cela — organiser une certaine quantité de matière pour en former un végétal ou des portions de ce végétal.

L'animal a des fonctions analogues mais plus étendues : il organise de la matière animale, aliment plus riche que la substance végétale; il donne des produits variés utilisables pour l'industrie, ou des engrais propres à fertiliser la terre; et lorsqu'il consent à prêter ses forces, celles-ci peuvent être converties en un travail fructueux. En d'autres termes, indépendamment de sa propre substance, l'animal domestiqué nous apporte le travail volontaire dont il est capable.

La matière animale est produite sous deux formes essentielles et par deux grandes fonctions — la nutrition et la reproduction. En nommant celle-ci, on donne une idée de l'influence heureuse ou défavorable que la main de l'homme peut exercer sur la machine entière, très-ductile et très-malléable en réalité. Suivant qu'il s'y entend et qu'il s'y emploie avec suite, ou qu'il abandonne les choses au hasard, qu'il les voue à l'incurie, l'éducateur fait naître des animaux de bonnes ou de mauvaises races; en avance ou en retarde le développement; en maintient ou en accroît les aptitudes; provoque à sa convenance la prépondérance de celle des facultés dont il attend l'effet le plus complet, et par là augmente ou restreint l'utilité et la valeur des produits recherchés.

Voilà deux machines merveilleusement agencées : l'une pour former de la substance végétale, l'autre pour organiser de la substance animale, toutes deux créant des matières premières ou devenant à leur tour une matière première dont l'homme fait emploi et tire diversement parti. De ces matières ainsi obtenues, il en est comme de celles que la plante et l'animal organisent, elles servent à réaliser des produits nouveaux. Or, pour réaliser ces derniers, il a fallu imaginer des machines. Ceux qui les ont inventées, à leur insu ont imité le fait qu'ils avaient sous les yeux. On n'a sûrement rien trouvé de comparable soit au végétal, soit à l'animal, mais dans la mesure de son génie l'homme a certainement accompli des prodiges. Et de même que les êtres vivants, automates ou conscients, élaborent les matières qui peuvent ou les former eux-mêmes ou devenir la source de leurs différents produits, de même les machines d'invention et de construction humaines, artificiellement mises en activité, achèvent l'arrangement, disposent d'une manière prévue les matières qui leur sont fournies et qui pour cette fin ont été préalablement préparées.

Les machines industrieusement établies travaillent et fonctionnent à petit ou à grand résultat, suivant le point de perfection où on a pu les élever et où l'on sait les maintenir : de même encore les machines vivantes opèrent, fonctionnent en raison du degré de perfection où elles ont été successivement amenées.

Toute cause d'utilité ou de profit est là. L'art du cultivateur, la science de l'éleveur n'ont pas d'autre assise.

Tout en obéissant aux mêmes lois, chaque plante et chaque animal a ses propriétés, sa destination spéciale, son adaptation particulière, son utilité propre. Le ver à soie ne produit ni le miel ni la cire ; l'abeille n'empiète sur aucun autre et strictement se renferme dans son rôle. Le bœuf ne fabrique que de la viande de bœuf. Le lait de la vache est autre que ceux de la chèvre ou de la brebis. Viandes noires et viandes blanches ne sont pas indistinctement produites par le même animal. Non moins que les autres, le pigeon est dans la règle commune et se tient à son rang sur l'échelle de la création.

Nos pères en ont fait la conquête plus ou moins facile, plus ou moins complète. Comme oiseau alimentaire ou comme messager, il a depuis lors rendu des services spéciaux, et il les a rendus dans la mesure même où ils lui ont été demandés, mesure plus étendue autrefois que de nos jours. A-t-on été bien judicieux lorsqu'on a réduit la place qu'il occupait jadis sur les degrés de l'échelle de la civilisation des espèces? ferait-on sagement si l'on rendait à sa culture l'importance qu'elle avait jadis? En cette considération est la raison de ce livre. Je ne crois pas seulement à l'utilité du pigeon, je crois surtout à la nécessité de le maintenir au rang supérieur où l'ont élevé tout à la fois sa destination et nos besoins.

Celles de ses races qui ont consenti à se mettre sous la domination exclusive de l'homme appartiennent à la domesticité pure ou absolue. Leurs représentants sont à proprement parler de la maison. Ils en font partie; ils y vivent et ils en vivent. En retour de l'assistance qu'on leur accorde, de la sollicitude intéressée, je voudrais pouvoir dire éclairée, dont on les entoure, ils doivent tous leurs produits. C'est au possesseur, car il est bien le maître ici, à élever ces produits à leur plus haute qualité et à leur maximum de rendement. L'oiseau s'y prête; la machine est admirablement et puissamment organisée, tant pis pour ceux qui ne savent pas la faire fonctionner à grand résultat.

Celles de ses races, au contraire, qui, pour une cause ou pour une autre, ont échappé à cette soumission entière et qui, par cela même, ont repris leur libre arbitre, ne sont plus, Buffon l'avait judicieusement constaté, que des passagers ou des hôtes temporaires.

Aux races civilisées, soit aux pigeons de volière, lesquels

ne sauraient plus vivre ou se maintenir sans l'appui constant du maître, nous n'avons rien de plus à demander. Ils sont dans la loi commune. Ils prospèrent à des degrés divers en raison des soins plus ou moins attentifs de l'éleveur. Ils n'y sont point réfractaires; à une culture intensive ils répondent par les plus gros rendements dont soit susceptible l'espèce parvenue à son fonctionnement le plus rapide et le plus large.

Des autres races, soit des pigeons de colombier, nous avons quelque chose de plus à attendre tout en les laissant, plus que les autres, à leur destination primitive, à leur utilité pratique. Cette dernière n'a peut-être été ni bien comprise ni exactement déterminée. J'essaye de le faire.

Les animaux complétement asservis à l'homme demeurent avec lui, tout près de lui, et ne rayonnent qu'à de petites distances. Alors même qu'on leur accorde une liberté relative, les oiseaux de basse-cour s'éloignent peu des habitations. Ils ne s'écartent pourtant pas sans trouver et sans ramasser victuailles plus ou moins abondantes et profitables. De la sorte ils utilisent une masse de matières qui seraient perdues et purgent le terrain d'une foule d'autres nuisibles à un degré quelconque — deux bénéfices pour un. Eh bien, ce qu'ils font dans le voisinage de la demeure n'est point fait pour des terrains situés en dehors du rayon ordinaire d'exploration où la *besogne ne serait ni moins heureusement ni moins profitablement* accomplie. Là donc se perd, sans utilité aucune, tout ce qui n'est pas ramassé; là se trouve livré à toute sa force de reproduction et d'expansion ce qui n'est pas mis hors d'état de nuire ou à ceci ou à cela.

Nombre d'oiseaux — sauvages par bonheur — se tiennent loin des lieux habités et justement opèrent là, à distance — par nécessité, car il faut vivre d'abord, *primo vivere* — à l'instar des oiseaux domestiques dont je viens de parler. Ils accomplissent la même tâche et rendent des services plus méconnus qu'appréciés. Sur ce point, je ne veux pas en dire davantage.

Pour le moment, en effet, je ne me proposais que d'établir ce fait, à savoir : le pigeon de colombier est au nombre de ceux qui, pendant une grande partie de l'année, vivent de grenailles sans valeur, inutilisables pour nous, sans autre emploi d'ailleurs, et dont la multiplication désordonnée devient souvent le fléau des cultures. Seul parmi nos quelques oiseaux domestiques, il peut aller au loin remplir, au profit d'un maître intelligent, une fonction spéciale et nécessaire, d'autant plus utile que les granivores, ses congénères indépendants, semblent devenir de moins en moins nombreux.

Voilà suffisamment justifiée la destination du pigeon et aussi la place particulière qu'il doit occuper parmi les espèces civilisées. Nous y reviendrons.

COUP D'AILE DANS LE PASSÉ.

Seul, un archéologue de la science pourrait se lancer à travers l'espace et les temps antiques à la difficile poursuite du pigeon domestique. Sa légende, M. Toussenel nous l'a fort bien dit, se retrouve au fond des plus vieilles traditions de l'Asie. Elle remonte donc au-delà du déluge. Malgré cela, le fait est sans second, l'oiseau existe à la fois en l'état de nature ou de sauvagerie et en l'état de soumission absolue. Dans l'ordre de la domestication, dans le monde des oiseaux même, il y aurait néanmoins plus ancien que lui. On suppose, non sans raison peut-être, que le faucon s'est, le premier, rapproché de l'homme pour se donner le plaisir de chasser en sa compagnie. La douce colombe, notre pigeon, ne se serait donnée que plus tard, après l'invention du blé. Pareil à ceux que la gourmandise avait engagés,

> ...Quos improba ventris
> Exegit cœcos rabies,

l'oiseau n'aurait donc été guidé que par l'amour du ventre;

La façon dont il se comporte au colombier dément et réfute victorieusement cette grave accusation. Effectivement, dans ce petit palais aménagé à sa convenance et dans ses entours, où, en pleine liberté, on lui offre à peu près tout ce qu'il peut désirer, il ne s'établit guère à poste fixe. Soit ennui, soit besoin d'entreprendre quelque voyage au long cours, il quitte brusquement, comme piqué par la tarentule, et presque toujours sans retour, son berceau,

Bon souper, bon gîte, et le reste,

pour courir les aventures et visiter des régions inconnues.

A une bête intelligente, en l'espèce il n'y en a pas d'autres, rien n'interdit de venir là où elle est assurée de rencontrer nourriture à son gré. Aisément donc on peut comprendre que l'apparition du blé ait été comme un signe d'appel, comme une sorte d'invite pour le pigeon, et que, pour goûter à ce fruit nouveau — lequel dans aucun cas ne pouvait être pour lui le fruit défendu — il soit en effet venu s'installer sans façon et successivement sur tous les points où la culture mettait la céréale conquise, l'aliment convoité. Mais le blé n'a qu'une saison. Aux gourmands et aux gourmets du dehors, il ne fournit qu'une nourriture passagère. Celle-ci hors de la portée de l'oiseau, il ne s'est pas envolé; il n'a point disparu. Loin de là, il a demeuré; il s'est fait le compagnon fidèle de l'homme qui l'a définitivement conquis pour l'exploiter à son profit. Si de tout cela le blé a été la cause première, la timide colombe, perdant sa liberté, a payé cher son laisser-aller, le péché de gourmandise qu'elle aurait imprudemment commis là ! Pour mon compte, j'ai peine à accepter pareille interprétation, imitée de la fable du « cheval s'étant voulu venger du cerf ». et volontiers je lui en substitue une autre — la mienne.

Pour pousser avec vigueur, pour grainer avec luxuriance, le blé — notre précieuse céréale — réclame une culture très-recherchée. Après l'avoir semé en terre fertile, convenablement préparée, il faut le débarrasser d'une foule de mauvaises

herbes qui, pour croître et se parfaire, lui disputent les éléments de sa prospérité. Si bien entendus ou si complets que
soient donnés les soins exigés, nombre de parasites échappent au sarclage, vivent à ses côtés et fructifient quand
même. Partie de cette grenaille récoltée avec lui, peut être
servie aux hôtes de la basse-cour, qui s'en nourrissent et
conséquemment la transforment en produits, œufs, viande,
plumes ; mais en plus grande abondance elle s'est répandue
sur le sol qu'elle a par avance et luxueusement infesté. Livré
à ses propres ressources, le cultivateur ne viendrait pas à
bout de ces mauvaises semences ; seul il serait absolument
impuissant à en réduire le nombre à des proportions moins
exagérées et à protéger efficacement contre un envahissement
mortel les bonnes graines qu'il sème à son usage personnel.
Là est la fonction spéciale de certains oiseaux, ses utiles auxiliaires et ses actifs serviteurs. Entre ces derniers, l'un des
plus sûrs est sans contredit le pigeon. Je le qualifie ainsi parce
qu'il est possible de le fixer et de l'attacher à une besogne
qui ne doit point être négligée, qui doit être faite en temps
opportun comme toutes les choses de l'agriculture, et qui
consiste, je le répète, à aller au loin dans la campagne, consciencieusement ramasser les semences nuisibles aux futures
récoltes. La perdrix, la caille, d'autres encore partagent avec
lui cette utile fonction dont l'importance passe trop ina-
perçue. Mais ces oiseaux n'y suffiraient pas, et d'ailleurs
aucun d'eux ne se prête comme celui-ci à remplir l'office de
serviteur en permanence, de travailleur en quelque sorte
attitré.

Avant donc de prélever une part quelconque — sa part à
vrai dire, soyons juste — de la récolte du blé à l'abondance
de laquelle il a certainement contribué, le pigeon, expurga-
teur du sol à sa manière, a débarrassé les terres d'une foule
de grenailles dont la végétation rapide eût fait obstacle considérable à la pleine réussite de la céréale.

En se rapprochant de l'homme, l'oiseau n'a donc pas seu-

lement cédé à la tentation de lui dérober du blé, aliment
nouveau et friandise tout à la fois; il a obéi à un sentiment
tout autre. Subissant sa destinée, il est venu dans son utilité
propre remplir son rôle, accomplir la tâche qui lui est spécialement attribuée. Et d'ailleurs il ne se nourrit ni sans profit
ni sans compensation; il fait de la viande, il élève des petits, il
laisse de l'engrais, et tous ces produits appartiennent au maître.

Voilà mon interprétation. Est-elle plus exacte, est-elle plus
rationnelle que la première? Je l'espère, je le crois; mais je
n'en sais rien. En la donnant, je ne l'impose pas et, par ce
côté tout au moins, je me montre d'assez bonne composition.
— C'est toujours cela.

Quoi qu'il en soit, « l'invention » du blé remonte loin dans
le passé et la domestication du pigeon ne date pas d'hier.
M. Toussenel, qui a fait sur ce point de curieuses recherches,
dit expressément : les plus vieux bouquins de l'extrême
Orient, d'où nous vient toute lumière, constatent unanime-
ment l'existence du pigeon domestique. Et puis il y a le témoi-
gnage irrécusable de la Bible. En effet, le livre saint rapporte
que Noé, le capitaine de l'Arche que vous savez, voulant enfin
se renseigner sur ce qui se passait à distance, lâcha le corbeau et le pigeon. Se trouvant bien de la liberté qui lui avait
été rendue, le premier la conserva. L'autre, au contraire, messager de bonne nouvelle, revint tenant en son bec un rameau
vert. Voilà, certes, qui autorise à penser que l'habitude de
rentrer au logis et de vivre sous la main de l'homme était
déjà pour le pigeon une seconde nature dès avant le déluge,
au temps de la génération adamique.

L'Écriture grecque, qui n'est pas de beaucoup moins vieille
que l'Écriture sainte, donne une preuve non moins certaine
des habitudes familières de l'oiseau lorsqu'elle rapporte cette
coutume : au moment de s'unir, « les jeunes fiancés offrent à
Vénus deux colombes pour se rendre propice la déesse qui
prolonge, suivant qu'il lui plaît, la durée des lunes de miel. »

Il y a d'autres témoignages à la suite. Moins anciens que

ceux-ci, ils disent seulement que l'espèce conquise est restée la propriété du maître qui a pu l'exploiter à loisir dans la limite de ses besoins.

Sous le rapport religieux, le pigeon est légendaire. A Vénus, déesse de la beauté et de l'amour, était consacrée la colombe. Nonchalamment étendue sur un léger traîneau, la jeune immortelle se promenait à travers les espaces célestes, agréablement emportée par deux de ces charmants oiseaux attachés au char par des faveurs roses. En ce moule gracieux, la religion chrétienne a incarné l'Esprit-Saint et sous cette forme le fait descendre du ciel. C'est aux bons offices du pigeon blanc qu'avait recours Mahomet pour converser avec l'ange Gabriel. Entre Dieu et son prophète, il y avait ces deux intermédiaires — un ange et un pigeon — deux emblèmes d'amour, de pureté et d'innocence.

Les services du pigeon, comme messager d'amour et comme messager politique, remontent également aux époques les plus reculées. La première application de ce mode de transport et de communication entre gens éloignés ou privés de leur liberté, est attribuée aux amoureux des rives de l'Euphrate où la femme a toujours été esclave ou captive. De l'Orient la chose a passé en Europe sans y devenir très-usuelle, sans s'y élever à la hauteur d'une institution. Elle s'y est conservée toutefois, grâce surtout à la Belgique, pays *où l'oiseau semble être plus généralement en honneur que* chez nous.

De la poste aux pigeons personne n'avait encore médit : mais de tout on abuse. Des juifs tripoteurs audacieux, indélicats, sans honte ni vergogne, la faisant servir à des manœuvres ou à des jeux de Bourse, l'ont salie et déshonorée comme ils salissent et déshonorent tout ce à quoi ils touchent. Or, à quoi ne touchent-ils pas? En ce moment et de divers côtés, on s'ingénie à perfectionner ce moyen de communication. Il a rendu quelques services à la France en 1870-1871, pendant cette guerre maudite durant laquelle le premier souci d'un ennemi, plus barbare que civilisé, a été d'intercepter tous rapports, toutes relations quelconques entre les contrées envahies et les autres.

Le pigeon voyageur appartient à une race particulière dont nous parlerons à sa place. Nous voulions seulement constater au passage qu'il est de vieille, de très-vieille souche, et que si, le cultivant avec plus d'art que nous ne l'avons fait jusqu'ici, nous parvenons à lui donner et plus d'utilité pratique et plus de valeur réelle, nous ne ferons que le ramener à la condition plus haute qu'il a eue dans les temps anciens. Voyageur ou non, au surplus, il a été en grande estime chez les anciens. Au rapport de Pline, bien des gens se passionnaient pour lui en lui édifiant des tours au-dessus de leurs maisons et en tenant bonne note ou registre de la généalogie de celles de ces familles réputées les plus nobles. Et ceci n'était ni simple amusement, ni vaine ou inutile occupation, car à une époque antérieure à la guerre civile de Pompée, Varron cite un certain Axius, chevalier romain, qui vendait ses pigeons quatre cents deniers la paire, soit 360 francs de notre monnaie.

Et maintenant, ne pouvant dire mieux, disons avec M. Toussenel, appréciateur judicieux et fort bon juge : « La conquête du pigeon fut, en tout cas, une des plus belles de l'industrie humaine, car elle a considérablement accru l'agrément de la demeure de l'homme et la masse de ses ressources alimentaires. Elle lui a été tout profit, et c'est cette considération qui m'incite à dénoncer à l'opinion publique l'une des plus grandes iniquités sociales, économiques et politiques de ce malheureux temps. Je veux parler de la persécution désastreuse que le Code civil, né de la Révolution de 89 et aidé de la complicité des autorités municipales et départementales, a déchaînée sur le pigeon fuyard, au détriment immense de l'intérêt de tous. C'est une supplique que j'adresse à MM. les préfets à qui la loi a confié la tutelle des malheureux pigeons et aussi celle des malheureux perdreaux et des malheureux lièvres, et que je regrette d'être obligé de traiter de tuteurs infidèles.

« Chose pénible à penser, plus triste à dire encore! le pigeon de colombier, qui est le plus frugal et le plus inoffensif peut-être de tous les voiliers de l'air, est le seul cependant auquel la loi française ait songé à faire expier le crime de ses prétendues sympathies politiques. Parce que le droit de posséder un colombier était jadis privilége nobiliaire, le peuple des campagnes, égaré par ses haines pour un passé odieux, a voulu à toute force voir dans l'habitant de la tour féodale un complice et un partisan du régime foudroyé dans la nuit du 4 août, comme si l'infortuné volatile avait jamais été libre d'émettre une opinion politique quelconque et de choisir entre ses bourreaux! Bien des institutions démolies par la tempête révolutionnaire de la fin du siècle dernier se sont relevées depuis, bien des erreurs se sont amnistiées de part et d'autre, bien des rancunes d'ordre se sont refroidies et calmées; le colombier tout seul attend et ne voit pas venir le jour de la réparation. De louables magistrats, de savants jurisconsultes, des orateurs puissants se sont levés durant cet intervalle de soixante-dix ans et plus pour prendre la défense de la perdrix, du rouge-gorge, du faisan, du chevreuil, etc., etc., pour essayer de soustraire à l'extermination imminente une foule de gibiers des bois, de la plaine, gibiers royaux ou non..., mais aucune voix éloquente n'a osé se faire entendre jusqu'ici en faveur du pigeon fuyard, victime de l'ignorance administrative bien plus encore que des préjugés populaires. Nos annales parlementaires conservent avec amour le souvenir de cette discussion mémorable de la loi du 3 mai, où l'on vit une majorité d'hommes graves emportés par un louable excès de sollicitude à l'égard de la caille, retirer hardiment cet oiseau vagabond de la catégorie des oiseaux de passage pour le préserver des périls attachés à ce titre. Pourquoi l'idée n'est-elle pas venue à nos législateurs, quand ils étaient en si belle veine de sagesse, de réviser la législation draco-

nienne qui pèse sur le pigeon domestique?... sur le pigeon
fuyard, qui orne plus fréquemment que la caille la table du
pauvre monde et qui fournit à la culture de l'oignon et à celle
du chanvre un engrais spécial si puissant! admirez, je vous
prie, les fausses conséquences des passions politiques et des
réactions aveugles de l'esprit de parti! C'était le travailleur
des champs, c'était la production du sol que les réformateurs
de 1789 prétendaient protéger d'une façon toute spéciale, en
vouant le biset à l'extermination ou à la détention perpétuelle, ce qui revient au même..., et c'est précisément sur la
tête de l'agriculteur et sur celle de ses fils qu'est retombé le
sang de l'innocent! »

La législation contre laquelle s'élève ici M. Toussenel est
fort simple. Après avoir aboli le droit exclusif de colombiers, privilége nobiliaire qui n'aurait aucune raison de revivre et dont personne ne regrette la suppression, elle édicte
ces deux dispositions :

« Les pigeons seront renfermés aux époques fixées par les
communautés, durant lequel temps ils seront regardés
comme gibier, et chacun aura le droit de les tuer dans son
terrain. » (Décret du 4 août 1789.)

« Si des volailles de quelque espèce que ce soit causent du
dommage, le propriétaire, le détenteur ou le fermier qui
l'éprouvera, pourra les tuer, mais seulement sur le lieu, au
moment du dégât. » (Loi du 6 octobre 1791.)

C'est tout, et pourtant — là est le mal.— ce texte en apparence inoffensif, a rapidement amené la dépopulation des colombiers. Ceux qui, par privilége spécial, précédemment en-
tretenaient des pigeonniers sur tous les points du territoire,
n'étant pas en odeur de sainteté auprès des populations
émancipées, se hâtèrent de les vider. La destruction autorisée,
autant dire ordonnée, aidant, l'affaire ne fut pas longue. Ceux,
au contraire, pour qui venait d'être conquis le droit d'en
établir n'abusèrent pas de la permission. Sous l'interprétation
malveillante de la loi, grâce aussi à son application arbitraire,

les uns s'en sont prestement allés et les autres ne sont point venus. De là une diminution très-considérable de l'élevage domestique. Aussi, a-t-on pu dire, sans risque d'être contredit en réalité : depuis la Révolution française, le pigeon est descendu ou à peu près au rôle d'oiseau d'agrément. Autre est sa destination; sa fonction est à la fois plus haute et plus large. A tous les points de vue, il y a lieu de regretter que la loi ait donné aux autorités locales tant de facilité d'abuser d'un pouvoir mal défini. Voici plus de quatre-vingts ans que les choses sont sur ce pied, que l'alimentation publique est privée du notable appoint que lui fournissait autrefois la culture de l'espèce.

Le calcul en a été fait jadis; il est bon à reproduire. Je le place dans le chapitre suivant.

UNE DÉNONCIATION EN RÈGLE.

C'est à la *Société d'agriculture du département de la Seine,* qu'a été apportée la déclaration des pertes résultant de la malencontreuse dépopulation des colombiers en France. La communication qui la contient est signée *de Vitry;* mais l'année où elle s'est produite me reste inconnue. La date précise n'a aucune importance, la date approximative a de l'intérêt. Il m'est facile d'établir cette dernière.

En 1788, l'association dont il s'agit ici et dont la fondation remontait à 1761, était constituée en *Société royale et centrale d'agriculture de France.* Comprise dans la suppression de toutes les sociétés savantes, ordonnée en 1793, elle se réorganisa en 1798 sous le titre de *Société d'agriculture du département de la Seine.*

Le 7 octobre 1804, un nouveau décret la qualifiait *Société impériale d'agriculture,* et le 4 février 1815, elle reprenait son ancienne dénomination de *Société royale et centrale d'agriculture de France.*

C'est donc de 1798 à 1804 qu'a été présenté le mémoire très-étudié de M. Vitry, c'est-à-dire après un laps de temps assez long pour que pût être bien appréciée la lacune laissée dans l'alimentation générale par l'immense dépopulation des colombiers seigneuriaux que d'autres n'avaient pas remplacés. M. Vitry établissait la petite statistique suivante :

« Au moment de l'arrêt porté contre les pigeons fuyards, il y avait quarante-deux mille communes en France; il y avait donc quarante-deux mille colombiers. Je sais que dans les villes il n'en existait pas, et qu'on n'en voyait pas dans les communes rurales des environs de Paris ; mais je sais aussi qu'on en trouvait deux, trois et quelquefois plus dans un très-grand nombre de villages ; et je pense être bien loin de toute exagération en comptant un colombier par commune.

« Il y avait des colombiers où l'on comptait trois cents paires de pigeons ; mais, pour aller au-devant de toute objection, je ne compterai que cent paires par colombier, et seulement deux pontes par an, laissant la troisième pour repeupler et remplacer les vides occasionnés par les événements. Or, cent paires par colombier donneraient un total de quatre millions deux cent mille paires, chaque paire donnant facilement quatre pigeons par an, il en résulte seize millions huit cent mille pigeonneaux. Chaque pigeonneau pris en nid au bout de dix-huit ou vingt jours, plumé et vidé, pèse quatre onces. Les quarante-deux mille colombiers fournissaient donc soixante-quatre millions huit cent mille onces d'une nourriture saine, et en général à un prix assez bas. On a vu le jeune pigeonneau ne se vendre couramment que quatre sous dans plusieurs départements.

« Enfin, en divisant soixante-quatre millions huit cent mille onces par seize pour connaître le nombre de livres de viande dont l'arrêt contre les pigeons nous a privés, on trouvera qu'à l'époque de leur proscription les colombiers entraient pour quatre millions deux cent mille livres pesant de viande dans la nourriture de la France, et diminuaient d'autant la consommation des autres substances animales. »

Depuis 1789, fait remarquer à ce sujet, M. Toussenel, la production de la viande de pigeon ayant décru des trois quarts, le prix des autres denrées alimentaires s'est accru de ce déficit.

L'observation est fort juste. Le fait qu'elle relève montre avec quelle prudence, même aux époques troublées, il faut toucher aux questions qui tiennent à celle des subsistances.

Si le décret du 4 août 1789 s'était borné à détruire un privilége, il y a lieu de supposer que nombre des colombiers existants eussent été conservés à l'exploitation régulière de l'espèce et que nombre d'autres, s'élevant à côté, eussent maintenu, sinon augmenté l'importance de la population ancienne. La suppression pure et simple du colombier seigneurial ne parut pas une satisfaction suffisante aux idées du jour, aux aspirations plus larges du moment. On alla plus loin, on alla trop loin, car on décréta le droit à l'extermination aveugle et absolue, droit inique au premier chef et manifestement hostile au droit sacré de propriété. La société a bientôt recueilli suivant qu'on avait semé pour elle. Elle a récolté un quart là où précédemment elle avait un entier complet. Et en dehors de sa maigre récolte, qui la mettait à la portion congrue, elle a dû payer les autres denrées proportionnellement au déficit éprouvé par celle-ci, augmenté du déficit que la même cause avait infligé à la destruction irrationnelle du gibier, ardemment poursuivie à la même époque.

Dans un livre du temps, en effet, je lis ce passage: « La proscription en masse du gibier, du lièvre principalement, avait été vivement réclamée par les économistes qui, avec les vues les plus pures et dans les plus louables intentions, ont été les précurseurs des amis très-inconsidérés de la licence, déguisée sous le masque perfide d'une liberté plénière. En cherchant à corriger un mal, à réformer un abus, on fait naître souvent d'autres maux, d'autres abus plus grands lorsque la pensée ne se repose que sur un seul point, lorsqu'elle n'embrasse pas l'ensemble de toutes les parties de l'économie publique. C'est ainsi que, n'envisageant que les dommages réels ou supposés, mais certainement exagérés, que les lièvres peuvent faire aux récoltes ou aux plantations, les économistes prononcèrent l'anathème et l'extermination contre l'espèce entière. C'est ainsi qu'un petit nombre d'années après, des hommes exaltés par de chimériques espérances, se chargèrent de l'exécution de cet arrêt de mort : entraînés par l'unique pensée dont ils étaient occupés, ni les uns ni les autres ne prévirent les suites de leurs conseils et de leurs actions. Les *lièvres* disparurent à peu près du sol de la France ; les moissons n'ont pas été plus belles, la masse des subsistances a diminué, et les chapeaux, ainsi que d'autres objets manufacturés, dans la fabrication desquels entre le poil de *lièvre*, sont considérablement enchéris. »

La même remarque devait nécessairement s'attacher aux existences notablement réduites du lapin de garenne. Il m'a été facile d'en retrouver la trace.

« Nos manufacturiers, lit-on dans le *Nouveau cours complet d'agriculture*, furent obligés de demander à l'étranger une partie de leurs peaux de lapin, tandis que, loin de devoir à cet égard être tributaires, notre climat, favorable à la production de cet animal, pourrait nous permettre d'en exporter abondamment... Indépendamment de l'emploi de son poil, la peau donne une fort bonne colle ; sa chair est une nourriture saine... »

Additionnez ces divers déficits, dus tous à la même cause, soit à un sentiment peu avouable auquel ne devraient jamais céder des législateurs, et vous aurez la somme des longues privations qui ont été imposées à la population humaine par un bout de loi irréfléchie, injuste et défectueuse.

En temps de révolution, combien de réformes sont ainsi faites à l'envers !

On a cherché à se rendre compte aussi de l'importance de la perte occasionnée par le manque de colombine, c'est-à-dire par la non-production de l'engrais qu'on récolte dans les colombiers, engrais fort riche, d'une grande activité et d'un prix assez élevé pour être vendu, en ce temps-là même, au prix du blé.

Les classiques ont encore tout frais à la mémoire, les préoccupations des *Plaideurs* de Racine et la célèbre décision ordonnant qu'il fut

.... fait rapport à la cour
Du foin que peut manger une poule en un jour.

Enchérissant sur cette facétieuse billevesée, sur cette ordonnance surannée et peut-être bien apocryphe, n'est-ce pas ? une haute juridiction, la cour impériale de Paris, ma foi, a déclaré en 1864, c'est vraiment d'hier, « que les œufs de fourmis, après l'éclosion de la larve, laissent un résidu constituant un engrais puissant qui rend plus fécond le sol où il s'est produit. »

Je ne voudrais pas être chargé de défendre cette opinion, un peu trop facilement épousée par de très-savants jurisconsultes sur la déposition d'un moins savant brigadier forestier, Louis Plée, — faisons passer son nom à la postérité — mais hardiment je cautionne, sans hésiter, et volontiers je me porte garant des propriétés fertilisantes de la colombine, de ce guano national, ainsi que le nomme M. Toussenel.

Peut-être ne mesurerai-je pas très-exactement les quantités qu'en employait annuellement l'agriculture avant 1789 ; mais avant que j'en reparle, il me sera bien permis de dire que depuis quatre-vingts ans et plus, on en récolte trois fois moins que dans les temps antérieurs. C'est un progrès à rebours. En rien il n'a facilité l'amélioration du territoire arable, plus pauvre que riche alors ; en rien il n'a favorisé l'élévation du rendement en blé à l'hectare, si faible, pendant une longue période d'années en dépit des efforts du laboureur, si faible que j'en laisse avec quelque honte le chiffre officiel au fond de mon encrier.

La législation spéciale de 1789, en ce qui concerne le pigeon, a donc eu une grande portée économique. Malheureusement, au lieu d'avoir des suites favorables, ainsi qu'il devrait toujours être des lois nouvelles, elle a été nuisible au développement du bien-être privé et conséquemment à l'accroissement de la richesse publique. « J'estime, dit à ce sujet M. Toussenel, que le peuple français a sacrifié assez longtemps à des haines puériles pour écouter enfin la voix de la raison ». Que Dieu vous entende et vous exauce, cher maître !

Celle-ci rendrait au pigeon les droits qu'il a perdus à une culture plus large, mieux entendue, plus lucrative. En d'autres termes, elle remettrait l'oiseau à sa place et lui restituerait de suite ses utiles fonctions parmi nous où il n'a, où il ne saurait avoir ni remplaçant ni suppléant. On fait plus judicieusement ailleurs. Nulle part, que nous sachions, on ne l'a repoussé après l'avoir connu. « On trouve partout, dans la Perse, des pigeons sauvages et domestiques, mais les sauvages sont en bien plus grande quantité ; et comme la fiente de pigeon est le meilleur fumier pour *les melons, on élève* grand nombre de pigeons et avec soin, dans tout le royaume. C'est, je crois, le pays du monde où on fait les plus beaux colombiers..... on compte plus de trois mille colombiers autour d'Hispahan. C'est un plaisir du peuple de prendre des pigeons à la campagne.... par le moyen des pigeons apprivoisés et élevés à cet usage, qu'ils font voler en troupes tout le long du jour après les pigeons sauvages ; ils les mettent parmi eux dans leur troupe, et les amènent ainsi au colombier. »

C'est dans Buffon que je trouve cette curieuse note, extraite du *Voyage de Chardin*. Voilà des pigeons domestiques, si heureux sous la main de l'homme que, loin de fuir le colombier, ils y attirent les pigeons sauvages afin de leur faire partager leur bien-être. Moins contents de leur sort, les nôtres agissent à rebours. En temps et lieu, la remarque me reviendra à la mémoire. Et je n'aurai garde d'oublier non plus ces deux mots de Leguat qui a voyagé en Afrique : « Les pigeons de l'île Rodrigue sont un peu plus petits que les nôtres, tous de couleur grise, et toujours fort gras et fort bons. Ils perchent et nichent sur les arbres, et on les prend très-aisément. »

Tout cela revient peut-être à dire que, n'ayant pas étudié d'assez près les mœurs de l'espèce à l'état de nature, nous ne donnons satisfaction assez entière ni à ses besoins ni à ses goûts lorsque nous voulons la fixer complétement au logis que nous lui offrons.

Cherchons alors suivant cette direction.

PAGE EN RACCOURCI DE L'HISTOIRE NATURELLE DU PIGEON.

En le séparant des Gallinacés et des Passereaux avec lesquels il a d'ailleurs des liens d'étroite parenté, on fait à l'ordre des Colombiens une place à part et de tout point justifiée.

L'ordre des Colombiens (1), c'est le pigeon — un type très-caractérisé, qu'on ne saurait confondre avec *aucun des voisins. Il a donc un facies* à lui, une physionomie qui ne se répète chez aucun autre, une manière d'être toute spéciale,

---

(1) D'autres ont fait ce nom ou ce mot — Passérigales. Je ne veux pas en médire, mais je ne m'en servirai pas.

des caractères intimes, tout à fait distinctifs : bec faible, grêle, droit à la base, avec une protubérance qui recouvre une partie des narines ; langue entière ; pieds courts et rouges dans la plupart des espèces ; quatre doigts, trois en avant, un en arrière, tous séparés jusqu'à leur origine. Aucun oiseau ne donne l'aliment à ses petits d'après sa méthode, laquelle est des plus originales.

Le procédé d'abecquement, qui lui est famillier, est d'ailleurs bien connu. Il consiste de la part des nourriciers à dégorger dans le bec des nourrissons une bouillie de graine, préparée *ad hoc* au fond du jabot, une poche qui fait suite à l'arrière-bouche de l'oiseau et que tout le monde aussi connaît. Le système propre au pigeon renverse les rôles. Ici, le nourrisson introduit son bec dans celui des nourriciers pour y recevoir la nourriture qui lui arrive par suite d'un effort d'expulsion, de projection plutôt, assez violent. L'opération paraît quelque peu laborieuse. Elle s'accompagne tout au moins de petits cris plus ou moins étouffés, presque plaintifs. Etrange, n'est-ce pas ? En rapprochant cette remarque de cette autre, que les pigeonneaux sont rigoureusement rationnés à deux repas par vingt-quatre heures, on a pensé que ce mode d'abecquement, — acte physiologique et mécanique tout à la fois assez compliqué, ne s'accomplit pas tout à fait sans douleur. Je me rangerai difficilement à cet avis. Au nourrissage des jeunes, la nature a, chez tous les animaux, attaché une certaine jouissance. *C'est une sorte de compensation aux* douleurs de l'enfantement, lesquelles au surplus n'ont qu'une durée limitée et sont vite oubliées. On n'aperçoit pas les motifs qui auraient pu faire mettre les colombiens hors la loi. Le système d'abecquement imposé au pigeon, en soi essentiellement normal, a sûrement ses difficultés particulières, mais rien ne me permet de supposer que ces difficultés aillent jusqu'à la souffrance. Maintenant, pourquoi cette fixation invariable de deux repas par jour ? Je crois en trouver la raison dans le temps nécessaire au jabot pour convertir le grain en cette substance à part, qui n'est pas simple bouillie, mais matière laiteuse *sui generis*, dont les nourriciers de l'espèce alimentent leurs petits, matière très-nutritive à en juger par ses effets sur les pigeonneaux dont la croissance est rapide et dont l'embonpoint ne laisse pas d'être exceptionnel pour des êtres qui ne prennent absolument que ce que leur apportent les parents.

« On sait, dit M. Toussenel, que la substance liquide que sécrète le jabot du père et de la mère dans les trois premiers jours qui suivent l'éclosion des petits, est chimiquement et physiquement semblable au lait des mammifères. » Beaucoup assurément l'ignorent, et si le fait peut être considéré comme naturel en ce qui regarde la mère, il doit paraître singulièrement étrange en ce qui touche le père. Il y a là un *phénomène* physiologique dont il faut admettre l'existence chez la femelle, mais qui serait tout à fait insolite et inexplicable chez le mâle. En observant de plus près les faits, on s'assurera que, pendant les premiers jours de l'existence, les petits sont plus particulièrement sinon même exclusivement abecqués par la femelle qui, du reste, a reçu du papa des aliments en voie de préparation préalable. Ce nourrissage à deux degrés, qu'on me passe de le nommer ainsi, sans se prolonger beaucoup, me paraît cependant avoir, en général, une durée plus grande que trois jours.

Le liquide normal que secrète le jabot de la pigeonne est analogue à la salive dont il remplit d'ailleurs les usages. En temps opportun, à point nommé vraiment, il se modifie pour prendre les caractères et les propriétés du lait, ou analogues au lait, mais il ne les garde que passagèrement et se modifie de nouveau sans revenir toutefois ni aussi brusquement ni aussi complétement qu'on l'a dit à ses propriétés naturelles. C'est ainsi que se modifie le produit de la sécrétion du lait chez les mammifères et que d'une composition spéciale il passe à une autre plus riche, de plus en plus alimentaire à mesure que les nourrissons ont des besoins impérieux.

Mon opinion personnelle se rapproche beaucoup ou plutôt se confond avec celle qui a été exprimée à cet égard par l'auteur de l'article — Pigeon — inséré dans le *Dictionnaire classique d'histoire naturelle*. « Néanmoins, dit M. Deshayes, les premiers aliments ne peuvent être donnés que par la femelle; car ils consistent en une espèce de pâtée ou bouillie jaunâtre qui commence à se former dans son jabot quelques jours avant la naissance des petits, et cette pâtée se reproduit aussi longtemps que l'exige la faiblesse des organes des pigeonneaux. La mère leur dégorge cette nourriture dans le bec en le saisissant avec le sien, habitude qui ne paraît propre qu'à très-peu d'oiseaux. Lorsque les petits sont plus forts, leurs parents leur donnent des grains à demi digérés. Enfin, au bout d'un mois, ils peuvent se nourrir eux-mêmes et se confier à leurs jeunes ailes. »

Le désir de commencer par le caractère le plus saillant des colombiens, m'a fait intervertir l'ordre suivant lequel les naturalistes procèdent à l'ordinaire dans l'étude des oiseaux. Je reviens donc en arrière, mais pour passer légèrement sur les minuties de l'histoire naturelle qui n'ont pour l'économie rurale qu'un intérêt tout à fait secondaire. Il n'en est pas ainsi de la conformation du bec et de la conformation des pieds. Mais de tout ce qu'il y aurait à dire de ceux-ci et de l'autre, je ne retiendrai que ces deux traits caractéristiques aussi tous les deux : le pigeon marche plus ou moins habilement et ne court pas; il n'est pas fait pour gratter de ses ongles la terre comme la grattent avec tant d'entrain et de satisfaction les poules pour peu de liberté qu'on leur laisse. Avec son bec, comme le corbeau et la pie, il ne pioche pas; il peut seulement ramasser sur le sol les grains tombés. Il ne les détache pas de l'épi, il n'ouvre pas une silique; mais il ne laisse rien perdre de ce qu'il rencontre à sa convenance. Il cherche consciencieusement et s'approprie tout ce qu'il trouve, voire les grains que la herse a oublié d'ensevelir et qui ont bien des chances contre eux, car rarement ils germent et réussissent. Aussi le pigeon, n'en déplaise à l'opinion accréditée, à la tradition controuvée qui le poursuit, au préjugé qui s'est attaché à lui et qui nous empêche d'accepter dans toute leur étendue les services qu'il est toujours prêt à nous rendre, le pigeon ne fait, à proprement parler, aucun tort aux récoltes. Au bout de l'assertion vient toujours la preuve si on veut bien la faire : rien n'est plus aisé ni plus sûr. Que ceux qui ont des doutes prennent la peine de saisir un délinquant et qu'après l'avoir traîtreusement étouffé, ou cruellement saigné, ils lui ouvrent le ventre et interrogent ses entrailles. En temps ordinaire, mieux encore aux époques des semailles ou des récoltes, ils y trouveront neuf graines de plantes parasites ou nuisibles aux cultures pour une ou deux graines de celles dont l'homme se nourrit ou de celles qu'il utilise d'une autre manière. Voilà la vérité sur le pigeon. Elle était bonne à dire, on n'y a pas manqué. Elle est bonne à répéter, c'est ce que je fais. A cette pensée je me conformerai plus d'une fois encore dans le cours de ce travail. L'erreur que je veux combattre ainsi *per fas et nefas* est ancienne, hélas! et bien portée encore; elle n'est pas moins une erreur de fait, très-préjudiciable à notre économie générale. Or, de tout ce qui vieillit, je ne sais plus qui a dit cela ou à peu près, la seule chose qui n'acquiert pas le droit d'être respectée, c'est justement l'erreur. J'ai rappelé plus haut combien on avait estimé ce que nous coûte annuellement celle-ci depuis 1789. La détruire ferait renaître en notre pays une source de produits et de richesses dont il a un pressant besoin. Donc sus à l'opinion fausse, au préjugé qui nuit à la réhabilitation du pigeon en France (1)

____

(1) Parmi ceux qui ont pris avec le plus de chaleur et d'autorité la défense du pigeon, je dois une mention spéciale à Beffroy, un législateur de nos temps les plus troublés, qui en a plaidé la cause en avocat convaincu à la Société d'agriculture du département de la Seine, dont il fût un membre distingué.

Je ne puis omettre cet autre caractère — les pieds roses. — C'est, dit M. Toussenel en un style élégant et imagé, une grâce de plus dans un moule pétri de grâces, et créé pour charmer les yeux. Et il ajoute : Prodigue de ses dons pour cette espèce honnête, la nature lui a encore concédé le privilége du baiser.

Ah ! oui, ils s'aiment, « ils s'aiment d'amour tendre, » et leurs caresses, innocemment échangées, font voluptueusement battre le cœur à celles-ci, et délicieusement envie à ceux-là ; à tous elles plaisent et donnent des désirs. C'est qu'elles naissent d'un sentiment plus doux que violent, elles viennent du cœur plus que des sens, et pour cela ne manquent point d'ardeur. Dans les soins empressés que mutuellement ils se rendent, dans leurs attentions les plus délicates et toujours réciproques, pigeons et pigeonnes, amoureusement liés l'un à l'autre, parmi d'autres couples aussi étroitement unis, ressentent des plaisirs plus intimes, goûtent un bonheur plus pur que ne le manifeste aucune autre espèce animale. Dans la saison d'amour, ils se parlent et merveilleusement se comprennent. Aux créateurs de la langue française, l'observation appartient encore à M. Toussenel, qui a laissé peu à glaner après lui, leur voix a inspiré deux verbes harmonieux — *roucouler* et *gémir*.

Faire le saint-esprit est encore une expression heureuse et pittoresque, prise de certain détail du vol amoureux du pigeon et de la *tourterelle*, *une évolution gracieuse par-dessus* toutes les autres, une sorte de planement extatique qui ravit les yeux et doucement émeut de jeunes cœurs tout près d'éclore — si je ne l'avais vu, je ne le dirais pas. J'ai eu plaisir à le voir et plus long n'en dirai. Il faut laisser à ce joli bouton de rose toute sa fraîcheur, tout son éclat, sa virginité, et ses plus riches promesses. A quels autres caractères vais-je m'arrêter encore ?

Il en est un qui tient surtout à la structure du pied et auquel je dois tout au moins une mention. Nos colombiens perchent et nichent sur les arbres, à l'exception de celui que nous avons nommé pigeon fuyard. Celui-ci a désappris de se brancher et volontiers va se loger dans les trous des rochers ou des tours; cette particularité lui fait accepter, quand on sait la lui offrir, l'hospitalité de colombiers édifiés à son gré et aménagés à sa convenance. Mais — par expérience nous ne le savons que trop — quand il ne s'y trouve pas tout à fait à son aise ou lorsque le besoin d'une indépendance plus complète le reprend, il quitte le toit pour la branche et s'éloigne. Se brancher, dit encore judicieusement M. Toussenel, pour lui c'est faire montre de l'esprit de retour à la vie des forêts.

Il a une queue... Ah ! la belle découverte. Je n'avais l'intention d'apprendre à personne ce que chacun sait assurement, mais je voulais à son sujet dire ce qu'elle est et certaine remarque de savant provoquée par les diverses formes qu'elle peut affecter. A l'ordinaire, dans le plan primitif de la nature, elle est longue et horizontale, et volontiers s'arrondit pour jouer l'éventail. Mais parmi les races créées par l'homme, on en voit qui se sont étrangement éloignées du type: chez l'une d'elles, en qui s'est démesurément développé l'appareil, se présentent toutes les évolutions rotatoires du paon, du dindon. du tétras; ce genre d'emprunt, qui a de très-nombreux analogues dans la série animale, était considéré par Geoffroy Saint-Hilaire comme une révélation certaine de liens secrets de parenté entre les différents ordres chez lesquels peuvent *se reproduire ou des façons excentriques ou des caractères* très-accentués. Je ne nie pas, mais je ne voudrais pas affirmer que cela est. En soi le fait importe peu ici; passons, sans nous y arrêter davantage. Parlons des ailes à présent, des ailes de pigeon. L'oiseau les porte longues, aiguës, puissantes, taillées sur le type de celles de l'hirondelle, appropriées aux voyages d'outre-mer. Rien qu'à les voir, on comprend où sont la force et la vie de celui qui les déploie. Et comme il s'en sert ! Son vol est sibilant, soutenu, rapide. Pigeon vole !... il n'est besoin de regarder; on l'entend, c'est assez. Il prend son essor; vous êtes averti par une sorte de claquement tout spécial, produit par le choc violent des deux membres qui se rencontrent en se dressant verticalement sous la contraction énergique de muscles très-vigoureux. Il n'a pas été partagé ainsi pour demeurer sédentaire, mais pour aller en lointain pays. Celui-ci ne saurait connaître la nostalgie ou du moins ne saurait en souffrir qui a le pouvoir d'aller et venir à sa fantaisie, avec la vitesse de 80 à 100 kilomètres à l'heure. Hirondelles, faucons, ballons et certaines de nos locomotives peuvent avoir plus de vélocité encore, mais nul autre voilier de l'air ne le surpasse ou ne l'égale. En quelques minutes, ramiers, bisets et tourterelles d'Europe franchissent le détroit de Gibraltar. Pour eux ceci n'est qu'un jeu, un petit effort qui ne donne pas idée de la puissance de l'aile du pigeon. On n'admire pas, on critique ses allures de piéton : dans les allures du vol aucun ne montre ni plus d'aisance ni plus de grâce. Empêché sur terre, où il ne pose que pour chercher les graines dont il vit, il est magnifique libre dans l'air, son élément, libre et puissant. — Puissant ! oh ! sans aucun doute, car il peut beaucoup. Il y a plus fort que lui pourtant dans ces hautes régions où toujours la force donne le droit, un droit qui prime et opprime. En ses pérégrinations renouvelées, l'oiseau a donc beaucoup à redouter. Avec le parodiste, il pourrait dire :

> Je crains tout, cher ami, et n'ai pas d'autre crainte.

En effet, de funestes rencontres l'attendent, toutes sortes d'incidents peuvent le surprendre et l'arrêter, bien des dangers l'accompagnent. Ici, toute menace est grave, imminente ; car le pauvre voilier n'a d'autres armes que la prudence, quelques ruses inspirées par l'instinct de conservation et la rapidité de ses évolutions, l'énergie de l'aile. A défaut d'armes, il a le nombre. Celui-ci devient presque une force. Il s'y confie, il s'y abandonne et, en troupes nombreuses, il part, lui dix millième ou cent millième. Donc, au petit bonheur ; l'ennemi en prendra certainement quelques-uns ; la volée payera tribut au passage, mais chacun en son particulier a de si bonnes raisons d'espérer qu'il échappera aux assassins, qu'il va confiant en son étoile. D'ailleurs, « la bande prend son temps; la nue volante passe la nuit. Si la lune se lève, sur sa blanche lumière les blanches ailes se détachent peu; ils échappent confondus dans le pâle rayon » (Michelet).

Nous n'avons pas idée en Europe, en France surtout, de la densité à laquelle peuvent s'élever les populations des diverses espèces de pigeons. Audubon vit passer un jour au-dessus de sa tête un vol de pigeons en voyage, qui tenait tout un pan du ciel, dont il estima l'effectif à plus de mille milliers de têtes. Bien qu'aucun nuage ne fût entre le soleil et lui, les rayons de l'astre étaient complétement éclipsés sur un espace de plusieurs milles carrés. Dans la futaie choisie pour le repos nocturne, les chênes rompaient sous le poids de la masse qui s'abattait sur leurs branches; le sol blanchissait à vue d'œil sous la neige épaisse du guano dont l'observateur eut à se plaindre. Or, la scène se passait sur les rives de l'Ohio, et l'Amérique n'est pas la vraie patrie de l'ordre. L'Australie, les Moluques, les îles de la Sonde nourrissent un bien plus grand nombre d'espèces et surtout de plus belles. Le chiffre de ces espèces orientales dépasse, en effet, la centaine, et parmi elles on trouve des pigeons à aigrette, gros comme des chapons, des tourterelles minuscules de la taille d'une alouette, et des colombes huppées portant ou manteaux verts ou manteaux de velours gris perle, ocellés de topazes, avec des coups de poignard dans le sein, comme la Francesca d'Ary Schœffer — toutes espèces charmantes de physionomie et de forme, et délicates [de chair, de mœurs et de langage. (A. Toussenel.)

En France nous ne connaissons pas ces richesses. Nous ne possédons en nombre ni les types ni leurs représentants. Un peu trop à la légère, nous avons fait autour de nous l'indigence, mais notre pauvreté n'est pas si grande que nous ne puissions facilement la combattre et lui substituer une situa-

tion excellente. C'est à ce résultat nécessaire que tend notre
étude déjà vieille sur le pigeon, et tout récemment encouragée
par la lecture de quelques lignes écrites par M. Toussenel,
rapportées et commentées dans le chapitre suivant, lequel
formera comme la préface attardée de ce livre.

SI J'ÉTAIS LE GOUVERNEMENT!

Les si — les cas — les mais — de tout temps, je suppose,
ont tenu une large place dans l'expression de la pensée humaine, dans la construction fragile des châteaux en Espagne,
et dans la résistance plus solidement assise, moins heureuse
que tenace bien souvent, à l'exécution des plans ou à la saine
application des idées des autres. Pour le moment, nous
sommes carrément posé en face d'un si — très-gros en réalité.
Voyons donc où il pourrait bien nous mener si le hasard —
qui sait? — allait lui ménager ses faveurs. Des favoris de
rencontre, où n'en voit-on pas? L'espèce en est commune. Ce
qu'on voit plus rarement, c'est le hasard s'attachant à des
favoris méritants. Dans ce cas, le dicton est heureusement
faussé. Il veut que toujours la fortune ait tort. Pourquoi n'au-
rait-elle pas aussi quelquefois raison? Et qui donc y trouverait à redire?

Quoi qu'il en soit, M. Toussenel, qui ne parle pas à la légère, s'est exprimé en ces termes :

« Si j'étais le gouvernement français, je ferais élever demain un superbe colombier monumental sur le territoire des
40,000 communes de l'empire, et je frapperais sur chacun de
ces établissements un impôt excessif de capitation pour le sel,
et je forcerais ainsi les conseils municipaux paresseux de se
faire un revenu de mille écus avec la vente de leurs pigeon-

neaux et de leur colombine, et j'augmenterais de je ne sais combien. de millions le revenu du Trésor et celui des communes, sans arracher à qui que ce soit la moindre plainte, ce qui est le sublime de l'art en matière de fiscalité.

« Que si le destin, qui pousse on ne sait où les livres, faisait tomber celui-ci entre les mains d'un administrateur éclairé et ami de son pays, veuille le ciel qu'il médite religieusement ce passage et qu'il conforme ses actes à mes paroles ; il en recueillera beaucoup de gloire et de bénédictions. Car nous traversons une période de consommation ascendante où les questions de production et d'alimentation publique vont prendre des proportions menaçantes. »

M'est avis que le très-bien intentionné auteur de cette proposition-boutade s'est fort peu enquis du genre d'accueil qu'elle pourrait recevoir de messieurs les économistes en chambre, gens à principes inflexibles et terriblement puissants à l'heure qui court, si puissants au fait et au prendre qu'il faut y regarder à deux fois avant de se brouiller avec eux. Ils ont le regard dur, la dent cruelle et, tout en faisant la bouche en cœur, le verbe haut. Armés de pied en cap, sans hésitation ils volent au combat ; tapent dru, frappent d'estoc et de taille ; lancent l'excommunication sur l'ennemi et, contre qui les contredit ou les contrarie, soulèvent audacieusement les mauvaises passions. Ils ont d'ailleurs nombreuse clientèle. Quoi qu'il en soit donc, s'il était le gouvernement, M. Toussenel, j'en suis sûr, compterait avec les économistes. Depuis longtemps déjà, ils font dans l'État et la pluie et le beau temps. Le fait étant acquis, ils ne le lâcheront pas.

Cela n'empêche pas qu'il y ait une idée dans la proposition de M. Toussenel ; avec un peu de bonne volonté même on en trouverait deux. Ceci vraiment est encore une fortune assez rare. — Nous traversons une période ascendante de consommation, pleine d'exigences et grosse de menace si l'on ne s'efforce pas de prévenir celle-ci en s'attachant à donner satisfaction à celles-là ; constatation exacte et toute de sage prévoyance. — La multiplication du pigeon, facile, rapide, à la portée du grand nombre, peut apporter à l'alimentation publique, dans un laps de temps relativement court, une très-notable augmentation de viande succulente, sapide, obtenue à bon marché. Voilà la deuxième idée. Celle-ci et l'autre également applicables, ainsi que je l'ai dit ailleurs, aux petites éducations très-répandues du léporide et du lapin. En ce qui concerne ces petits quadrupèdes, il y a un commencement déjà appréciable. Tandis que progressivement s'élèveront leurs populations à la hauteur même où chacune d'elles peut raisonnablement atteindre, l'élevage du pigeon doit s'étendre, s'irradier, envahir toutes les parties du territoire, y prendre toute l'importance qu'elle peut avoir sans inconvénient aucun, au profit des masses. Je vous ai donné la vraie manière d'arriver vite à ce bon résultat, pourrait objecter M. Toussenel, et je vous vois venir, abandonnant la ligne droite, sans égard pour ses avantages indéniables, vous allez vous jeter dans les *impedimenta* et les lenteurs du chemin des écoliers. — Vous dites vrai, répondrai-je; ce que vous proposez est assurément le meilleur, mais lorsque le mieux apparaît évidemment comme l'ennemi du bien, la sagesse commande de s'en tenir au bien. Non, nous ne vivons pas en un temps où l'on puisse, à coup d'autorité, imposer d'office à 40,000 communes l'obligation d'ériger *hic et nunc* le colombier dont s'agit..... Ce qui eût été aisé, peut-être, dans un passé fort éloigné, n'est point praticable aujourd'hui ; n'en parlons plus.

Mais on peut chercher une autre voie et y rencontrer un autre *modus faciendi;* voyons donc. J'approuverais très-fort que partout où l'idée agréerait à un conseil municipal, celui-ci intelligemment se l'appropriât pour la féconder au profit exclusif de la commune, en dehors de toute redevance quelconque à l'Etat. Je ferais cependant une réserve. Dans ma pensée, le colombier communal ne devrait pouvoir être construit qu'autant que les particuliers, mis en demeure, n'auraient pas peuplé, dans un temps donné, le territoire de la commune d'un nombre de pigeons de colombier, — il ne s'agit pas de pigeons de volière — calculé sur son étendue.

Mais en premier lieu, à raison des conditions spéciales que doivent réunir l'édification bien entendue du colombier que très-judicieusement M. Toussenel veut monumental, son confortable aménagement sans lequel la réussite n'est jamais entière, et son bon entretien, j'aimerais à ce que l'association s'emparât de la spéculation et la menât dans le sens d'une industrie que l'intérêt éclaire et tient toujours éveillée.

Des éducations de pigeons en commun? Eh! pourquoi pas? où est l'empêchement? où est l'industrie de quelque importance dont l'exploitation ne puisse être remise avec de bonnes chances de succès aux mains d'une association spéciale?

Et d'abord, la chose ne serait pas nouvelle, mais seulement l'application. Il y a de précieux antécédents. De quoi s'agirait-il donc ici en fin de compte? de produire des pigeons de colombier, comme en Suisse, dans le Jura et ailleurs, on fabrique du fromage de gruyère, comme en maints lieux, où l'on ne fait que du beurre de qualité médiocre ou mauvaise, on devrait faire du beurre excellent. Il y aurait des colombières — aux choses nouvelles il faut des noms nouveaux — comme il y a des fruitières, et celles-ci à celles là offriraient un bon spécimen, un calque complet et soigné, un modèle achevé à s'approprier.

Qu'est-ce qu'une fruitière? Une association de cultivateurs ayant pour objet de réunir tous les jours, dans un local commun (c'est précisément la fruitière), le lait produit par leurs laitières qu'ils entretiennent, et de faire fabriquer avec lui du beurre et du fromage par un homme spécial aux gages de la société.

A l'instar de celle-ci, une colombière serait constituée par une association de propriétaires ou de fermiers, ayant pour objet de construire et d'entretenir en commun un colombier modèle pour le peupler d'une espèce de pigeons choisie et en confier l'exploitation régulière à un éducateur expérimenté, à la solde de la société.

Toute fabrication en grand est inabordable aux petits à moins qu'ils n'associent leurs efforts et que chacun d'eux, mettant en commun ce qu'il peut produire isolément, ne contribue à parfaire, chaque jour, la quantité de matière première indispensable à une fabrication normale. Les fruitières ne font pas autre chose; elles rendent des services considérables dont bénéficient autant l'industrie rurale et l'alimentation publique. Bien peu de cultivateurs entretiendraient assez de vaches laitières pour pouvoir se livrer à la fabrication du fromage de gruyère là où celle-ci donne au lait son meilleur emploi, son utilisation la plus profitable. En apportant à la fruitière, soir et matin, le produit de la traite de toutes leurs vaches, ils réunissent en abondance la matière première de la fabrication, et le fruitier opère en de bonnes conditions, à l'avantage de tous et de chacun.

Constituées par actes sous seing privé ou par acte notarié, les associations fruitières ont aujourd'hui une organisation parfaitement étudiée, essentiellement pratique, usuelle enfin. A ceux qui n'en connaîtraient pas le premier mot et à qui on chercherait à la faire comprendre, cette organisation paraîtrait singulièrement compliquée et tout aussitôt serait condamnée, repoussée, abandonnée. Les mieux disposés diraient : sur le papier, c'est bien; mais allez donc tenter pareille mise en œuvre : mille difficultés surgiront. *En vérité, l'idée n'est pas viable.* On se ferait donc un monde de la chose la plus simple, car à juste titre est tenue pour des plus simples, l'organisation dont il s'agit, par ceux qui pratiquent les fruitières, qui les voient fonctionner et en savent l'utilité.

La proposition d'établir des colombières là où elles auraient leur raison d'être peut être fort maltraitée, condamnée à la légère ou repoussée avant examen. Il faut tout d'abord qu'on en médise, qu'on la ridiculise, que malicieusement on la mette en vaudeville. Quel homme d'esprit se risquerait à la patronner quand il rencontrerait si belle occasion de rire et de faire rire les autres? Oh! pas si bêtes nos gens d'esprit! Combien de péchés de ce genre n'avons-nous pas sur la conscience! nous n'aurons aucune peine à commettre celui-ci. Nous aimerions la logique, mais l'inconséquence nous charme et solidement nous enlace. Personne ne crie plus haut que nous contre la routine, et nous sommes en tout les adversaires les plus acharnés du progrès. L'organisation des colombières serait toutefois beaucoup plus simple encore que celle de la fruitière et ne rendrait, ni à l'industrie rurale ni à l'alimentation publique, des services moins appréciables. Pour moi, sans établir aucune comparaison chiffrée contre elles, je leur reconnais une même utilité spéciale et, au même titre toutes deux, je les recommande à qui de droit.

Si donc j'étais le gouvernement, écrirai-je à mon tour, je donnerais mission à des hommes compétents d'approfondir et d'élucider une fois pour toutes la question négligée, controversée et toujours pendante du pigeon, — question si mince en apparence, en réalité si importante, — et d'établir avec preuves à l'appui les avantages strictement définis de sa production généralisée en la mesure la plus rationnelle. Une instruction substantielle et malgré cela convenablement détaillée, répandue d'une main libérale et bientôt reprise, commentée par les divers organes de la publicité, préparerait les voies à un appel plus direct à tous les bons vouloirs, d'ailleurs excités par l'appât des primes d'une certaine valeur; celles-ci offertes aux associations locales qui se seraient formées d'après un type naturellement modifiable.

Instruire et encourager — à ce rôle seulement je bornerais mon intervention si, je le répète, si, j'étais le gouvernement.

LES TYPES.

Ici les idées se brouillent et les choses s'embrouillent. L'obscurité se fait en même temps que se ternit le verre grossissant de la loupe, et l'on finit par voir, à travers ces ténèbres, aussi distinctement qu'au fond de la bouteille à l'encre.

Parmi les espèces libres ou sauvages retrouverons-nous avec certitude le ou les types primitifs des innombrables et très-différentes variétés de l'état domestique? Comme Hippocrate, beaucoup sont pour l'affirmative, mais avec Galien — une autre autorité — beaucoup vont au pôle opposé et mordicus défendent la thèse contraire.

Ainsi placé entre le zist et le zest, que dire ou que faire? Le cas est-il grave? non, mais embarrassant. Dans le doute, me crie la suprême sagesse, dans le doute, abstiens-toi; il n'est ni bon ni prudent de mettre le doigt entre l'arbre et l'écorce. Le conseil vaut son pesant d'or, mais il n'avance en rien les affaires. En pareille occurrence, un autre a dit avec tout autant de raison : et maintenant,

> Devine si tu peux,
> Et choisis si tu l'oses.

Simple question d'équilibre à la portée de l'âne que Buridan avait logé entre deux picotins d'avoine.

Pour moi, je crois bien qu'agissant d'autre sorte il eût trouvé profit — je parle de l'âne, n'est-ce pas? — à se porter de l'un à l'autre. Au lieu donc de laisser passer bêtement, sans donner un coup de dent, l'heure si rapide du repas — sûr de retourner au travail le ventre creux, bravement il aurait dû s'accommoder de la double ration, aubaine des plus rares, sauf à charger ensuite messer Gaster de faire de son mieux et de digérer pour deux.

Ainsi ferai-je en la circonstance critique où je me vois. L'un après l'autre brièvement j'exposerai les deux courants offerts aux cerveaux bien pensants, leur laissant, après, le soin de se ranger du côté qui leur agréera le plus. Le parti auquel je m'arrête a ses avantages. Je ne m'abstiens pas comme la prudence semble l'avoir victorieusement conseillé à maître Aliboron ; je ne devine, ne choisis et n'ose ; mais je ne mets pas non plus mon pauvre doigt entre l'enclume et le marteau d'où, certes, il n'y a rien de bon à attendre, j'en conviens. Ni habile, ni hardi, ni savant ne serai, c'est sûr ; mais impartial et fidèle rapporteur en l'affaire je me présente.

Voici venir à la barre trois espèces : elles s'appartiennent, elles vivent indépendantes suivant les us et coutumes de l'état sauvage. La France n'en possède pas d'autres. Ces trois pigeons ont leurs petits noms faciles à retenir. L'un fut baptisé RAMIER parce qu'il branche sur des rameaux, *ramier*, ou *palombe*, c'est tout un, et encore *pigeon des bois, pigeon sauvage*. L'autre est le pigeon COLOMBIN parce que.... colombe : autant cette raison qu'une autre ; elle a du moins un mérite, celui de ne contraindre pas à chercher midi à quatorze heures. Le troisième est le BISET, appellation tirée de la couleur du manteau, nuance sombre de l'ardoise. En quelques pays encore la piquante brunette reçoit le surnom de *bisette*, simple question de teint. Le *biset* ou *pigeon bleu sauvage* ne perche pas comme ses deux congénères ; il niche principalement dans les trous des rochers sur lesquels il aime à se reposer, d'où lui est venu cet autre nom, très-caractéristique, de *pigeon des roches*. C'est à lui, on l'affirme, que remontent toutes les variétés domestiques.

Il est temps d'aborder cette petite difficulté ; j'y arrive.

Une assertion radicale, qui fait de ceux qui s'y cramponnent de véritables intransigeants, pose en fait ceci, à savoir : ucune race d'oiseaux, aucune race d'animaux domestiques e représente un développement, mais une création. Dieu a remis à l'homme des créatures susceptibles d'apprivoisement pour le servir et le nourrir. La volaille de basse-cour n'a pas plus d'affinité avec le coq de bruyère que le mouton n'en a avec le mouflon, le chien avec le loup, le pigeon à cravate avec le biset ou pigeon bleu des roches.

Une opinion non moins absolue établit, au contraire, que ce dernier est le type de tous les pigeons domestiques ou de volière, résultats divers de croisements successifs, déviations plus ou moins accentuées, dues aux effets mêmes de la domesticité. La proposition est de vieille date; elle est entrée de vive force dans le courant des idées sans que rien, — c'est un argument de ceux qui s'en séparent — sans que rien ait démontré ni le degré d'identité, ni les points de contact qui ont pu se conserver ou s'effacer entre les pigeons, nos hôtes, et leurs premiers ancêtres.

L'objection a sa valeur aux yeux de ceux qui, ne se contentant pas d'une affirmation, demandent des preuves. Quelques-uns se sont donc mis en quête, et de là sont sorties des voix divergentes et confuses. Prenant parmi les pigeons de volière celui qui porte le nom de ROMAIN, le déclarant espèce primitive et le croisant avec le biset, celui-ci fait naître de leur mélange toutes les races domestiques. Celui-là découvre d'autres combinaisons originaires. Du mariage fortuit ou favorisé entre ramiers et tourterelles, ou bien entre bisets et diverses espèces étrangères, on voit surgir une à une toutes les races, toutes les sous-races dont on ne retrouve pas la souche à l'état sauvage. Au sentiment d'autres encore, tous nos pigeons domestiques, sans en excepter un seul, sont le produit de l'art, création de seconde main, due à l'homme conséquemment, car « jamais la nature n'aurait pu les produire. » Et ce n'est pas tout. En voici bien d'un autre, en effet, c'est à n'y pas croire; nos pigeons — ceux qu'on s'est habitué à regarder comme appartenant à l'Europe, nous sont donnés comme ayant une étroite filiation avec un grand nombre d'espèces étrangères à cette partie du monde. Et ces opinions, ces contradictions plutôt, sont signées des noms les plus autorisés de la science. Des naturalistes de haut bord en donnent leur langue au chien.

C'est avec quelque dégoût, écrit l'un d'eux, que nous étudions tous ces pigeons de volière, « car on ne peut guère s'occuper de ces races dégradées que d'après de simples suppositions que l'on hasarde pour la plupart. » Voilà le dernier mot et, pour le justifier, sans plus rien examiner ni approfondir, il déclare s'en tenir à l'opinion hasardée que le biset a été la souche première — *alma parens* — de tous les pigeons de colombier, des diverses races de pigeons de volière, du pigeon domestique, y compris le pigeon romain, les variétés qui en découlent, voir le rocherai ou pigeon des roches. Et il en est ainsi, faut-il ajouter, parce que tous ces oiseaux produisent ensemble des individus féconds, lesquels se reproduisent à leur tour et forment, par l'entremise d'un éducateur intelligent et curieux, ces races particulières qui se distinguent dans la multitude des pigeons de volière et se maintiennent par le soin avec lequel on les assortit, par la précaution qu'on prend de les préserver de tout mélange.

Voilà, répond-on, qui explique d'une manière plus ou moins satisfaisante comment on peut perfectionner en la perpétuant, une race nouvelle, une variété récemment créée; mais ce qu'on n'explique pas ou plutôt ce qu'on ne démontre pas, c'est le fait même de la création. Or, cela seul importerait en l'occurrence.

Alors on essaye une explication et l'on argumente en ces termes : « Le produit en grand nombre est la source des variétés dans les espèces. Nos colombiers, peuplés par une grande quantité de pigeons accoutumés et familiarisés avec ces bâtisses, ont successivement offert des variétés accidentelles, parmi lesquelles on aura choisi les plus belles et les plus particulièrement bigarrées. Celles-ci, isolées de la troupe, élevées avec des soins assidus et assorties suivant le caprice, ont successivement engendré toutes ces races dont l'homme est le créateur, et qui, sans lui, n'auraient jamais existé. »

Ce raisonnement a son côté spécieux et sa partie faible. Cette dernière on la prend corps à corps et l'on veut savoir, par exemple, comment le pigeon à cravate — lequel au surplus très-difficilement s'apparie avec un autre quelconque — peut être sorti du biset auquel il ressemble si peu et dont il diffère tant. Son bec, extrêmement court, gros et dur, est une particularité qui, entre autres caractères aussi constants, l'éloigne beaucoup de ceux des autres races. Sur quoi donc fonder ici une identité spécifique ?

L'esclavage de cet oiseau, répond-on aussitôt et sans le moindre embarras, remonte à des temps si reculés qu'aucune perquisition utile ne saurait être faite à cet égard. On ne saurait donc se permettre aucune conjecture sur l'origine du pigeon à cravate.....

Ceci n'est pas répondre et l'on ne se tient pas pour satisfait. On insiste pour savoir *comment*, *quand* et *où* cette race, d'autres encore, aussi éloignées de leur ascendance prétendue ou supposée que différentes entre elles, ont *d'abord été produites*; on demande enfin qu'on montre des résultats zoologiques nouveaux à l'appui des faits anciens que l'on invoque. C'est presser de près les doctrinaires; ils n'ont pourtant rien opposé encore à ce dernier trait.

D'où vient le pigeon à queue de paon? ce serait bien un phénomène qu'il fût sorti d'un couple de pigeons de roche. Il est plus supposable qu'il est dérivé d'un croisement d'espèces, mais alors quel est l'oiseau connu qui, appariant le biset, a concouru à la création de l'hybride. Que ce dernier soit né, c'est l'évidence; mais en réalité on ne voit ni *où*, ni *quand*, ni *comment*.

Le vrai mot de la fin a été dit au courant de ce rapide exposé. Toutes ces origines remontent si haut dans le passé qu'aucune recherche ne réussirait à dissiper les obscurités dont elles restent forcément enveloppées. Mais de ce qu'elles échappent à toutes les investigations, il ne s'ensuit ni que l'on soit en droit de nous imposer une théorie quelconque ni surtout que nous soyons obligé d'accepter celle-ci comme paroles d'évangile.

Et maintenant que sur ce point est clos le débat, j'aurai à parler plus spécialement de nos espèces françaises. J'y arriverai après le chapitre suivant qui doit logiquement passer avant.

ÉTUDE DE MOEURS.

Ramiers, colombiens et bisets se ressemblent assez pour qu'une même étude s'y attache ou les enlace au point de vue de leurs goûts, de leurs besoins et de leurs habitudes. Ils sont, non pas exclusivement peut-être, mais essentiellement granivores. A leur alimentation ces espèces mêlent des baies, et l'on s'est assuré que certaines autres, en plus grand nombre peut-être qu'on ne le soupçonne, consomment volontiers de petits insectes. En observant de près ceux de l'intérieur de l'Ile-de-France, on a acquis la certitude qu'ils se nourrissent de préférence avec des escargots ne dépassant pas la grosseur d'un grain de maïs. Pourquoi n'en serait-il pas de même de nos trois espèces françaises, surtout dans les temps où la grenaille se fait rare? S'il en est ainsi, nous croyons en être sûr, d'elles assurément on médit bien à tort. Aucun empêchement ne venant de la structure de l'estomac, on peut se demander de quoi vivent les pigeons libres lorsque leur aliment principal fait complétement défaut. Est-ce qu'il y aurait par là encore une inconnue? faute de grives, dit-on au-dessus d'eux, on mange des merles. L'aphorisme est sûrement applicable à toutes les espèces; chaque groupe d'êtres a sa nourriture de prédilection, son aliment usuel, fondamental en quelque sorte, croyez-le bien. Cependant, ce dernier a plus d'un succédané. L'existence d'une espèce est moins précaire, mieux que cela assurée. En pleine saison des grains, du premier au dernier de la longue liste de ceux qui lui agréent, le pigeon vit dans l'aisance et sans soucis, ne cherchant la variété que dans la différence même des graines qui s'offrent à son choix. Plus tard, vient la rareté, quelquefois même une grande disette de grain. Alors ce sera, je le veux bien, période de privation relative, une manière de carême à traverser, et par-ci par-là, obligatoirement quatre-temps, vigile et jeûne ; mais ce ne sera pas la perspective extrême d'une abstinence complète et prolongée jusqu'à ce que mort s'ensuive. Souris qui n'a qu'un trou est bientôt prise, dit en toute vérité un proverbe espagnol : des espèces condamnées à un aliment unique disparaîtraient promptement de la création ; elles ne seraient que des éphémères. Elles ont été mises au monde à d'autres fins ; leur existence est moins éventuelle et leur durée mieux assurée.

Gratter la terre avec les ongles, la piocher avec le bec, déplacer même avec celui-ci des feuilles quelque peu attachées au sol par une petite gelée, ne sont pas facultés propres au pigeon. Il prend à terre, il ramasse ; à cela se borne son pouvoir, et c'est bien vu ; mais cela ne veut pas dire qu'il ne puisse saisir et relever que des graines, qu'il doive infailliblement mourir de faim le jour où il n'y a plus de grain à sa portée. En ce temps-là donc, la raison veut qu'il en soit ainsi, il faut qu'il puisse vivre d'autres aliments puisqu'il n'est pas de ceux qui, pendant la moisson et par prévoyance imposée, savent avoir des magasins et les bien approvisionner pour les jours où la pénurie se ferait inévitablement sentir.

Il a toutefois une autre faculté, celle de se transporter alternativement d'un climat sous un autre et d'aller précipitamment chercher, en temps opportun, là où il est certain de le trouver, son aliment principal. Ceci répond au rôle spécial qu'il a à remplir, à la mission particulière qu'il doit accomplir ici et là, partout où elle se présente, sur tous les points du globe où elle est nécessaire. A cette fin, et pour compenser les imperfections du pied et du bec, lui a été donnée une grande perfection de l'aile, soit la puissance du vol. De ceci j'ai déjà dit un mot; j'y reviendrai plus loin. En ce moment, je me borne à rappeler que le pigeon est au nombre des espèces émigrantes, qu'il voyage en bandes innombrables et que si, une fois arrivées ces bandes, elles ne se dispersaient, bientôt en effet seraient en totalité dévorés les grains à leur convenance. Heureusement les choses prennent un autre cours.

Et d'abord, le chasseur fait à ces bandes réunies une véritable guerre d'extermination. Celle-ci lui rapporte plaisir et profit; je le dirai plus loin. Et puis, le pigeon ne vit pas seulement pour manger, il vit aussi, il vit surtout pour aimer. Or, à deux seulement on aime bien. Pendant la route ont sûrement appris à se connaître les voyageurs. Au debotté, sans perdre de temps, les couples se forment et ensemble travaillent aux grandes affaires de la reproduction. Il faut s'aimer d'abord. C'est chose simple et naturelle pour des êtres dont on a de tous temps et en tous pays fait le symbole même de l'amour, non d'un sentiment vulgaire ou d'une passion sauvage, mais d'un attachement pur, tendre, profond, ardent, mieux encore, fidèle! c'est à notre grand écrivain, à Buffon, que sur ce point il faut donner la parole. Écoutons-le lorsqu'il trouve en ces oiseaux le modèle accompli des plus hautes vertus domestiques et sociales, son tableau est aussi gracieux que vivant, et sa peinture est exquise :

« Tous, dit-il, ont des qualités qui leur sont communes, l'amour de la société, l'attachement à leurs semblables, la douceur des mœurs, la chasteté, c'est-à-dire la fidélité réciproque et l'amour sans partage du mâle et de la femelle; la propreté, le soin de soi-même qui suppose l'envie de plaire; l'art de se donner des grâces, qui le suppose encore plus; les caresses tendres, les mouvements doux, les baisers timides, qui ne deviennent intimes et pressants qu'au moment de jouir; ce moment même ramené quelques instants après par de nouveaux

désirs, de nouvelles approches également nuancées, également
senties; un feu toujours durable, un feu toujours constant, et
pour plus grand bien encore, la puissance d'y satisfaire sans
cesse; nulle humeur, nul dégoût, nulle querelle; tout le temps
de la vie employé au service de l'amour et au soin de ses fruits;
toutes les fonctions pénibles également réparties, le mâle
aimant assez pour les partager et même pour se charger des
soins maternels, couvant régulièrement à son tour et les œufs
et les petits, pour en épargner la peine à sa compagne, pour
mettre entre elle et lui cette égalité dont dépend le bonheur
de toute liaison durable : quels modèles pour l'homme, s'il
pouvait ou savait les imiter! »

Impossible de dire avec plus d'élégance et de charme. Qui
ne voudrait aimer et être aimé comme s'aiment entre eux ces
amoureux de très-haut titre! Malheureusement, cela semble
bien avéré, hélas! le maître a quelque peu forcé la note en
ce qui touche à la constance des amants ou à la fidélité des
époux. Je reprendrai cette thèse lorsque je parlerai du pigeon
domestique lequel paraît s'être singulièrement gâté au contact de la civilisation. L'homme ne s'est pas rapproché de
l'innocence ou de la pureté des mœurs primitives de l'oiseau,
et celui-ci a porté l'imitation des mauvaises mœurs aussi loin
que possible. A l'instar de maints écrivains, je devais faire
mes réserves.

A l'état sauvage, au surplus, bien des circonstances peuvent
brusquement ou brutalement rompre le pacte et désunir les
cœurs les mieux sympathisants. Entre tous le plus impitoyable, le plus habile chasseur, l'homme, et les rapaces, ces terribles assassins de l'air, tuent, immolent, dévorent au hasard,
imposant aux mieux assortis de cruelles séparations. Ces
veuvages sont de force majeure, mais on peut être sûr que,
obéissant à la loi de nature, les survivants se hâtent de convoler à de nouvelles noces. Et le mariage suit de près les
fiançailles. Un lieu convenable est choisi; on y établit le nid,
un nid pour deux en attendant la naissance assez prochaine

des deux petits dont presque invariablement se compose la
couvée. Les deux œufs de la mère appartiennent tout aussi
bien au papa. Je veux dire que les époux se partageront le
soin de l'incubation, puis, nés les petiots, la sollicitude et les
fatigues de l'éducation.

Deux points à relever ici — le nid et la ponte.

Le nid, a-t-on dit, est une création de l'amour. Le mot n'est
que vrai, mais rencontre-t-on toujours aussi juste? Dans tous
les cas, charmant et délicat, l'objet doit tout à l'art, à l'a-
dresse, au calcul — une science exacte. Quels en sont les matériaux? c'est à peine croyable, il en est ainsi pourtant, presque
tous grossiers et rustiques. Et les instruments qui doivent les
utiliser, quels sont-ils encore? On pourrait les juger ou bien
défectueux ou bien insuffisants chez l'oiseau. L'écureuil a des
mains, le castor a des dents; l'oiseau a le bec et le pied. le
pied tout autrement habile ici qu'à la marche. Sous le travail
de ces deux organes, devenus intelligents outils, un tissu
nouveau se forme, inimitable enchevêtrement des matières
premières qui s'appellent mousse, gramen, petits rameaux,
bûchettes légères, que sais-je? Est-ce bien un tissage, cela?
non, c'est plus encore une condensation, une sorte de feutrage
de matériaux mêlés, poussés, fourrés l'un dans l'autre avec
effort, avec persévérance, gros labeur, on peut le croire, opération énergique qui n'arrive à son achèvement, à toute sa
perfection que par l'application savante du corps entier.
Oui, le véritable engin de cette laborieuse confection, œuvre
d'une force de volonté supérieure et d'une passion incommensurable, c'est l'oiseau lui-même, sa poitrine avec laquelle
il presse et serre les matériaux déjà disposés ou arrangés,
jusqu'à les rendre absolument dociles et les assujettir à la
forme qu'ils doivent avoir et conserver.

Et le véritable architecte de l'œuvre, c'est particulièrement
la mère. L'époux ne demanderait pas mieux que de s'y employer, mais elle — la mère — n'a pas toute confiance. Pour
avoir entière liberté de n'en faire qu'à sa tête, elle l'occupe

ailleurs, elle lui attribue le rôle de pourvoyeur. Il s'en acquitte avec conscience et point ne s'épargne à la peine. Il est bien intéressant à observer dans l'accomplissement de cette tâche ardue. Sa recherche se fait habile et furtive. Il a ses préoccupations, voyez-vous. Il craint qu'en le suivant des yeux, un curieux, un indiscret, un ennemi — les trois ne font qu'un — n'apprenne trop bien le chemin qui mène à Rome, à son nid, voulais-je dire. Si donc vous l'avez vu, si vous l'avez surpris en travail, pour tromper l'espion — c'est de vous que je parle en vérité — il se détourne, prend une autre direction et arrive par un côté différent. N'est-ce pas merveilleux?

Il agit de la sorte; il a toutes ces attentions, il a toutes ces ruses. Malgré cela, on ne le trouve ni habile, ni capable. On l'accuse de ne façonner que grossièrement un nid informe, presque plat, peu solide, mal défendu contre l'intempérie ou les bourrasques, mal garni à l'intérieur, insuffisamment protégé ou contre le froid ou contre la rudesse des petits rameaux ou des bûchettes qui en forment le squelette.

Que le nid du pigeon sauvage ne soit pas, comparativement au nid de la plupart des oiseaux, un chef-d'œuvre, c'est-à-dire la perfection du genre — *concedo;* mais qu'il soit ou défectueux ou insuffisant, je le nie. Père et mère pigeons en savent plus long que nous sur tout cela et, à n'en pas douter, approprient le nid aux besoins des enfants. S'ils n'élèvent pas leurs petits dans du coton, s'ils ne les enveloppent en naissant ni de velours ni de soie, c'est que, de ce côté, ils doivent avoir une éducation rustique. Je n'ai point à les plaindre, je les vois l'objet de tant de sollicitude qu'en vain je fais appel à la crainte. Papa et maman, qui se donnent affection si tendre et si complète, aiment la progéniture d'un même amour, d'une égale tendresse, lui accordent les mêmes soins et sans réserve à elle se dévouent.

Maintenant, la ponte. Elle est à peu près invariable. Quelquefois un seul œuf, c'est presque l'exception; la règle — c'est deux œufs desquels, après seize jours d'incubation, sortiront presque toujours un couple, soit un mâle et une femelle.

A l'état sauvage, cette fécondité ainsi limitée est un bienfait, car l'oiseau paraît doué d'un certaine longévité, et d'autre part il ne semble pas que beaucoup de sinistres atteignent l'élevage des jeunes, malgré l'imperfection relative du nid.

En domesticité, au contraire, on aimerait à avoir ou des nichées plus nombreuses, ou des couvées plus rapprochées. J'ajourne l'examen de cette proposition qui sera mieux placée au cours de l'étude spéciale au pigeon domestique.

Les parents ont charge d'élever et de nourrir leurs petits. De la tâche ils s'acquittent au grand complet et avec le zèle inhérent à la maternité. Or, on le sait déjà, car le fait ne s'accuse pas pour la première fois dans cette page, les pigeonneaux ont à vrai dire dans le mâle une seconde mère aussi tendre et aussi dévouée que la femelle.

A M. Toussenel j'emprunte le passage suivant qui expose admirablement les choses à cet égard.

« Après la bâtisse du nid, qui ne prend que deux ou trois jours, dit-il, après la ponte, qui n'est que de deux œufs et qui ne dure guère plus, vient le travail de l'incubation. Dans toutes les tribus de l'ordre des colombiens, le père partage avec la mère cette fonction attributive de la maternité chez l'immense majorité des espèces, et il se montre si fier de cet honneur, que la femelle est souvent obligée de le pousser hors du nid par les épaules pour le forcer de lui céder sa place. A peine relevé de garde, le couveur passionné s'élève dans les airs par une pointe verticale, puis s'arrête aussitôt pour déployer toutes ses voiles et faire le saint-esprit.

« On peut citer comme preuve de l'amour maternel qui anime cette famille un fait très-remarquable en raison de sa rareté, et qui ne se trouve que chez l'hirondelle et le pétrel. C'est que les pigeonneaux, nourris par leurs parents, sont plus gras qu'ils ne le sont à aucune autre époque de leur vie. Le fait est universel et notoire. Dans certaines contrées des États-Unis d'Amérique, Ohio, Kentucki, Tennessée, etc.;

les ménagères font provision de graisse de pigeonneaux sauvages qu'elles emploient en guise de saindoux et de beurre pour accommoder leurs ragoûts. Ces pigeonneaux sont tués par *centaines de mille* en quinze jours. La tuerie a lieu au mois de mai. Les fermiers accourent au *Nesting place*, c'est-à-dire au nichoir, de vingt lieues à la ronde, munis de leur énormes chariots pour emporter le gros des morts, et suivis de leurs troupeaux de porcs pour faire ventre des individus isolés. »

Nous n'avons, Dieu merci, ni à repousser de telles populations ni à bénéficier de leur immense destruction. Elles seraient pour nous un fléau sans second. A mesure que la population humaine ira croissant et multipliant dans ces régions, s'affaibliront toutes celles qui pourraient gêner l'homme dans ses paisibles évolutions, et lui disputer ou la libre possession de ses biens ou l'entière jouissance du produit de ses récoltes.

Revenant en notre pays, où nous sommes forcés aussi de nous défendre dans une certaine mesure, nous voyons que, vers la fin de l'été, après les nichées et l'éducation des jeunes, les pigeons sauvages se réunissent en troupes nombreuses, soit pour aller rechercher ensemble les climats où se rencontrera la nourriture difficile à trouver chez nous pendant la mauvaise saison, soit pour errer dans les bois ou les champs voisins des lieux où ils sont nés. Composées des individus de la même espèce — mâles et femelles non plus associés ou appariés, mais pêle-mêle — ces sociétés restent formées tant que durent l'automne et l'hiver. Au retour du printemps elles se rompent. Sous l'influence des désirs qui alors renaissent, de nouveau parlent les cœurs le doux langage d'amour. Les couples se reconstituent, quittent la compagnie, cherchent un coin qui leur plaise, s'y installent à leur gré et recommencent le grand œuvre de la multiplication — lequel est pour eux toute joie et tout bonheur.

Nos pigeons — les voilà. Mais je n'ai pas fini. Nous allons donc en recauser, s'il vous plaît.

LE RAMIER.

I. — LES NATURALISANTS.

Il faut le déclarer, car c'est conforme à la vérité, le ramier est l'un des plus charmants oiseaux de notre pays ; c'est aussi la plus forte de nos trois espèces de pigeons. Il mesure jusqu'à 0ᵐ49 de longueur et 0ᵐ80 de vol. Vous le connaissez et le voyez par intuition, les yeux fermés. Mince et flexible, son bec est jaune à la pointe, rougeâtre à sa naissance. Son œil est tranquille, mais vigilant. Son plumage, bien fourni, est bleu ardoise en dessus, vineux en dessous, particulièrement au jabot. Il porte collier, un joli collier aux reflets métalliques, nuancé de blanc, de bleu, de vert, de violet : toute chatoyante en est sa gorge. L'aile est étendue ; je viens d'en mesurer l'envergure. Il a de belles petites pattes carminées. Son roucoulement est gai, sonore comme un chant de triomphe à l'amour. Il a des formes élégantes ; la fière attitude d'un oiseau qui, à bon droit, se fie à l'excellence de sa vue, à la pénétration de son regard, à la puissance de son vol.

Le ramier ou palombe se montre d'une sauvagerie qui défie toute poursuite : ne peuvent s'en faire idée ceux qui jugeraient l'oiseau par ses allées et venues, par ses paisibles promenades dans nos grands jardins du Luxembourg et des Tuileries. Ces ramiers-là font bande à part ; je leur consacrerai un petit paragraphe spécial. En ce moment je suis tout aux autres, aux sauvages. Ne cherchez pas à approcher l'un de ces derniers en plaine ; ce serait peine perdue, tentative insensée. Il se lèvera toujours à plus de cinq cents pas en avant. Sous bois, le craquement d'une petite branche, le

froissement d'un rameau suffisent à lui donner l'éveil; il part
sans autre avertissement et le voilà hors de portée. Ce n'est
qu'à l'angle de la forêt ou d'un bouquet de bois assez épais,
ou au détour d'une haie, haute et touffue, que le hasard vous
le fera surprendre et encore faut-il, — rencontre des plus
rares, — qu'il y soit seul, car lorsqu'il flâne ou baguenaude
en société, ou lorsque, maraudant, il va de ci de là *quærens
quod devoret*, des sentinelles postées aux bons endroits l'a-
vertissent opportunément et tous ensemble à tire d'ailes s'é-
loignent sans que sur la route demeure un traînard : tous
frais et dispos, tous alertes et vaillants.

La France conserve en tout temps une certaine population
de cette espèce qui pourtant se fait insensiblement de moins
en moins nombreuse. Celle-ci brave sous notre ciel, au milieu
de nos forêts, les intempéries de la fin de nos automnes et les
rigueurs de nos hivers, que la grande majorité de ceux qui
nous sont venus tout au commencement du printemps, et
quelquefois un peu plus plus tôt, s'est empressée de fuir pour
retourner partie en Afrique, et partie en Espagne.

Tant qu'ils sont chez les autres, les émigrants ne m'inquiètent. Lorsqu'ils repartent pour nous revenir en troupes
formidables, on leur souhaite, je présume, bon voyage et bon
vent. Je conterai un peu plus loin quels préparatifs on fait
pour les recevoir, et le coup de l'étrier que galamment on
leur offre lorsqu'ils remettent le cap sur les régions chaudes
généralement préférées aux autres pendant la durée des plus
grands froids.

Les sédentaires — le mot est de convention, sans cela il ne
serait point applicable ici — les non émigrants, les naturels
ou les naturalisants, si l'on veut, me préoccupent. Ils ne vivront pas de l'air du temps ; de quoi vivront-ils alors? Tel est
le sujet de ma vive préoccupation. Sous bois, le gland et la
faîne les nourriront, ce régime ne nous cause aucun dommage.
Dom pourceau, plus rapproché de l'homme aujourd'hui
qu'autrefois, a d'autres friandises à se mettre sous la dent, et

nous n'avons besoin de penser au sanglier, son congénère.
Celui-ci ne souffrira point de la concurrence des ramiers. Il
y a d'autres fruits sauvages. Sans les nommer, on les voit
entrer à leur tour dans la consommation générale et spéciale.
A la Guadeloupe, une note imprimée par Buffon nous l'apprend, les graines mûres du bois d'Inde attirent des nuées de
palombes qui montrent pour elles une avidité passionnée. Le
mot y est, ma foi; je le laisse. La gourmandise a du bon, et
les graines en question poussent à la graisse qui sait s'en bien
régaler. Nos friandes se jettent donc sur le riche aliment qui
les fait grasses et dodues en communiquant à leur chair une
odeur de girofle et de muscade, tout à fait agréable, dit-on. A
tout péché miséricorde, s'exclament du fond du cœur ceux qui
l'ont indulgent et bon. A tout péché sa punition, serait peut-
être non moins bien trouvé. Plus grasses que l'ordonnance
ne porte — pour avoir par trop oublié les recommandations de
la tempérance — nos belles palombes deviennent paresseuses
au point de négliger tout ce qui tient à la sécurité. Paresse et
gourmandise volontiers vont de compagnie: ce sont ici des
inséparables. Les pauvres oiseaux qui leur ont fait fête si
complète payent généralement de la vie le bien-être et les
jouissances qu'ils en ont tirés. Indifférents à l'approche du
chasseur sensuel, ils le laissent venir et les coups de fusil qu'il
envoie dans le tas ne les font même pas s'envoler. Les survivants sautent seulement d'une branche sur une autre en jetant un cri, à la vue des mourants et des morts. Le jeu
recommence et l'heureux chasseur fait de magnifiques hécatombes.

Mais nous n'avons pas dans nos bois ces affriolantes graines;
s'y engraissant moins, les palombes y conservent toute leur
vigilance et toute leur activité, on n'en a donc pas aussi facilement raison. Mais je ne dois pas encore aborder ce point.

J'en suis à l'alimentation. Après le gland, la faîne et leurs
analogues: après épuisement de ces ressources, il peut arriver, — or ceci arrive plus fréquemment que ne le voudrait

l'agriculteur, aumônier général et pouvoyeur forcé de tous les parasites dont on ne le débarrasse pas, — il arrive, si l'hiver se prolonge, que d'autres nourritures deviennent nécessaires. Ce n'est encore ni la saison des escargots et victuailles *ejusdem farinæ*, à supposer qu'ils soient recherchés, ni l'heure des pousses printanières, jeunes plantes herbacées ou bourgeons naissants. A ce moment, au surplus, sont déjà revenus les premiers ensemencements de l'année, et avant eux des labours qui ont découvert toute sorte de grenailles dont les pigeons — tous les pigeons — ont mission spéciale de purger les terres en culture. Les ramiers alors ne manquent pas, et ils font d'autant plus diligence qu'ils sortent du carême. Qu'ont-ils trouvé pendant la durée de celui-ci? En beaucoup de localités, presque rien, ce n'est pas assez; mais d'autres, mieux partagées, sont couvertes de colza. Les affamés savent les découvrir, ils s'y installent et font chère lie. Les frimas ne les effraient pas. Toujours la faim chasse du bois les loups et aussi les ramiers. La culture en grand du colza les a appelés en troupes considérables dans notre région septentrionale dont ils ont été la désolation. Au printemps, ils ont parfois à la soulée; l'été est la saison de l'abondance et celle-ci se prolonge plus ou moins avant dans l'automne.

Les palombes qui nous restent n'ont donc pas trop à souffrir; mais si nous n'avons pas à les plaindre, l'agriculture, au contraire, a tout sujet de les redouter et avec raison leur fait une guerre acharnée.

Très-réguliers dans leurs habitudes, les ramiers vont à la pâture aux mêmes heures, dans la matinée et dans l'après-midi, aux meilleures du jour. N'ayant d'autres occupations, ils chôment ou à peu près le reste du temps. N'est-ce pas ce qu'on peut faire de mieux quand on n'a rien de mieux à faire? Ils aiment à se percher à la cime des grands arbres — observatoires commodes — sur les branches dépouillées de leur feuillage. C'est là que, au lever du soleil et pendant les froides matinées de novembre, décembre et janvier, on peut les voir immobiles durant des heures entières, attendant qu'un rayon vivificateur les caresse et leur rende souplesse et vigueur, deux avantages atteints et amoindris par la froidure de la nuit. C'est dans les arbres les plus feuillus, au contraire, qu'ils se tiennent pendant la belle saison; ils y établissent leur nid. Ce que j'ai dit de la manière dont y travaillent les époux est particulièrement accentuée. La femelle ne s'écarte pas de la branche élue et semble étudier mentalement toutes les dispositions à prendre. Le mâle, qui semble avoir reçu confidences et instructions, se met en quête et explore tous les arbres des alentours. Lorsqu'il aperçoit des bûchettes mortes attenant au tronc ou à une branche — il n'emploie pas celles qui sont à terre — il s'y porte, en choisit une, la saisit tantôt avec les pieds, quelquefois avec le bec, et s'applique à la détacher soit en appuyant de tout le poids de son corps, soit en agissant sur elle avec effort par des tractions réitérées. S'il parvient à l'enlever, il l'emporte, la remet à sa femelle et repart pour recommencer ainsi pendant plusieurs heures. La femelle reçoit et dispose avec tout l'art ou tout le soin dont elle est capable. Elle est ouvrière, comme on voit; le mâle est simple manœuvre. La besogne n'en est pas moins faite en participation et jamais ne se querellent les ardents collaborateurs d'une œuvre qui plaît.

J'ai dit comment sont couvés les œufs, comment abecqués les petits auxquels la nourriture est donnée avec une parfaite régularité le matin vers 8 heures, le soir entre 3 et 4 heures, sans plus. C'est réglé comme un papier de musique : ferrés sur le règlement, les ramereaux strictement s'y conforment, sans faire la grimace. La soumission des enfants est entière. Je sais bien où cela n'est plus guère ainsi; je ne le dirai pas. Je constate seulement que la règle est absolue chez les ramiers et que, de père en fils, depuis le commencement des siècles, elle n'y a pas encore subi d'exception.

Il paraît hors de doute que les ramiers naturalisés ont deux pontes et deux nichées par an. La première, un peu précoce pour nos climats, ne réussirait pas toujours ; elle serait « souvent détruite parce que le nid, n'étant pas encore couvert par les feuilles, est trop exposé. »

Si les choses se passent ainsi, il faut nous en féliciter, car des ramiers il y en a toujours assez, il y en a même toujours trop. Les petits poussent vite et sont en état de se passer des père et mère du seizième au vingtième jour qui suit leur éclosion.

Le nids de ramiers ne sont pas de ceux qu'on doive défendre contre la destruction, mais de ceux dont on devrait favoriser la recherche persévérante. Les ramereaux pouvant fournir à l'alimentation une chair savoureuse et de bonne qualité, il y aurait avantage à s'en emparer avant leur abandon par les parents. Cette chasse paraît avoir été usitée dans le passé : faite par les soins ou pour le compte de marchands de volailles, elle amenait chez ces derniers tous les oiseaux dont la préparation pouvait être utilement achevée — tourtereaux, ramereaux, jeunes bisets, nés hors des colombiers que pères et mères avaient désertés pour aller nicher ailleurs, dans les vieux clochers ou les vieilles tours, dans des trous de murailles ou de rochers. On les soufflait avec la bouche en les mettant au régime du millet, et en moins de quinze jours on les avait à point, c'est-à-dire fins gras. — Je crois bien que cette industrie est à peu près perdue. Il n'y a sans doute à regretter son abandon que parce qu'elle a fait oublier la recherche utile et nécessaire des nids où se trouvent en croissance rapide des déprédateurs de nos récoltes.

II. — NOS APPRIVOISÉS.

Quelques naturalisants ont fait un pas de plus vers l'homme, ceux-ci vivent en état de complet apprivoisement dans de grands jardins publics. Tels sont les ramiers de Paris qui ont spécialement élu domicile au Luxembourg, aux Tuileries, aux Champs-Élysées. Là, ils ont déposé toute défiance, s'ébattent joyeusement autour des promeneurs, vont et viennent librement sans l'ombre d'appréhension, au milieu de la foule et du bruit, rivalisant de familiarité et de hardiesse avec pierrettes et pierrots, les fieffés effrontés. Mais aussi que d'avances on leur fait! que de beau et bon pain blanc on leur émiette à la journée! Il y en a qui sans façon le prennent dans la main et jusque dans la bouche de certaines gens autour desquels silencieusement forment cercle les passants pour assister immobiles et songeurs à ce tout petit spectacle, à plusieurs pourtant font envie ces apprivoiseurs. Par flatterie — ou la belle va-t-elle se nicher? — on en a élevé quelquesuns au rang de charmeurs et de la publicité on leur a fait les honneurs. Sans leur nuire en rien, mettons-les à leur véritable place, parmi les inutiles les oisifs, parmi les amuseurs, les farceurs et les poseurs. Comme les gueux de Béranger, ils s'aiment entre eux et obligeamment s'entraident. De la plume de l'un de ces compères, un jour est sortie, sous cette alléchante rubrique — *les Oiseaux des Tuileries* — l'innocente réclame que voici, laquelle — cela va de soi — a simplement fait le tour de la presse européenne :

« Je passais, il y a quelques jours, dans le jardin des Tuileries, vers onze heures du matin. A l'angle d'un de ces carrés entourés d'un grillage, non loin du marronnier au feuillage précoce, connu sous le nom de l'arbre du 20 mars, un tout jeune homme jetait du pain aux pigeons ramiers et aux moineaux qui s'ébattaient sur le gazon et sur les arbustes du carré. Les pigeons ramiers qu'il appelait avec un petit sifflement particulier, venaient tour à tour se percher sur son bras ou sur son épaule, et becquetaient dans sa bouche le pain qu'il mâchait à demi. Les moineaux se montraient plus défiants; cependant quelques-uns voletaient autour de lui et saisissaient en l'air les miettes de pain qu'il leur lançait avec beaucoup d'adresse. Il leur en présentait dans sa main, mais je ne vis qu'une petite femelle qui, toute frémissante, vint s'y poser ; encore ne fut-ce qu'un instant : elle s'envola avant d'avoir pris le temps de becqueter le pain. Le jeune homme me dit que, quand il venait à une heure plus matinale, les moineaux se montraient plus familiers ; il y a habituellement trois ou quatre femelles qui ne craignent pas de manger dans sa main.

« Ce fait m'a été confirmé par plusieurs des assistants, car nous étions au moins une douzaine de personnes entourant le jeune homme ; et les oiseaux ne semblaient nullement troublés par notre présence. On me dit aussi qu'il y a deux autres individus qui, chaque matin, se donnent l'agréable passe-temps d'émietter du pain aux oiseaux. Comme ils s'y livrent depuis plus de temps que le jeune homme dont je parle, ils ont inspiré aux oiseaux une confiance beaucoup plus grande, et dès qu'ils paraissent, les pigeons et même les moineaux viennent se poser sur eux.

« Ceci m'a rappelé un passage de J.-J. Rousseau ; il dit, en parlant de son séjour aux Charmettes :

« J'eus un grand chagrin de ne pouvoir faire le jardin tout
« seul ; mais quand j'avais donné six coups de bêche, j'étais
« hors d'haleine ; la sueur me ruisselait, je n'en pouvais plus.
« Contraint de me borner à des soins moins fatigants, je pris,
« entre autres, celui du colombier, et je m'y affectionnai si
« fort, que j'y passais souvent plusieurs heures de suite, sans
« m'ennuyer un moment. Le pigeon est fort timide et difficile
« à apprivoiser ; cependant je vins à bout d'inspirer aux oi-
« seaux tant de confiance qu'ils me suivaient partout, et se
« laissaient prendre quand je voulais. Je ne pouvais paraître
« au jardin ni dans la cour, sans en avoir à l'instant deux
« ou trois sur les bras, sur la tête ; enfin, malgré le plaisir
« que j'y prenais, ce cortége me devint si incommode que je
« fus obligé de leur ôter cette familiarité. J'ai toujours pris
« un singulier plaisir à apprivoiser les animaux, surtout ceux
« qui sont craintifs et sauvages. Il me paraissait charmant

« de leur inspirer une confiance que je n'ai jamais trompée.
« Je voulais qu'ils m'aimassent en liberté. »

« Il est tout naturel que le philosophe qui a écrit le *Contrat
social* ait voulu être aimé par des êtres en liberté et non par
des captifs; mais n'est-il pas touchant de lui entendre dire
qu'il n'a jamais trompé la confiance des animaux?

« Pourquoi donc les personnes qui passent habituellement
la belle saison à la campagne ne se créent-elles pas plus souvent des amis de ce genre? Par une de ces harmonies de la
nature qui témoignent hautement de la bienveillance du
Créateur envers nous, tous les oiseaux chanteurs aiment à se
rapprocher du séjour de l'homme. C'est dans les groseilliers,
les rosiers, les charmilles, c'est sur les grands arbres de nos
jardins que le roitelet, le pinson, le rouge-gorge, le bouvreuil,
la fauvette, le rossignol, établissent de préférence les ber-
ceaux de leurs jeunes familles. Faisons comme le grand écrivain que je viens de citer, ne trompons pas leur confiance,
et ils ne demanderont pas mieux que de se rallier à nous. »

Sentimentalité et sensiblerie font bien dans le paysage où
j'aime à voir se jouer et voluptueusement se poursuivre, où
il me plaît d'entendre amoureusement chanter tous ceux qui,
en nous charmant, tout en vivant joyeusement pour eux-
mêmes, peuvent nous rendre quelques services, dussent ceux-
ci n'être pas tout à fait gratuits. Mais hors de là que ferions-
nous bien de toutes les créatures du bon Dieu si la fantaisie
leur prenait de se rallier successivement à nous? Pour leur
rendre la vie agréable et douce il faudrait commencer par les
nourrir abondamment, et après?...

Non, à ceux-là seulement qui lui apportent utilité et profit
l'homme doit judicieusement ses soins et sa peine. Lui demander plus, c'est sottement lui dire de s'imposer un labeur
qui excéderait ses forces, et de la condition de maître le faire
passer à celle d'esclave. Il n'a pas en partage toutes les su-
périorités, une incontestable puissance sur les bêtes, pour
s'assujettir à travailler sans fin ni trève pour elles avant même

de songer à lui et aux siens. Oui, le ramier naturalisé, apprivoisé ou rallié, dont à Paris on a fait l'oiseau sacré, n'est qu'un inutile, un parasite. Il amuse quelques désœuvrés, soit, mais il ne donne rien à personne ; et sont parfois devenus si nombreux ou si gênants les fruits de sa fécondité qu'il y a eu nécessité de les décimer, non plus en en détruisant 1 sur 10, mais en renversant la proportion afin de réduire la population de 10 à 1. Eh bien, les feux de peloton n'ont pas effrayé les survivants. Les sybarites se trouvaient si bien de vivre sans soucis, dans une fainéantise absolue, qu'ils ne nous ont pas quittés. Trompés dans leur confiance, menacés dans leur existence jusque-là paisible, ils ne sont point partis, ils sont restés nos hôtes, et nous n'avons qu'en faire.

En 1870-1871, ils ont subi une bien autre épreuve. Décidément ces sauvages ralliés tiennent beaucoup plus à nous que nous ne tenons à eux. Le fait se trouve constaté dans l'extrait suivant d'un article de la CHASSE ILLUSTRÉE — *Chasses et pêches autour et dans Paris assiégé* (n° de juillet 1871) : « Le siége a été rude aux ramiers, ces hôtes charmants de nos jardins publics sur qui la civilisation avait eu de si remarquables effets ; d'abord en leur faisant oublier leurs instincts migrateurs, ensuite en modifiant leur caractère sauvage et défiant. Ils ont péri en grand nombre dans les jardins du Luxembourg et des Tuileries, pendant qu'interdits au public ils servaient de campement aux mobiles et à l'artillerie. Les premiers jours, les officiers s'amusaient à les tirer avec le revolver, puis la distraction devint une aide puissante pour le mess, et le fusil de chasse remplaça le pistolet. Pendant un mois, les coups de feu retentirent sous les hauts marronniers au pied desquels les canons et les caissons s'alignaient en longues files, puis les derniers ramiers survivants se décidèrent à fuir ces lieux naguère si hospitaliers ; quelques couples se retirèrent au Jardin des Plantes, où leur vie était épargnée, les autres prirent le grand parti d'émigrer loin de la ville. Lors de la conclusion de l'armistice il ne s'en rencontrait plus un seul au Luxembourg ni aux Tuileries.

« L'un des vieux gardiens des Tuileries, ancien soldat cousu de blessures et constellé de croix et de médailles, me disait en parlant des ramiers :

« — Quelle secouée ont eu ces pauvres pigeons! jamais je n'aurais cru être si attaché à ces bestioles! eh bien, chaque coup de fusil tiré sur eux me faisait *toc* dans l'estomac. Il y en a d'échappés : pourvu qu'ils reviennent!

« Ils sont revenus en petit nombre, c'est vrai, mais j'en ai vu, il y a quelques jours, sur les hauts platanes de la fontaine au Luxembourg; ils sont occupés à préparer les brindilles qui vont former leurs nids. »

Depuis lors, ils sont revenus en plus grand nombre, ont repris leur douce quiétude d'autrefois et plus ardents que jamais, s'aiment et multiplient sans plus d'utilité que par le passé.

On a dit avec raison qu'il resterait peu à faire pour les domestiquer. Pour cela, il ne s'agirait, assure-t-on, que de les tenir en volière fermée, ou même de les faire naître dans des colombiers en confiant des œufs de l'espèce à des couples de pigeons domestiques. Ceux-ci les élevant et l'éducateur mettant obstacle à leur départ à l'heure habituelle de l'émigration, on suppose que la conquête absolue ne présenterait aucune difficulté insurmontable à la pratique intelligente et soigneuse. C'est bien possible après tout. A mon sentiment, nos apprivoisés volontaires ne demandent qu'à vivre au contact de la civilisation; mais que donneront-ils à ceux qui leur accorderont le vivre et le couvert, soins raisonnés, tout et le reste? Deux couvées par an, soit quatre pigeonneaux dont la viande, quoique très-alibile et très-saine, ne paraît pas être, il s'en faut, du goût de tous les consommateurs. Les uns la préconisent et les autres, qui très-fort la dédaignent, carrément en médisent. Pour moi, je ne doute pas qu'une domesticité honorable n'opère sur cette espèce une heureuse influence, qu'elle n'en augmente la ponte, qu'elle n'en rapproche les nichées et n'en améliore la viande. Mais combien de générations auront passé avant que se produise en son entier cet important résultat? C'est là ce qu'il y aurait lieu de supputer avant d'entreprendre un si lointain voyage. Et puis une autre considération se présente, celle-ci : après une si longue attente et des attentions aussi prolongées, le ramier civilisé ou amélioré donnera-t-il à l'élevage une race supérieure à celles du biset dès longtemps conquises. Cela n'est pas présumable et je vois en réalité plus d'avantages à compléter les anciennes races, en les élevant à leur plus haut point de perfectionnement, que de travailler péniblement et lentement à rendre simplement leurs égales celles qui résulteraient de la conquête achevée des apprivoisés.

Une dernière observation. Ramiers et pigeons domestiques ne se querellent pas dans leurs rencontres imprévues, mais ils ne se recherchent point et surtout on ne les voit pas s'accoupler. Cette indifférence ne me porte pas à supposer que des couples des deux espèces aimeraient beaucoup à dormir et à roucouler sous le même toit. Ce serait un motif pour les loger dans des habitations différentes. Je me méfierais enfin des rencontres fortuites qui certainement réuniraient, un jour ou l'autre, une nuée d'apprivoisés et un vol de domestiqués — ramiers ceux-ci et ceux-là — bien entendu. On causerait, cela n'est pas douteux; on deviserait sur toutes choses; des commérages de la vie habituelle on passerait bientôt à des appréciations sur la politique générale et aux détails plus intimes de l'économie sociale. Se frottant sans cesse aux hommes, les ramiers sont de première force sur ces deux sciences transcendantales. L'échange de leurs idées sur ces importantes et délicates matières me rappelle de loin l'apologue rimé par Jean de La Fontaine sous ce titre : — LE LOUP ET LE CHIEN. Vantant le bien-être, le confortable dans lequel paresseusement et agréablement ils vivent, les civilisés offrent aux autres de s'en venir partager en frères les douceurs et les charmes d'une existence large et facile. Les plus expérimentés laissent dire; les amants passionnés de la liberté absolue se récrient, protestent, soulèvent une violente tempête et jettent la division dans les esprits. Quelques civilisés, convertis au radicalisme, se sentent pris par la honte : ne voulant plus vivre sous le joug d'un maître qui abusera d'eux et dévorera leurs petits, passent avec éclat dans le groupe des apprivoisés. Mais plusieurs de ces derniers, moins fiers et désireux d'une existence moins précaire, gagnés aux idées de la civilisation, se joignent aux camarades qui en exaltent les bienfaits et en leur compagnie, pleins d'illusions, viennent au colombier..... C'en est fait, de pareils échanges, à présent, se répéteront à des intervalles plus ou moins rapprochés. Il n'y aura plus de sédentaires au pigeonnier, mais des volontaires seulement et tout fait d'amélioration, par cela même empêché, quoique incessamment poursuivi, ne sera jamais atteint.

Ceci revient à dire que nous avons plus d'intérêt à parfaire nos races domestiquées qu'à poursuivre la conquête définitive de celles qui s'appartiennent encore peu ou prou. Il n'y a pas à supposer que le Ramier, si haut qu'on réussisse à le monter sur l'échelle de la perfection, nous donne plus ou meilleur que nos races anciennement cultivées. S'il en est ainsi, le seul parti que nous ayons à prendre en ce qui le touche, c'est de le poursuivre dans toutes les directions et de lui livrer sur tous les points où il se montre une guerre à outrance. En leur saison, il se nourrit de pois, de fèves, de haricots, de blé, de navette, de colza, de chènevis, de glands, de faînes, de feuilles tendres, de bourgeons, de fraises — d'une foule de bonnes choses à l'usage de l'homme, sans lui rendre aucun produit utilisable.

Là est le motif de sa condamnation absolue, sans recours en grâce. Donc, sus aux ramiers, voyons alors comment on procède pour en diminuer les trop nombreuses populations.

III. LA CHASSE AUX PALOMBES.

Elle est magnifique, savante, émotionnante, abondante,

princière, dans nos départements pyrénéens, au pays basque surtout, et en Armagnac aussi où elle a été, pendant des siècles, l'objet d'une fructueuse industrie. Aujourd'hui encore elle est productive et tout l'autorise. Elle a son matériel spécial et des procédés spéciaux ; les lieux choisis où on la pratique sont des *palomières*. Elle exige des préparatifs spéciaux ; elle a des règles spéciales et veut chez le chasseur et ses aides des connaissances à part. Elle a pour elle encore cette particularité qu'on peut s'y adonner sans peur et sans reproches, sans scrupules et sans remords.

Je serais bien incompétent pour en parler. Je ne l'ai personnellement ni pratiquée ni vu pratiquer. Il faut cependant qu'elle soit exactement décrite en ce livre composé à ces deux fins, savoir : indiquer les moyens de perfectionner les utiles, donner les indications nécessaires à la destruction des nuisibles.

Je remplirai merveilleusement bien ce dernier desideratum en empruntant à LA CHASSE ILLUSTRÉE (5me année, 1872) un article *ex professo* de M. Henri de Granjean. L'emprunt est considérable. S'il enrichit mon travail, il profitera à ses lecteurs qui voudront bien faire honneur de ce chapitre à qui de droit, à l'élégant écrivain, au savant auteur de la description toute cynégétique que voici :

« En présence d'un gibier qui se jette par milliers d'individus sur ses moissons en automne et sur ses glands en hiver, l'habitant du Midi, alléché, du reste, par le fumet de la chair du pillard, ne devait pas s'en tenir vis-à-vis de lui à quelques coups de fusils isolés. Profitant de ce que la palombe a été déclarée gibier nuisible, il emploiera contre elle des armes beaucoup plus efficaces. Grâce à un énorme filet et à une série de ruses passablement ingénieuses, il détruira des centaines de palombes d'un seul coup, et parviendra ainsi, non-seulement à diminuer le nombre de ces voisins voraces, mais encore à s'en faire un petit revenu qui, dans les bonnes années, l'empêchera peut-être de hâter la coupe d'un taillis ou de dégarnir son étable afin de pouvoir *joindre les deux bouts*.

« C'est cette chasse, toute particulière à certaines contrées du midi de la France, que nous allons essayer de décrire le plus fidèlement possible.

« Il y a deux chasses aux palombes : la *chasse de la Saint-Michel*, qui dure depuis la fin de septembre jusqu'au milieu de novembre, et la *chasse d'hiver* ou *de l'Agrain* qui commence vers la Noël et finit vers le 15 ou 20 mars.

« Chasse de la Saint-Michel. — Pendant cette chasse, les palombes sont de *passage*. Après avoir passé le printemps et l'été dispersées dans toute l'Europe, elles se dirigent vers le sud à l'approche de l'hiver et ne s'arrêtent guère que pour coucher ou prendre leur nourriture.

« Vers les derniers jours de septembre, sur le soir, au moment où le ciel commence à se dorer des feux du couchant, on aperçoit, au-dessus des grands bois du midi, comme des nuages bleus qui tournoient à une grande hauteur : ce sont des palombes qui se rassemblent par milliers à la fin de la journée pour choisir l'endroit où elles passeront la nuit. Elles tournent longtemps dans le ciel en décrivant des cercles de plus en plus petits, et finissent par s'abattre comme une nuée sur un bois solitaire d'où elles repartiront le lendemain matin, par volées plus ou moins nombreuses, pour continuer leur voyage.

« *Une semaine au moins avant le passage*, le chasseur a fini ses préparatifs. Il a dressé la *cabane* et tracé le *sol* ; les échelles, appliquées contre les grands arbres qui doivent porter des *appeaux*, ont été réparées avec soin ; les filets sont raccommodés ; enfin toutes les précautions ont été prises pour être prêt au bon moment.

« *La cabane* se place vers le centre du bois, sous de grands chênes, et le plus possible au milieu d'un buisson de genêts ou de hautes fougères. Elle est construite le plus souvent avec de la paille de seigle retenue par de longues gaules fortement liées ensemble. Cette paille est dissimulée à l'extérieur par une épaisse couche de branches de chêne, garnies de leurs feuilles, et solidement fixées à terre. Grâce à ces branches et aux genêts qui l'entourent, cette petite construction a toute l'apparence d'un buisson naturel.

« La cabane est bien couverte, un peu étroite, mais haute, longue et souvent tortueuse, afin que le fond soit à l'abri du vent qui souffle du côté de l'ouverture, car il n'y a pas de porte. Des trous sont ménagés en divers endroits et surtout dans le fond, qui a vue sur le *sol*, afin que le chasseur puisse suivre les mouvements du gibier.

« Le *sol* est un espace de terrain de forme rectangulaire, nettoyé et aplani, sur lequel on tend le filet qui doit couvrir les palombes lorsqu'elles se sont posées.

« Les *filets* que l'on emploie pour cette chasse sont des espèces de nappes appelées *pantes*, dont les mailles ont 6 centimètres carrés. La largeur est de 74 mailles et la longueur de 4^m 50.

« Il y a deux sortes d'*appeaux* : les *semets* que l'on place sur les grands chênes pour arrêter les palombes au passage, et les *poulets* que l'on envoie sur le *sol* pour les faire descendre lorsqu'elles se sont posées sur les arbres.

« Les *semets* sont des palombes auxquelles on a fermé les yeux avec de petites épingles qui tiennent les paupières jointes. Cette opération est cruelle, mais elle est nécessaire, car il est indispensable que l'appeau reste dans une tranquillité parfaite jusqu'à ce que le chasseur juge à propos de le faire voler. Du reste, les plaies se ferment rapidement et les palombes ne paraissent pas en souffrir beaucoup. Le *semet* repose sur une petite claie en osier fixée au bout d'un bâton long de 4^m 50 environ. L'oiseau est attaché par les pattes à l'aide de petites courroies. Vers le milieu du bâton, se trouve un trou pratiqué dans le sens de la claie et dans lequel passe librement une vrille assez forte. Pour placer l'appeau, on n'a qu'à enfoncer la vrille dans une branche d'arbre. Une ficelle attachée au bout opposé à la claie et fixée à terre par une cheville retient le bâton dans une position horizontale. Au quart environ de la hauteur de cette ficelle est attaché un second fil qui se rend à la cabane. Lorsqu'on veut faire voler l'appeau, on tire doucement sur ce fil pour faire monter la claie, puis on le lâche brusquement pour la faire retomber. Le *semet*, qui s'est élevé presque sans s'en apercevoir, sentant tout à coup la claie manquer sous ses pieds, bat de l'aile jusqu'à ce qu'il ait retrouvé son point d'appui, et produit ainsi l'effet désiré.

« On met une dizaine de *semets* sur les arbres, deux sur le devant de la cabane et un dans l'intérieur.

« Plus heureux que les *semets*, les *poulets*, qui sont aussi des palombes, n'ont pas à subir l'opération des paupières; on leur lie seulement le bout des ailes pour qu'ils ne puissent pas s'envoler; mais en revanche, ils sont soumis à de longs jeûnes afin qu'ils *soient d'appétit* lorsqu'on les envoie sur le *sol*, et qu'ils n'aient d'autre préoccupation que de manger le blé qui s'y trouve en quantité.

« On ne lâche les *poulets* que lorsque le vol des palombes se trouve sur les arbres qui avoisinent la cabane. Pour cela, le chasseur les pousse dans de petits tunnels construits avec des branches de genêt. Ces tunnels partent du fond de la cabane et aboutissent au *sol*. L'oiseau se trouvant engagé dans ces conduits étroits où il ne peut se retourner, et sachant, du reste, qu'il trouvera du grain au bout du voyage, se dépêche d'arriver à sa destination où sa présence et le bon exemple qu'il donne manquent rarement d'attirer les palombes qui hésitaient à descendre.

« A l'ouverture de la cabane se trouve un piquet où viennent converger tous les fils qui correspondent aux *semets*. C'est en cet endroit que le chasseur se tient en observation. De là, grâce à des échappées naturelles ou taillées à main d'homme dans le feuillage, on a vue sur les principaux points du ciel, et comme les palombes manquent rarement de tournoyer au-dessus des grands bois pour en faire l'examen et savoir si elles doivent s'y arrêter ou passer outre, il est rare que le plus petit vol passe inaperçu à l'œil exercé du chasseur. Cet œil est un phénomène de mobilité et de pénétration. La moindre tache sur l'azur du ciel est examiné avec soin. C'est souvent un petit nuage, quelquefois un vol de palombes.

« Dans ce dernier cas, toute conversation cesse et la lutte commence.

« Le chasseur tire un fil, et l'on entend dans le lointain, au milieu du silence de la forêt, le bruit des ailes du *semet* dérangé dans son repos. Les palombes *fléchissent*. Un second fil est tiré, et le bruit des ailes se fait entendre moins éloigné. A chaque fil, ce bruit se rapproche de plus en plus, jusqu'à ce qu'il retentisse bruyamment au-dessus du *sol*. Les palombes, après avoir décrit bien des courbes capricieuses dans le ciel, paraissent ne plus bouger, c'est-à-dire qu'elles se dirigent en droite ligne vers la cabane.

« C'est le moment de rentrer dans l'intérieur. Après quelques instants d'attente, on entend en l'air un sifflement sonore particulier au vol de la palombe, puis, si le vol est nombreux, un immense fracas retentit aux alentours. On dirait qu'on abat à la fois tous les arbres de la forêt. Ce sont les palombes qui se posent pêle-mêle sur les chênes et qui, en battant le feuillage de leurs ailes, produisent ce bruit formidable et prolongé.

« En regardant par la lucarne on assiste alors à un curieux spectacle. La couleur naturelle du feuillage a été modifiée comme par enchantement. Des quantités innombrables de palombes, les unes alignées côte à côte sur les branches, les autres groupées à l'extrémité des rameaux comme d'énormes grappes de raisin, encombrent partout les arbres et forment au-dessus de la cabane une épaisse voûte d'un bleu ardoise.

« Le silence se rétablit peu à peu. Sauf le craquement de quelques petites branches sèches, ou, par intervalles, le vol isolé d'une palombe qui change de place, le bois est retombé dans sa tranquillité habituelle.

« Cependant le chasseur ne perd pas son temps. Il lâche, les uns après les autres, quatre ou cinq *poulets* qui, après s'être promenés un instant sur le *sol* la tête haute et avec cette démarche compassée particulière aux oiseaux dont les pattes sont trop courtes, se jettent sur le grain avec une voracité qui dénote une longue abstinence.

« Bientôt un bruit d'ailes doux et voilé se fait entendre, suivi d'un frôlement plus sec. C'est une palombe qui descend sur le sol et s'y pose. Là, elle reste immobile le cou tendu et l'œil aux aguets.

« Ne bougez plus, gardez-vous de faire le plus petit bruit, car, si cette palombe s'effraie, le coup est manqué. Le vol entier la suivra et disparaîtra sans retour.

« Après quelques instants d'une attente où les minutes deviennent des heures, la palombe fait quelques pas, puis s'arrête de nouveau, l'oreille aux écoutes. Nouvelle attente au moins aussi longue et plus anxieuse que la première. Ce n'est qu'après avoir regardé longtemps dans toutes les directions, que l'oiseau défiant se décide à prendre un grain, puis deux, et se met enfin à picorer tranquillement sur le sol.

« A ce signal éloquent, des groupes de plus en plus nombreux se détachent des arbres et viennent prendre part au festin. C'est bientôt un vrai déluge de palombes. Les arbres se dégarnissent peu à peu, et le *sol* finit par se couvrir d'une nappe bleue et grouillante comme une fourmilière.

« Le chasseur, qui a suivi toutes ces péripéties d'un œil attentif, a déjà saisi des deux mains la corde qui doit rabattre le filet et se tient prêt à *tirer*. Quand il juge le moment venu, il s'arcboute d'une jambe sur le devant de la cabane, et, sans pitié pour son dos, il se lance à la renverse sur le sol, qui, en prévision de cette chute qui se renouvelle assez souvent, a été prudemment recouvert d'une forte couche de paille.

« Chasseur et assistants s'élancent alors de la cabane et n'ont plus qu'à mettre la main sur les palombes prises sous les mailles.

« C'est ainsi que j'en ai vu prendre jusqu'à trente paires d'un seul coup.

« On ne tire pas le filet pour moins de sept à huit palombes, et cela se comprend. Pendant qu'on remet le filet en place, un vol important peut passer, et le chasseur serait pris au dépourvu.

« Le gibier est tué à mesure qu'on le dégage du filet. Pour cela, on arrache une plume de l'aile et on l'enfonce dans la nuque. C'est un moyen prompt et sûr, qui a le double avantage d'abréger la souffrance et de laisser le plumage intact. En nouant ensuite ces plumes deux à deux, les palombes se trouvent disposées par paires, et prêtes à porter au marché.

« Lorsque la prise a été enlevée et disposée dans un coin de la cabane, le chasseur s'occupe de remettre les choses en ordre. Il fait disparaître les plumes qui sont restées sur le *sol* et remet les *poulets* en cage, après quoi le filet est relevé et soigneusement recouvert de feuilles. Cette dernière opération demande une grande habileté. Ce n'est plus du soin qu'il faut pour la mener à bien, c'est beaucoup de savoir-faire, presque de l'art. Il est indispensable que le *sol* ait l'aspect d'un clairière abandonnée. Il faut absolument imiter la nature, sous peine de voir la première palombe qui se posera, s'enlever effarouchée, et entraîner à sa suite toute la volée attentive à ses moindres mouvements. Une feuille mal placée, une plume oubliée, un rameau froissé, suffisent pour amener ce résultat. Aussi, c'est là qu'on voit le chasseur déployer toute sa science. En cinq minutes, toute trace de désordre a disparu, le *sol* a repris son aspect solitaire, et tout est disposé pour un nouveau *coup*.

« Lorsque les palombes se posent hors de la vue du *sol*, ce qui arrive le plus souvent, le chasseur est obligé de les *roucouler*. Pour cela, il rapproche ses deux mains de manière à former un creux au-devant de sa bouche, et imite leur chant qui peut se traduire par les syllabes : *cou-cou-cou, rou-cou-cou, cou-ou-cou*, répétées à plusieurs reprises.

« Après chaque appel, il fait voler un des *semets* placés sur le devant de la cabane, et les palombes, attirées par ces indices, se rapprochent peu à peu en voletant d'arbre en arbre. Lorsqu'elles ne sont plus qu'à une certaine distance, les appels cessent et le chasseur fait agir le *semet* qui se trouve dans l'intérieur de la cabane. Les palombes finissent par arriver en vue du sol, et les choses se passent comme précédemment.

« Telle est la chasse de la Saint-Michel, chasse qui a le privilége d'exciter au plus haut degré l'enthousiasme cynégétique des chasseurs qui la voient pratiquer dans de bonnes conditions. Enthousiasme d'ailleurs bien légitime. Sans parler de la beauté et de la quantité du gibier que l'on prend, la température douce des belles journées d'automne, le parfum des bois sous les hautes futaies à cette époque de l'année; le déjeuner à la porte de la cabane, étalé entre des touffes de bruyère fleurie, et souvent interrompu par un passage de palombes; les alternatives de joie ou d'impatience selon que le gibier s'arrête ou continue son chemin; les émotions qui vous agitent, depuis le moment où un vol considérable se pose sur les arbres, jusqu'au moment où le filet s'abat sur lui : tout cela produit, même chez celui qui en a l'habitude, une diversité de sensations qui fait de cette chasse un passe-temps des plus attrayants.

« Cependant, pour être véridique jusqu'au bout et pour prouver une fois de plus que toute médaille a son revers, nous devons dire un mot de certains détails qui empêchent que tout ne soit pour le mieux dans la meilleure des chasses possibles.

« D'abord, il est évident qu'on ne peut pas laisser les *semets* perchés sur les arbres pendant toute la saison; il est même de règle de les enlever tous les soirs pour leur faire

passer la nuit à l'abri et les faire manger, ce qui suppose
qu'on doit les remettre en place le lendemain matin. Pour
une dizaine de *semets*, quantité qui constitue à peu près la
moyenne d'une bonne chasse, c'est donc une vingtaine d'as-
censions par jour que le chasseur doit exécuter à ses risques
et périls sur des échelles qui, ma foi ! n'offrent pas toujours
toutes les garanties désirables.

« Ce qu'il y a de plus remarquable dans ces échelles, c'est
leur simplicité. Un pin d'une longueur démesurée, traversé à
intervalles égaux par des échelons en bois de chêne, ce qui
lui donne l'air d'une immense épine dorsale de poisson, compose à lui seul tout le système. C'est sur ce casse-cou primitif
que le chasseur va faire ses promenades aériennes, portant
son appeau d'une main, et de l'autre s'accrochant aux échelons pour ne pas perdre l'équilibre. Cette opération est peut-
être moins dangereuse qu'elle n'en a l'air, mais il est certain
que c'est une terrible corvée pour celui qui n'en a pas l'habitude.

« A mesure qu'on descend les *semets*, on les place côte à
côte sur une longue perche, et, lorsqu'ils sont au complet, le
chasseur les emporte chez lui, à moins qu'il n'ait, dans le
bois même, un colombier fermé où il puisse les mettre en
sûrete. Ici, autre corvée, qui consiste à faire manger les *semets*,
ce qui n'est pas une petite affaire, car, les pauvres bêtes étant
aveuglées, on est obligé de les gorger et de les faire boire une
à une.

« Ajoutez à cela le nettoyage du colombier, le raccommo-
dage des filets, l'entretien du *sol* et de la cabane, et vous aurez une série d'occupations qui prennent beaucoup de temps
et donnent pas mal de peine.

« Il va sans dire que ceux qui font cette chasse pour leur
agrément laissent à d'autres, à un domestique, par exemple,
le soin de tous ces travaux. Mais le vrai chasseur de palombes, l'homme du métier qui, le plus souvent, est seul pour
entretenir sa chasse, celui-là mène une existence laborieuse

et gagne bien l'argent que le giboyeur lui met dans la main.

« CHASSE D'HIVER OU DE L'AGRAIN. — Vers le milieu du mois de novembre, le passage est fini, et les palombes ont complétement disparu. Elles ne reparaîtront que vers la Noël pour se répandre dans les bois où elles trouveront du gland, leur principale nourriture pendant l'hiver. Mais elles ne dépasseront guère le midi de la France. De rares volées seulement pénétreront plus avant dans le nord. Ce n'est pas que la palombe soit frileuse ; elle est habillée au contraire de façon à braver les plus grands froids, mais son bec est trop délicat pour retourner les feuilles pendant la gelée, et lorsqu'il a neigé, sa seule ressource est de se nourrir de rares herbages qui restent à découvert. Elle prendra donc ses quartiers d'hiver dans les bois du midi, sa vraie patrie, où l'attend une nourriture plus facile, mais aussi le terrible filet du chasseur.

« La chasse d'hiver se fait sans appeaux, dans des garennes où les palombes se plaisent. Si le gland est rare, on en jette un peu partout pour les *agragna*, c'est-à-dire appâter avec du grain. En français, on dirait *agrainer*, d'où le nom de chasse *de l'agrain* dont on se sert souvent pour désigner la chasse d'hiver.

« Quand on a trouvé un bon endroit, on construit les cabanes et on trace les *sols*, car il en faut plusieurs à une certaine distance les uns des autres. On met sur ces *sols* du gland coupé en petits morceaux, et, lorsque les palombes ont pris l'habitude d'y venir manger, en un mot, lorsqu'elles sont suffisamment *agragnades*, on tend le filet, le matin, avant le jour, en ayant bien soin de le ramasser en écheveau et de le couvrir de feuilles.

« C'est ici surtout que le chasseur doit mettre tout son soin et toute son attention. Il ne s'agit plus, en effet, d'un oiseau de passage qui, à la vue d'un *semet*, se jette étourdiment sur le premier bois venu pour y prendre sa nourriture à la hâte et continuer ensuite son vol vers des contrées où son

instinct lui dit qu'il est temps de se rendre. Dans la chasse de
l'agrain, le gibier connaît parfaitement le lieu où on le chasse,
puisque c'est sur les *sols* qu'il trouve sa nourriture quotidienne
longtemps avant que le chasseur juge à propos de tendre les
filets. De plus, à cette époque, la palombe est bien plus
aguerrie qu'à la chasse de la Saint-Michel, c'est-à-dire
beaucoup plus expérimentée et beaucoup plus méfiante. Elle
est à la palombe d'automne ce que la perdrix de janvier est
à l'innocent perdreau de septembre. Une maille de filet ap-
paraissant sous les feuilles, le moindre changement dans
l'aspect du sol, suffira pour donner l'alerte aux habitués de
la garenne. Ce n'est donc que grâce à un surcroît de soins
et d'adresse que le chasseur pourra venir à bout de ce gibier
intraitable.

« Chaque fois qu'on a fait une prise, on enlève le filet pour
le nettoyer et le replacer sur un autre *sol*, car il s'écoulera
un certain temps avant que les palombes s'aventurent de
nouveau sur celui où elles ont été chassées. Ce n'est qu'après
avoir été *hilatades* en d'autres endroits qu'elles se hasarderont
à y reparaître. La récolte du gland ayant été faite avec soin
dans le restant du bois, elles sont bien obligées d'en revenir
aux *sols* sur lesquels elles trouvent de la nourriture en abondance, abondance, il est vrai, qui coûte cher à beaucoup
d'entre elles.

« On peut tendre plusieurs filets à la fois, mais il faut un
chasseur pour chaque filet.

« Cette chasse d'hiver a ses avantages et ses inconvénients.
On n'a pas l'embarras des appeaux et on y fait quelquefois
de bonnes prises ; mais il faut souffler trop souvent dans ses
doigts, et lorsqu'on rentre le soir le nez bleu et les moustaches
hérissées, sans avoir rien pris, on ne peut s'empêcher de
regretter la belle chasse d'automne avec ses complications et
sa température plus clémente. Mais le chasseur de palombes
ne se laisse pas arrêter pour si peu, et il n'a garde de manquer la chasse d'hiver.

« Ce chasseur, qu'il soit un homme du métier (c'est le cas ordinaire), ou un propriétaire qui ne dédaigne pas de se livrer à cette chasse pleine d'émotions, est, en général, ce qu'on appelle un bon vivant. Il reçoit avec plasir les visiteurs qui viennent lui tenir compagnie, leur explique avec complaisance tout ce qui a rapport à sa chasse, et leur offre volontiers quelques verres de rhum accompagnés d'une paire de palombes. Il a la parole facile, ce qui tient au pays, et beaucoup d'autres qualités qui tiennent à la vie quasi sauvage qu'il mène au milieu des bois ; mais il a aussi ses originalités ou plutôt ses particularités qu'il est bon de connaître pour ne pas s'en étonner au premier abord.

» — Plus bas, monsieur, parlez plus bas, je vous en supplie. Tenez, voilà justement un vol qui passe. Silence ! plus un mot ! Les voilà qui viennent. Et les ficelles de marcher. Le vol disparaît souvent, et, dans ce cas, on court le risque d'entendre quelques jurons inoffensifs, mais le chasseur en prend vite son parti.

« — Elles nous ont brûlé la politesse, dit-il gaiement, que le diable les emporte ! . . . .

. . . .

. . . .

« Cette chasse au filet est certainement une des plus attrayantes que j'aie vues, mais elle a le grand défaut de n'être pas à la portée de tous. Non-seulement il faut savoir *roucouler* de façon à ne pas épouvanter les palombes, comme le loup berger de La Fontaine, lorsqu'il voulait *roucouler* un troupeau de moutons, mais il faut encore avoir des bois et le temps d'y passer des journées entières. Aussi nous dirons quelques mots d'une autre chasse dont tout le monde peut se donner le plaisir. C'est la chasse au fusil.

« Dans les mois d'octobre et de novembre, lorsque la caille a disparu et que les perdreaux devenus perdrix commencent à lasser le jarret, le chasseur méridional se repose volontiers une ou deux fois par semaine en allant tirer les palombes *à l'appeau*. Pour cela, il se rend dans un petit bois de chênes assez éloigné des chasses au filet pour ne pas leur porter préjudice. Là, il improvise une petite cabane avec quelques branches, place ou fait placer un *semet* sur un arbre à portée de fusil, et n'a plus qu'à attendre les oiseaux au passage.

« Seulement, il est bon de se rendre bien compte de la position de l'*appeau* afin de ne pas le confondre avec les palombes qui viendront se poser. Tirer son appeau est un de ces faits d'armes dont le chasseur n'a pas de sujet d'être fier et dont il est rarement tenté de se vanter. Il nous est arrivé un jour de voir un *semet* pendant par les pieds au bord de la claie après avoir reçu un coup de fusil de son propriétaire, et l'auteur de cet exploit faisait une drôle de figure.

« Ajoutons que pour cette chasse il faut avoir soin de charger son fusil avec de très-gros plomb, car le plumage de ces oiseaux est très-dur à percer.

« J'ai dit en commençant que la chair de la palombe était très-estimée des gourmets. Je connais même des personnes qui pousseraient peut-être cette estime jusqu'à ne pas hésiter entre une jeune palombe bien grasse et un bon perdreau. C'est là une question de goût qu'il serait inutile de discuter. Quant à moi je pense qu'après une journée de chasse et sous l'inspiration d'un bon appétit, on pourrait trancher cette question en mettant le perdreau à la broche, la palombe en salmis, et en faisant honneur à tous les deux. »

Le ramier donne-t-il réellement à la consommation un aliment agréable et de bonne qualité ? Il y a là deux points ; distinguons.

En ce qui touche au premier, M. Grandjean a raison, c'est tout à la fois fait de préparation culinaire et affaire de goût. Or, du goût et des couleurs il ne faut pas disputer. Cela se disait déjà en latin dans l'ancienne Rome où il y eut des gourmands fameux et de fins gourmets. Ah ! par exemple, s'écrie l'un des nôtres, je n'avouerai jamais que les palombes soient un excellent manger : généralement elles sont dures, même les jeunes, et peu juteuses... M. Toussenel élucide mieux la question. La chair du ramier, dit-il, est d'un excellent goût, plus substantielle toutefois que délicate. Celle des vieux est très-dure.

Il faut conclure, et c'est à moi qu'ici la tâche incombe : question de goût réservée, puisque en ce qui la concerne, l'accord ne saurait se faire, je vois la chair tendre et juteuse, ou dure et sèche, suivant l'âge de l'oiseau qui bonnement est dans la règle commune ; mais je suis forcé de reconnaître que, comme toutes les viandes noires, celle-ci est substantielle, c'est-à-dire tonique et très-nutritive, de très-bonne qualité par conséquent, lorsque l'oiseau n'est ni mal en point, ni trop enfiévré par la fatigue, ni trop vieux à l'heure où il est pris et remis à un cordon bleu ou à l'une de ces bonnes ménagères habituées à bien faire.

Et puisque j'ai mis un pied sur le domaine alléchant du *Cuisinier royal*, laissez-moi vous conter par une plume au fin bec comment on peut se lécher les doigts en mangeant une palombe aux oranges. C'est un souvenir de l'Algérie où l'oiseau, se conformant au précepte, croît et multiplie avec amour.

« Un jour — il y a quelques années de ça, dit joyeusement M. Florian Pharaon — je me trouvais dans la vallée du Chélif, en Algérie. Nous étions là une bande de chasseurs revenant de l'affût au chacal.

« Le repas du matin avait été préparé chez les Ouamri, dans un endroit nommé *Rar-el-hammam*, — la Caverne des pigeons. — Au moment où nous arrivions dans la gorge au fond de laquelle notre bivouac avait été installé, une nuée de palombes passa au-dessus de nos têtes avec un grand fracas d'ailes.

« Nous les saluâmes comme l'on pense, et plus d'un parmi nous fit le coup du roi : le ramier vint tomber à ses pieds.

« Tandis que le mouton traditionnel rôtissait en plein vent, notre cuisinier, Babuchon, choisit une palombe en s'assurant de sa jeunesse et de sa tendreté par une pression des doigts sur la première phalange des ailes : si cette partie charnue cède sous la pression du pouce et de l'index, l'oiseau est jeune.

« Babuchon, — un cuisinier-soldat des plus renommés de l'armée d'Afrique, — alla cueillir dans une orangerie des oranges et des citrons et prépara la palombe de la manière suivante :

« Il jeta deux oranges entières dans l'eau en ébullition et les laissa bouillir environ dix minutes, puis il les rafraîchit à l'eau et les fit égoutter.

« Il prit ensuite dans les cantines une casserole étroite et haute pour que le beurre, en moussant, couvrît l'oiseau, qu'il plaça l'estomac en bas pour le colorer d'abord : il est essentiel que le beurre ne noircisse pas. Il retourna ensuite le ramier, posa les deux oranges coupées en quatre dans la casserole, sala, assaisonna avec un peu de mignonnette, et, la casserole bien couverte, il laissa mijoter ainsi pendant dix minutes sur un feu doux. Au moment de servir, il pressa le jus d'un demi-citron et ajouta un morceau de beurre froid ; il vanna ensuite la casserole et servit.

« Ce fut un manger délicieux qui ne me fit pas oublier l'excellence du mouton rôti : M. Babuchon s'était sur-passé !

« Le chef arabe qui m'accompagnait ne voulut jamais goûter à la palombe.

« C'est l'oiseau de la tristesse, celui qui en mange pleure sur ses amours, dit-il.

« Ai-je pleuré depuis ?........... »

M. H. de Grandjean a parlé pour les chasseurs, un autre, M. Constant Laurent, a parlé pour les agriculteurs qui ont charge de semer pour récolter, ce qui souvent les oblige à protéger la semaille et à défendre la récolte, c'est-à-dire à en poursuivre les dévorants, à en exterminer les ravageurs.

C'est une autre chasse à faire, je laisse à M. C. Laurent le soin
de dire comment on peut la faire.

« Les ramiers sont donc les ennemis acharnés des cultivateurs de colza, ennemis d'autant plus redoutables qu'ils
savent presque toujours se mettre à l'abri des coups de fusil.
Prudents comme les loups, clairvoyants comme les oiseaux de proie, ils ne s'aventurent jamais qu'à bon escient.

« Lorsqu'ils ont jeté leur dévolu sur un champ de colza
qui commence à grainer, ils dépêchent un éclaireur, uhlan
empenné, qui commence par faire le tour du champ, hors
de la portée du plomb, pour s'assurer qu'il n'y a nul ennemi
à l'horizon.

« La reconnaissance opérée, l'éclaireur va prévenir l'a-
vant-garde qui, après avoir vérifié l'exactitude du rapport,
avertit le corps d'armée. Toute la troupe se met alors en
mouvement, et en quelques minutes le champ est envahi,
c'est-à-dire ravagé.

« Deux ou trois sentinelles ont été placées précédemment
sur un arbre voisin ; à la première alerte les factionnaires décampent et toute l'armée disparaît.

« Quelques fermiers emploient des gamins, armés de crécelles, pour écarter les ramiers. Cela réussit pendant deux ou
trois jours ; mais, quand les déprédateurs se sont aperçus
que les crécelles font plus de bruit que de mal, ils s'en sou-
cient comme d'un pierrot.

« Il y a un autre moyen un peu plus sérieux d'écarter les
ramiers, c'est de construire dans les champs de colza des
huttes de paille dans lesquelles s'embusquent quelques ber-
gers ou quelques vachers armés d'escopettes. Mais au premier coup de feu, les ramiers, qui savent ce que parler veut
dire, décampent et filent chez le voisin.

« Le voisin, assez souvent, leur fait le même accueil ; mais,
comme ils se méfient désormais des cabanes en paille, ils
ont soin de se tenir à distance et de picorer très-loin des dangereux blockhaus.

« Dans la Brie, où l'on cultive le colza sur une grande échelle, et où les ramiers sont par myriades, on n'en tue peut-être pas cent dans une année.

« Il n'y a guère qu'un moyen de fusiller ces brigands : c'est de les attendre le soir au coin du bois, où ils ont établi leur dortoir. Mais encore faut-il arriver avant le coucher du soleil et se blottir dans un fossé, sous un épais buisson, car le ramier, qu'on se le dise, est d'une méfiance extrême, et voit de haut et de loin.

« A la tombée de la nuit, deux ou trois avant-coureurs arrivent, inspectent soigneusement les alentours, et, s'ils ne voient rien de suspect, s'établissent sur les plus hautes branches des chênes. Confiants dans ces sentinelles avancées, les bataillons s'ébranlent, et en quelques minutes la cime des arbres placés à la lisière du bois est couverte de ramiers.

« C'est alors, mais seulement alors, que les Lefaucheux et les Lainé font merveille. J'ai vu, il y a quelques années, dans un bouquet de bois du département de Seine-et-Marne, trente-deux ramiers tomber sous le feu de peloton de quatre fermiers embusqués dans des broussailles. Le lendemain, les dégâts étaient exactement les même dans la plaine. »

La finale serait peu encourageante si on n'avait la ressource de recommencer : à ramiers qui s'obstinent, chasseurs plus obstinés encore. La méfiance n'est pas un vain mot, que la constance soit donc ici une réalité.

LE COLOMBIN.

A mettre au bout l'un de l'autre tous les noms qui ont été portés sur l'extrait de baptême du colombin, doublure du ramier, on le croirait né Grand d'Espagne ; mais il est d'autre pays. En France, on ne le voit guère que dans les contrées boisées de l'Est où il revient dès le commencement de chaque printemps avec une impitoyable ponctualité. Non moins exact à la fin de l'été, il nous quitte pour aller s'établir dans les plaines septentrionales de l'Afrique où on le trouve tant que dure chez nous l'hiver, une saison qu'il n'aime pas à passer des deux côtés du Rhin. Cela s'explique et se comprend : la neige tombe épaisse à l'ordinaire dans cette région, et pour lui la neige, c'est bien moins le froid que la faim, c'est la famine. Or, le gaillard est de bon appétit et n'a aucun souci de mourir de cette horrible mort. Et puis le voulût-il, il ne serait pas le maître de céder à cette singulière fantaisie. Il a son emploi à tenir ; il a mission de faire en été chez nous, pendant nos mois rigoureux là-bas, depuis l'Égypte jusqu'au Maroc, besogne pareille, un ramassage complet de mauvaises graines, et de fruits mûrs de certains arbres forestiers, auxquels, trop facilement se mêle celui des bons grains et des plus riches semences de nos plaines. Ayant sa tâche bien déterminée il l'accomplit consciencieusement sans que rien réussisse à l'en détourner. Il en coûte quelque chose à ceux dont il explore les domaines, mais autant que possible on le lui fait payer à ses deux passages, à l'aller et au retour. Avec enthousiasme on le chasse dans les Pyrénées. C'est à la pantière qu'on le prend dans les Pyrénées-Orientales.

Tous ceux de cette espèce restent sauvages ; aucun d'eux n'hiverne chez nous. Cette circonstance vraiment caractéristique lui a fait appliquer le surnom de *déserteur*. C'est donc qu'on aurait tenté de le retenir et qu'à l'heure du rappel il serait parti sans congé.

Il n'y aurait pas plus de raison de chercher à le domestiquer que l'autre. Il s'y prêterait moins et ne vaudrait pas mieux : avec lui du moins la situation est nette ; amateurs et praticiens savent que penser et à quoi s'en tenir.

Mais quel est-il au physique ? son signalement va répondre.

5.

Plus petit que le ramier, il n'a guère que 0 m. 59 de long et
0 m. 73 de vol. Le ton général de sa robe est assez foncé
pour que les Allemands l'appellent *Pigeon-bleu :* à la poitrine
il est rouge vineux assez vif; les reflets métalliques du col
jouent l'acier brûlé plus que le cuivre. Enfin, l'iris qui est
jaunâtre, chez le voisin, est rouge chez lui. On constate qu'il
a le vol aussi soutenu et aussi rapide que le ramier; mais on
prétend qu'il a la vue moins perçante. Cette opinion serait
basée sur ce que l'oiseau serait plus facile à prendre ou à
surprendre que ses congénères. Point ne serait besoin par
conséquent d'employer pour le chasser des procédés aussi
savants et aussi compliqués que ceux de la chasse spéciale
de la palombe. Je n'accepte de pareilles idées que sous bénéfice d'examen. La raison qu'on donne à l'appui de celle-
ci me semble plus spécieuse que péremptoire. De la vue du
lièvre on a médit de même en prétendant qu'il ne voit pas
beaucoup plus loin que le bout de son nez, accusation à la
légère, supposition toute gratuite que je crois avoir victorieusement repoussées ailleurs. A quel propos, je vous prie, cette
erreur ou cette injustice du sort? Le colombin a mêmes devoirs à remplir que ses congénères et mêmes difficultés pra-
tiques à surmonter, mêmes dangers à prévoir et à éviter. Pourquoi n'eût-il pas été aussi bien doué que les autres? La puissance de l'aile lui a été donnée entière, la loi d'hérédité soigneusement la lui conserve. *Et il ne l'aurait reçue qu'à la*
condition de n'en pouvoir user; elle ne serait pour lui — par
une exception étrange, barbare surtout — qu'un don fatal,
une cause certaine de risques incessants, de dangers inévi-
tables ! Allons donc, cela n'est pas soutenable. La nature ne
commet pas de contre-sens. A l'oiseau ôtez la perfection de la
vue, l'aile n'a plus sa raison d'être.

Dans le vol, la sûreté du coup d'œil est la compagne nécessaire, obligée de la vitesse. L'énergie, la puissance mus-
culaire sont la source, la cause efficiente de la vitesse; seules
l'étendue et la perfection du sens de la vue peuvent donner

aux voiliers aériens la sécurité qui leur permet d'utiliser leur
force ou leur rapidité. La vitesse du vol est même une excellente mesure de la portée de la vue et de la sûreté du coup
d'œil. Les pigeons, tous les pigeons, y compris le colombin,
ont le vol très-vif, direct, soutenu, et voient plus loin, distinguent aussi plus nettement toutes choses que d'autres oiseaux aux mouvements plus lents ou moins directs.

L'appareil de la vision est particulièrement remarquable
chez l'oiseau. Nous en jugeons mieux par ses effets que par
l'étude anatomique de son organisation. Il en est ainsi de la
structure du second larynx chez ceux dont le chant, plus
modulé, nous charme davantage. Nous la trouvons plus compliquée, c'est plus perfectionnée qu'il faudrait dire. Il y a
quelque chose de cela dans la constitution de l'œil de l'oiseau,
plus parfaite en réalité que chez les autres créatures. On y
trouve deux membranes de plus que dans l'œil des mammifères, l'une extérieure et l'autre intérieure. La première peut
couvrir le devant de l'organe comme un rideau ; la seconde
se dirige vers le cristallin et tend à varier le cercle de la
vision, à lui donner une très-grande et parfois vraiment une
incommensurable étendue.

C'est le cas spécial du pigeon, du pigeon et de beaucoup
d'autres en vérité.

Un épervier voit d'en haut, et de vingt fois plus loin, sur
une motte de terre — à cette distance imperceptible promon-
toire — une alouette qu'un homme en quête et son chien
n'aperçoivent pas. Nous avons des vers grossissants d'une
puissance qui à bon droit étonne, nous ne sommes en possession d'aucun instrument comparable à cet œil-là.

Un milan — si éloigné de terre que nous ne le voyons plus
après l'avoir longtemps suivi des yeux dans sa brillante
ascension, voit de ces hauteurs les lézards, les mulots, les
petits oiseaux, et choisit ceux dont, à sa guise, il va faire sa
proie.

Et cet aigle, observé par un monsieur Saint-John ! Il planait sur le versant d'une montagne d'Écosse, mais de si haut qu'il n'apparaissait plus à une vue longue et très-exercée que comme un point noir. Une gélinotte — gibier délicat — tout à coup se découvre. Elle pouvait se croire en sécurité dans la bruyère ; — mais elle est aperçue, hélas ! Avec une soudaineté prestigieuse l'oiseau de proie revient, descendant en spirale et prompt comme la pensée, arrive assez près de terre pour saisir la pauvrette en effleurant le point du sol où elle était alors et reprend, enrichi de son butin, son vol vers la plus haute crête de la montagne.

Ah ! oui, le sens de la vue atteint à une extrême perfection chez tous les oiseaux au vol puissant, rapide et direct. Le colombin, sans conteste, est de ceux-là, n'en déplaise à ceux qui, de génération en génération se sont plu, sans motif, à le mettre hors d'une loi générale qui ne paraît pas comporter d'exception. Si elle n'était pas absolue, elle ne serait pas.

L'étude du colombin n'appelle aucune autre observation particulière. Il est si voisin du ramier, il en a par ailleurs et si bien — les mœurs, les habitudes, les goûts, les besoins, que tout ce qu'on peut dire de l'un sous ces différents rapports, s'applique exactement à l'autre avec une nuance plus accentuée quant à l'esprit d'indépendance.

LES BISETS.

J'ai dû dire *les* ramiers — *le* colombin ; à présent je dis *les* bisets, singulier et pluriel sont également motivés.

Le colombin est seul en ce sens que l'espèce entière est restée sauvage, sans faire aucune avance à l'homme, sans accueillir aucune des propositions que celui-ci a pu lui adresser dans le temps et dans l'espace. Parmi les ramiers, il a fallu distinguer. En effet, il y a des ramiers sauvages et des

ramiers apprivoisés. C'est mieux encore chez les bisets où l'on
trouve des sauvages, des apprivoisés et des civilisés. Peu
nombreux les premiers ; en nombre plus élevé ceux du second
embranchement ; et en populations si variées les autres qu'on
n'en compte plus les races. A supposer que le biset ne soit
que le père putatif de beaucoup de celles-ci, il paraît néanmoins difficile de ne pas le considérer comme ayant été la
souche primitive, le point de départ d'une multitude de variétés très-anciennes, perdues, oubliées, encore existantes à
l'heure présente pendant laquelle d'autres encore peuvent
prendre naissance tandis que plusieurs peuvent disparaître
à leur tour.

L'un des résultats les plus certains de la diffusion d'une
espèce animale, par suite de son acclimatation en des points
éloignés, et plus tard de son adoption généralisée dans une
même région, c'est la déviation plus ou moins profonde du
type, due en premier lieu à l'action des divers milieux, à des
influences multiples, incessamment modifiées ; en second
lieu au croisement, aux mélanges préparés ou fortuits des
races formées ou simplement en voie de formation. De là
cette immense diversité, ces groupes distincts, diversifiés et
toujours diversifiables sous l'action de causes semblables,
toutes ces variantes sur lesquelles s'appuient les classificateurs pour établir des catégories et nommer des races.

C'est à proprement parler l'histoire de la conquête de toutes
les espèces domestiquées, de la première à la dernière, non-
seulement dans le règne animal, mais aussi dans le règne
végétal. Si on ne retrouve le type sauvage ni du cheval ni du
chien, par exemple, ni du blé ni du chou d'autre part, il ne
serait pas malaisé de rencontrer des écrivains très-compétents
qui nient que le type de nos pigeons ou du moins de beaucoup de nos pigeons vive encore à l'état sauvage. Le pigeon
biset, écrit M. Toussenel, « passe généralement pour être la
souche de toutes nos variétés domestiques, et cette opinion
me paraît d'autant plus acceptable que l'espèce-type ne se

rencontre plus guère à l'état libre en Europe, et que la masse semble avoir fait sa soumission définitive à l'homme. »

Voilà qui est explicite, il n'y a plus « guère » de bisets sauvages en Europe ; tous n'ont pourtant pas disparu et M. Toussenel constate un peu plus loin qu'il y en a même dans notre pays. « Je sais encore aujourd'hui en France, dit-il, quelques pauvres localités, falaises de l'Océan, roches de thébaïdes intérieures où vivent à l'état libre, c'est-à-dire sous la menace perpétuelle de l'autour et du braconnier, les maigres et rares débris de la race biset type. » Il y en a certainement aussi sur d'autres points de cette partie du monde à laquelle nous appartenons, et cela m'a autorisé à dire — si peu qu'il en reste en l'état d'indépendance absolue, — qu'on trouve encore le biset à l'état sauvage.

Cette espèce n'habite point les forêts. Aux deux autres, elle ne dispute pas — comme aliments — les fruits des arbres, et sur ceux-ci jamais elle ne perche. Exclusivement arvicole, elle trouve sa nourriture dans nos plaines et niche dans des trous. Cette différence radicale dans l'habitat et dans le régime établit une distinction tranchée entre le biset et ses deux congénères — le ramier et le colombin.

Pigeons des bois ceux-ci, pigeon des plaines le biset. L'espèce a, dans la création, un rôle ou un emploi si bien déterminés, que la nature en a affecté des tribus spéciales à ses diverses destinations, et cela dans toutes les parties des mondes habités. Il y en a pour le littoral et pour la montagne, comme il y en a pour les terrains nus de l'intérieur et pour les districts forestiers. Si je me souviens bien, les Moluques ont la *columba littoralis*, qui est un pigeon blanc, et l'Amérique méridionale sa *columba montana*, un bel oiseau d'un vert doré à reflets pourprés au sommet de la tête et au cou, avec l'auréole des yeux d'un rouge assez vif.

Comme tous les pigeons qui vivent indépendants ou qui reviennent à l'indépendance après s'être temporairement soumis à l'existence de pigeons domestiqués à demi, le biset est oiseau voyageur. Il émigre des régions froides dans des contrées chaudes, moins pour éviter le froid et l'intempérie que pour jouir de l'éclat de la lumière là où le soleil brille, et puis encore, et puis surtout, pour vivre de grains, — son régime habituel. Il conserve donc ses mœurs — les mœurs propres du pigeon partout où il ne s'est pas complétement abandonné à la domesticité. Ses émigrations périodiques s'effectuent dans les conditions ordinaires en Asie et en Afrique qui en nourrissent d'immenses populations. C'est en Perse et en Egypte qu'on en voit le plus.

Chez nous, les progrès de la culture ensemençant presque en tout temps et sur des espaces toujours plus étendus, semblent le retenir ou du moins lui éviter les longs et chanceux voyages à l'étranger. Sous ce rapport, il a donc modifié ses habitudes. Mais à ce fait il y a une autre cause. Le pigeon aime la nombreuse société de ses pareils. C'est par bandes considérables qu'il va au loin ; par petits groupes il ne se hasarde point ; sa force tout entière réside dans la multitude. N'étant plus assez nombreux parmi nous pour former ces grandes masses, il résiste à la passion innée des longs voyages, au besoin de passer en d'autres climats. Et puis enfin il semble plus que les autres porté à demeurer parmi les agglomérations d'hommes, et au milieu des populations les plus agitées assez volontiers il s'installe ; il en fait son chez lui, bien mieux encore que le ramier de nos grands jardins.

Ce sont des bisets, ces apprivoisés qui peuplent les édifices publics des cités — arcs de triomphe, voûtes de ponts, tours de cathédrales, clochers d'églises, etc. Venise a ses pigeons de Saint-Marc descendants toujours libres de ceux que subventionnait jadis la célèbre République. Ils ne se trouvent pas moins indépendants ceux qui ont élu domicile à Saint-Pétersbourg, non loin du palais de l'autocrate de toutes les Russies. Et ceux qui demeurent à Paris au-dessus de son fleuve, et sous son vieux Pont-Neuf, n'ont guère plus souci

de la forme variable de gouvernement que la grand'ville,
à courts intervalles et par manière de distraction — distraction
de grand seigneur — édifie, proclame, exalte, patronne, soutient, et tour à tour critique, vilipende, bouscule, déchire,
combat et renverse. Bisets ceux-ci, bisets ceux-là, bisets les
autres, tous bisets, et bien ressemblants; qui en voit un, les
voit tous.

Longueur de l'oiseau — 36 centimètres, bonne mesure; son
envergure — 73 centimètres un peu courts. C'est plus petit
que le ramier, c'est la taille ou à peu près du colombin avec
lequel on le confondrait plus aisément, car ils portent tous
deux le même uniforme. Mais sur un même vêtement, il est
facile d'appliquer des marques distinctives. La nature a fait
ainsi. Elle a peint différemment le croupion des deux espèces. Toujours cendrée chez le colombin, cette partie est
toujours d'un blanc pur chez l'autre compagnon. L'insigne
ne varie pas; la marque est indélébile : à ce signe certain
chacun d'eux sera toujours facilement reconnu.

Et maintenant assez de généralités; arrivons enfin au pigeon domestique, l'objectif intéressant de ce livre que j'aurais voulu pouvoir faire attrayant.

LES PIGEONS DOMESTIQUES.

Encore un pluriel autorisé. En effet, nous allons trouver
ici deux groupes distincts : l'un tout entier composé par le
biset de colombier ou *pigeon fuyard*, que son humeur et ses
habitudes placent entre l'oiseau apprivoisé et l'oiseau complétement acquis à la domesticité; l'autre embrassant toutes
les races et toutes les variétés qu'on réunit sous l'appellation
significative de *pigeons de volière*.

Ce sont des *fuyards* qui peuplaient les colombiers seigneuriaux, les pigeonniers de haut vol ou *fuies* de l'ancienne France. Ce sont des pigeons de luxe ou d'agrément, plus encore que des races utiles et productives dont on encombre aujourd'hui les volières. Le colombier ou la fuie, — c'est à un certain degré encore le libre arbitre, la dépendance volontaire : La volière — c'est la jouissance absolue, la dépendance étroite, des rapports si intimes et si nécessaires avec l'homme que sans son appui l'existence ne serait plus ni supportable ni possible.

C'est après les avoir étudiés en l'état de civilisation avancée et en l'état de semi-domesticité que les naturalistes ont pris plaisir à nous conter les mœurs pures et les habitudes régulières des pigeons. Buffon y a mis toute l'élégance de sa pensée et tout le charme de son style, chatoyant comme la gorge de l'oiseau, suivant l'incidence de la lumière, suivant les dispositions de l'esprit du lecteur, voulais-je dire. Il en a fait l'heureux emblème de la fidélité ; il l'a montré brûlant toujours des mêmes feux, consacrant sa vie entière à un seul amour et aux doux soins de la progéniture. Resplendissant et charmant est le délicieux tableau qui repose et fait rêver..... Il n'a qu'un tort cependant, et c'est assez. Le peintre a forcé la note ; en la forçant il l'a faussée : fidélité, constance, attachement réciproque, inviolable — mots que tout cela. Au nid des pigeons vient s'asseoir l'amour le plus tendre et le plus vif, c'est vrai ; mais l'observation consciente a regardé au fond de ce sentiment et voici ce qu'elle a découvert, hélas ! je ne le rapporte pas à mon tour sans tristesse, sans un profond découragement. Souvent — soulignez cet adverbe accusateur — oui, souvent il arrive qu'après des jours pleins d'heur et de joie, une femelle s'ennuie. De son époux, toujours aimant, elle refuse les caresses ; elle a d'autres aspirations et prend son ménage en dégoût. On dirait qu'elle lutte cependant ; mais bientôt succombant à la tentation, elle fuit le mâle, son amoureux d'hier, d'aujourd'hui et de demain, elle le fuit et l'abandonne « pour se livrer au premier venu, sans que de cette façon d'agir on puisse trouver d'autres raisons que le caprice. »

Le mot est dur pour la pigeonne; mais il y est. Au tour de l'époux à présent, car ces amants passionnés sont à deux de jeu. Boitard continue ainsi : « Il arrive encore qu'un pigeon, ce modèle de constance et de chasteté, non-seulement est infidèle à sa compagne, mais encore la force à vivre en commun avec une rivale préférée. Il les veille toutes deux et les force, en les battant, à lui rester fidèles, au moins en sa présence. » Eh bien, qu'en dites-vous ? Est-il assez perverti, assez canaille ce despote ? J'aime à croire qu'il fait exception ce corrompu, ce brutal, et que les autres infidèles y mettent tout à la fois d'autres formes et plus de douceur.

Cependant, moi qui, à propos de pigeons, n'ai aucune envie de m'enrôler parmi les moralistes à rebours, je suis tenté de prendre la chose du bon côté. Point ne m'affligerai donc sottement des infidélités de celui-ci ou des caprices de celle-là, si, de leur façon d'agir en l'espèce, je trouve une explication plausible, j'allais dire naturelle, vraie par conséquent. Mais auparavant, il me faut examiner un autre point. On avait entrevu la possibilité de faire des pigeons — oiseaux monogames en état de nature des — oiseaux polygames en l'état de domesticité. La morale n'a que faire ici, mais l'économie domestique et plus spécialement encore la zootechnie dans l'un de ses détails les plus attrayants et les plus intéressants.

Pour avoir vu un peu légèrement, trop favorablement aussi, peut-être, comment se comportent entre eux, à l'ordinaire, les ménages de pigeons, on nous avait quelque peu induits en erreur. La découverte de la vérité ne doit nuire en rien à l'oiseau. On l'avait surfait dans ses sentiments intimes et dans sa délicatesse, pour en trouver quelque part un exemple digne de l'homme et de la femme. L'intention était excellente. Nous ne pouvons malgré tout la tenir pour le fait lui-même. De cette déconvenue ne blâmons personne. L'imagination avait brodé sur un mode charmant, et la vérité ici n'a rien qui puisse ou qui doive attrister, au contraire.

Au contraire ! ne manquera pas de répéter le lecteur effaré ou susceptibilisé... — Eh, sans doute, si, par aventure, la trouvaille allait servir les intérêts très-respectables de l'élevage domestique de l'oiseau.

Dans les espèces animales, le mariage n'a pas d'autre raison d'être que sa fécondité ; du moment où il ne répond pas à cette condition *sine quâ non*, où il demeure stérile, il n'y a pas de motif pour le maintenir. Dès lors on conçoit que ceux qu'il a unis dans une espérance de progéniture le dissolvent lorsqu'il n'a point tenu ses promesses. Loin donc de gémir sur l'inconstance ou sur l'infidélité d'époux inutiles ou mal assortis, l'éleveur doit aller au-devant d'une séparation nécessaire, inévitable, la provoquer en favorisant d'autres appariages, ou supprimer complétement les couples stériles.

Mais on a voulu aller au delà de ce fait et un grand amateur de pigeons, M. Dumas, s'est mis à rechercher si l'on ne pourrait pas, chez eux, constituer la polygamie en état régulier. M. Dumas, élève à l'école vétérinaire d'Alfort, était alors en vacances ; c'est dans les termes suivants qu'il a parlé des résultats de son essai :

« Je mis un mâle et cinq femelles dans un appartement convenablement disposé et parfaitement fermé. J'eus le soin *de choisir un mâle qui n'avait eu aucun rapport* avec les compagnes que je lui donnai. Au bout de quinze jours, chaque femelle avait sa couvée et un mois après je pus prendre neuf pigeonneaux aussi gros et aussi gras que ceux que j'avais eus jusqu'alors. — Un seul œuf avait été stérile.

« La conclusion était facile, et je me promis bien de ne plus élever de pigeons dorénavant que par ce procédé ; malheureusement, la rentrée des classes arriva, et avec elle cessèrent nécessairement les soins indispensables que je donnais à mon colombier. Pendant tout le cours de l'année, mes intéressants prisonniers ont d'abord pullulé à leur gré, puis

se sont échappés pour se répandre dans la grange d'où je les
avais retirés, et à mon retour il m'a été facile de me convaincre de la vérité de cette assertion, si souvent rappelée :

« Chassez le naturel, il revient au galop. »

« Les pigeons ou plutôt les pigeonnes avaient préféré la
monogamie. »

Ce ne sont pas précisément les goûts de ses élèves que
consulte un zootechnicien, mais ses aptitudes. L'expérience
faite par M. Dumas est des plus intéressantes et semblerait
devoir être renouvelée. A-t-elle donc cette signification? le
pigeon en volière s'accommode très-bien du rôle de sultan.
Loin de répugner à la polygamie ou de la considérer « comme
un cas pendable, » il paraît s'y complaire et la prendre tout
à fait au sérieux. D'autre part, les pigeonnes se prêtent sans
trop de façons au double rôle d'épouses et de mères et, sous
ce régime, s'acquittent à souhait de la double tâche qui leur
reste dévolue — couver avec amour les œufs et mener à bien
les petits. Qu'en son particulier chacune de ces belles préfère
un mari pour elle, à elle toute seule, il n'y a lieu de s'en
étonner, car c'est nature; mais pourquoi en prendre souci,
pourquoi s'y arrêter si l'intérêt — un guide très-sûr en l'espèce — conseille de passer outre.

Les frais d'élevage et d'entretien des pigeons seraient très-
notablement réduits et le bénéfice augmenté d'autant s'il n'était
besoin que d'un coq pour cinq ou dix poules. Resterait en effet,
à mesurer la puissance, toute la puissance de l'époux exclusivement occupé des œuvres de la fécondation sérieuse et non
plus inutilement retenu aux bagatelles, aux charmants propos, aux doucereux préliminaires d'une galanterie très-raffi-
née, par ces dames, coquettes de haut titre à qui les pré-
faces semblent plaire encore plus que le livre, si plein de promesses que celui-ci d'ailleurs se présente.

Pigeons et pigeonnes, au surplus, paraissent également se
complaire à cet aimable manége. Je le laisserai conter à mes

lecteurs par un observateur hors de pair. « C'est merveille, a écrit M. A. Toussenel, de voir avec quel luxe de révérences courtoises et de courbettes cérémonieuses l'amant de cette catégorie aborde sa maîtresse, Elle marche, dans sa dignité feminine, fière et majestueuse, et comme il convient à une reine ; lui, l'arrête en se précipitant tout à-coup au devant de ses pas et commence par l'encenser de trois saluts adorateurs, le front profondément incliné vers la terre et comme pour baiser la poussière de ses pieds. Vient ensuite une série d'évolutions rotatoires, de pirouettes semi-circulaires, de passes et contre-passes magnétiques exécutées avec une persévérance et une fougue sans égales, et illustrées de gonflements de gorge et de redressements de col d'un effet indicible. Ces démonstrations éloquentes sont accompagnées, suivant les espèces, de tendres gémissements ou de roucoulements énergiques, ardentes réclames d'amour que rhythme un frémissement voluptueux des ailes. Le moyen de rester froide au contact d'une passion si véhémente, si sincère surtout, et si chaleureusement exprimée ! La coquette essaye bien de retarder sa défaite par tous les artifices vulgaires, et réussit à prolonger sa résistance aussi longtemps qu'il faut pour décupler le prix de ses concessions ; mais l'incendie finit par l'atteindre à la longue, et alors elle fuit vers les saules, désireuse qu'on l'y suive, et là le pacte des fiançailles se conclut d'un baiser. Car le privilége du baiser, faveur inestimable que la nature n'accorde qu'à un très-petit nombre d'espèces, est attribut de l'ordre, comme je viens de le dire. Le pacte conjugal suit de près celui des fiançailles ; il durera autant que la vie ; de part et d'autre on y sera fidèle... aussi fidèle que possible. »

Cette finale donnerait bien à supposer ; mais M. Toussenel va jusqu'au bout et complète sa pensée. En fait d'amants fidèles, ajoute-t-il, il y a mieux que les colombiens dans le monde des oiseaux : « Il y a l'hirondelle et aussi l'oiseau-mouche ; car la fidélité n'est pas toujours, chez les oiseaux

de Vénus, à l'abri des orages impétueux des sens : parfois on
a vu de pauvres tourterelles, victimes de leur bon cœur, s'at-
tendrir trop vivement au récit des malheurs d'infortunés cé-
libataires, et éprouver le besoin d'adoucir leurs tourments.
Alors pour ce manquement à sa foi, la foule des puritains, et
M. de Buffon à leur tête, ont accablé des termes les plus durs
la tourterelle trop sensible, comme s'il ne fallait pas que la
sainte corporation des *sœurs de charité d'amour* eût aussi là-
haut son emblème.

« Donc il paraît démontré que la tourterelle des bois et le
pigeon domestique donnent quelquefois, dans le contrat, de
légers coups de bec, tandis que les plus mauvaises langues
n'ont pas osé accuser encore l'hirondelle de méfaits de cet
ordre. En outre, chez les colombiens, quand le mariage est
dissous par un cas de force majeure, par un de ces accidents funestes auxquels est exposée l'existence des tribus délicates de chair, il est rare que le veuvage du conjoint survivant dure plus d'une saison. Souvent même l'oublieux
n'attend plus la fin légale de son deuil pour convoler en secondes noces ; scandale inouï dans la famille des hirondelles,
où le premier amour dure autant que la vie et où ceux qui se
sont juré une fidélité éternelle n'admettent pas que la mort
dégage des serments. Séparée par le sort de tout ce qu'elle
aimait, et brisée par l'épreuve, l'hirondelle survivante ne
songe même pas à éluder la sentence du destin ; mais disant
adieu pour toujours aux bonheurs de ce monde où rien ne
lui est plus, elle s'enveloppe dans son deuil et attend la fin
de ses maux. Les poëtes affirment qu'on a vu de ces Arté-
mises et de ces Orphées inconsolables qui trouvaient que le
chagrin ne tuait pas assez vite, traverser les monts et les mers
et faire deux mille lieues pour revoir une fois encore le nid
de leurs dernières amours et s'y enfermer pour mourir. »

Est-il à désirer que les poëtes aient dit vrai ou n'aient imaginé qu'une fiction ? S'ils ont rencontré juste, l'hirondelle est
à coup sûr un grand caractère et un grand exemple devant

lesquels je m'incline. S'ils n'ont inventé qu'une fable, en rien à mon sens elle n'est bien trouvée.

Que si je me mets en face du précepte éternel, oh! plus que cela, du commandement suprême — « croissez et multipliez » et de ce fait universel auquel je ne vois, chez les animaux, aucune raison d'exception ni physiologique ni sociale, à savoir : les espèces ont été créées dans un but tout utilitaire, pour remplir au grand complet une tâche spéciale et déterminée à laquelle aucune ne pourrait faillir sans trouble notable ou sans lacune dans l'ordre général, je me dis, en dehors de toute poésie, hélas ! que le célibat — volontaire ou forcé — sortirait de la règle, d'une règle inflexible; je me dis que, loin de l'avoir imposé comme un devoir éventuel, la nature le repousse de la façon la plus absolue. Ici, la fidélité ne consiste pas à demeurer exclusivement attaché à de premières amours ou à un seul amour, mais à n'enfreindre jamais la loi des lois — celle de la reproduction dans les limites les plus larges accordées à chacune des espèces.

La fidélité est une chose et la monogamie une autre. Les monogames, disent les naturalistes, sont ceux qui, ayant fait choix d'une femelle, la conservent seule toute une saison ou plus longtemps. C'est exprimer le fait qu'après s'être choisis une première fois, des époux assortis peuvent prolonger leur union ou la renouveler après s'être séparés. Ce n'est pas dire que l'union librement consentie ne peut être dissoute, ou que ceux-là qui l'ont contractée à temps ne peuvent former ou ne forment point d'autres liens, ni que veufs ou veuves ne songent pas à se remarier avant la fin légale du deuil. Toute séparation a nécessairement ses tristesses et ses douleurs; mais rien n'autorise à penser que chez les hirondelles, plus que chez les pigeons en semi-domesticité, la perte d'une compagne soit le plus ordinairement la condamnation à mort du survivant. Enfin lorsqu'un célibataire traverse les monts et les mers, j'ai dans l'idée qu'il obéit simplement aux exigences de la migration en masse. Il revient sûrement au nid de ses dernières

amours comme y reviennent tous les couples, non toutefois
pour s'y enfermer et y mourir de chagrin, mais pour vivre,
au contraire, et donner la vie à d'autres s'il trouve à se remarier, ce qui doit être le plus ordinaire, car ces voyages de
deux mille lieues que font, deux fois l'an, nos oiseaux migrateurs, ne s'accomplissent pas sans encombres. Beaucoup pé-
rissent. Or, à supposer que les couples se soient formés avant
de partir, certains ont été défaits pendant la traversée et
d'autres doivent être faits à nouveau.

En cherchant la cause de la monogamie, il m'avait semblé
qu'on la trouverait imposée dans les limites que je viens de dé-
finir à tous ceux dont le nourrissage des petits — tâche toujours
laborieuse — ne pouvait être complétement assuré que par le
concours du père et de la mère. M. Toussenel a donc très-judicieusement formulé cette remarque « Le mariage n'est pas,
chez les pigeons comme chez les humains, le tombeau de l'a-
mour. Le père et la mère s'y partagent avec un dévouement
passionné les soins de la famille; et ce partage édifiant de
bonheurs et de peines semble aviver bien plutôt qu'amoindrir
l'ardente tendresse des époux. »

A ceci je crois; le sentiment qui s'y rencontre est des plus
élevés, des plus nobles. Sous le rapport de l'attachement à
ses devoirs, de l'incommensurable amour de la progéniture,
il place le pigeon à des hauteurs difficiles à atteindre. Cette
bonne opinion de l'espèce, très-justifiée en soi, me porte à
chercher une explication plausible *de ces fameux coups de
bec dans le contrat.* Alors me vient à l'esprit que certaines
pigeonnes, fatiguées de ne pondre que des œufs clairs, pourraient bien concevoir l'espérance, en s'alliant à un voisin, qui
du reste a su toucher leur cœur, de pondre plus fructueuse-
ment que par le passé. Et pourquoi n'en serait-il pas de même
pour le mari? En y réfléchissant, je serais moins disposé à
accuser de légèreté celle-ci, d'infidélité celui-là, que d'attribuer certains écarts, tels ou tels divorces à des causes qui ont
échappé à l'observation. Il doit y avoir par là quelque mys-

tère à la décharge de ceux qu'on dit infidèles ou parjures, et qu'on malmène sans doute à tort pour des idées de changement imposées peut-être par la grande loi de nature, celle qui, présidant à la conservation des espèces créées, ne la voit assurée qu'avec le concours effectif et le plus large de tous.

Appliqué aux animaux connus, en leur état de liberté, bien entendu, le mot célibat est non-avenu; il n'existe pas. Tous, en effet, sont indistinctement appelés à s'unir pour la propagation, tous moins les neutres parmi les espèces où ils ont été mis entre les complets dans des vues spéciales, et sans que la multiplication en éprouve aucun dommage. Jusqu'à plus ample informé donc ou jusqu'à meilleure interprétation du fait, je me plais à voir dans la vie à deux, dans la formation temporaire et plus ou moins durable des couples, non des liens indissolubles, mais une association commandée par la nécessité de suffire, tâche trop lourde pour un seul, aux soins laborieux du nourrissage et de l'éducation des petits. Aussi lorsque sur la foi d'une expérience unique, je laisse entrevoir qu'il n'est peut-être pas impossible de constituer la polygamie en état régulier chez les pigeons, je n'entends le dire que pour ceux qui doivent vivre en domesticité absolue, j'en exclus nécessairement les autres. La différence est simple à établir. La soumission entière crée des devoirs envers ceux qui l'acceptent. La domesticité absolue donne un maître et celui-ci est tenu de pourvoir généreusement à tous les besoins de ceux qui, pour lui, dans son intérêt propre, ont renoncé au libre arbitre. A leur portée, il doit mettre sans parcimonie tous les objets qui peuvent leur être utiles et surtout la variété d'aliments qui doivent assurer et favoriser leur plus complète réussite. En l'état de nature ou seulement de semi-domesticité, il n'en est plus ainsi. Toujours quelque chose manque aux plus heureux ou aux mieux placés. Or, pour se procurer le nécessaire ou seulement ce qui fait défaut, il y a lieu de se livrer à une recherche plus ou moins pénible; il faut y passer le temps voulu et fatiguer peu ou prou, suivant l'occurrence. Dans ce labeur, supérieur aux forces d'un seul, donnant à deux une occupation suffisante, je vois la raison et la justification de ce qu'on a comparé à la monogamie. Et si je ne me trompe, dans cette nécessité se trouverait l'obstacle insurmontable à l'acceptation de la pluralité des épouses par les variétés auxquelles on laissera un peu de liberté.

En faveur de cette opinion se présente un autre argument : s'il n'est pas décisif, il a pourtant une valeur. Qu'elle vive complétement libre, en semi-domesticité ou en possession absolue du maître, la pigeonne est restée la petite pondeuse que vous savez. Elle n'a point imité les femelles des gallinacés en général, la poule en particulier, dont la fécondité s'est accrue sous l'influence d'une alimentation riche et régulière, sous les effets aussi d'une hygiène attentive et confortable. Deux œufs, quelquefois un seul ; voilà le fait invariable, voilà toute la ponte de la pigeonne, sans plus. En me reportant au mode d'abecquement des pigeonneaux par les père et mère, je m'explique bien les étroites limites imposées à la fécondité divisée de l'espèce ; je comprends à merveille que la préparation spéciale des aliments à servir aux nourrissons, — laissez-moi leur donner ce nom, — ne puisse s'étendre à la quantité de nourriture que consommeraient des couvées plus nombreuses. Aussi, la fécondité continue quant au nombre des œufs à couver en une seule fois, est-elle en partie rachetée ici par la fréquence de l'incubation chez les oiseaux bien soignés et bien nourris en qui la civilisation a élevé les facultés de l'espèce à toute leur puissance. C'est une assez belle compensation. En effet, elle laisse à la domestication tous ses profits. Les variétés les plus perfectionnées et les mieux tenues réussissent huit, neuf et dix couvées par an, tandis que d'autres, les moins avancées ou les plus abandonnées, n'en conduisent à bien que deux ou trois, ou quatre au plus.

La différence est grande ; mais un écart aussi considérable met bien en saillie cette vérité pratique à l'usage de tous, dans toutes les situations : lorsqu'elle est éclairée, la sollicitude toujours rapporte ou profite ; les soins intelligemment répartis toujours ont leur prix, et leur rémunération se trouve assurée.

Qu'on se le dise, que de toutes parts on essaye de se ranger à ces utiles recommandations ; elles ne doivent, elles n'ôtent rien à personne et bénéficient à tous.

Les considérations précédentes s'appliquent à tous les pigeons, mais plus particulièrement encore à ceux qui se sont le plus rapprochés de l'homme, à ceux qu'il a pu le mieux étudier. Cette remarque me conduit à cette autre : les espèces qui recherchent le voisinage de l'homme, qui partout le suivent pour s'établir non loin de sa demeure, au milieu des groupes qu'il forme, peuvent par cela même, je suppose, être regardées comme lui apportant un secours quelconque, comme susceptibles de lui rendre de réels services. Le point essentiel serait d'apprendre à en tirer parti dans la mesure même du possible. Lorsqu'il en est autrement, j'estime qu'il y a une lacune dans les connaissances nécessaires à leur utilisation la plus large et je classe précisément le pigeon en tête des espèces que, faute de savoir autant que par préjugé, on a oubliées, négligées ou méconnues. A ce point de vue, pigeons et lapins se trouvent sur la même ligne au détriment de l'alimentation publique à laquelle ils devraient, ceux-ci et ceux-là, fournir un contingent notable, un appoint considérable.

Mais trève de considérations de cet ordre. Il est temps d'aborder un autre point du cercle dont j'ai entrepris le parcours, celui qui touche aux races, question épineuse entre toutes à laquelle je n'ai pas le projet de rester longtemps accroché.

LES RACES.

J'ai fait ma profession de foi. Je n'étudierai pas les races de nos oiseaux en naturaliste. Après avoir écrit le chapitre qui porte ce titre — *les types* — l'étude m'apparaît, à ce point de vue, comme un hors-d'œuvre. M'attachant donc seulement à l'énumération, brièvement annotée, des races les plus répandues aujourd'hui ou les plus connues, je les passerai rapidement en revue, sans m'attarder à aucun détail discutable.

Ces races que l'on croit toutes sorties du *Biset* se classeraient sous trois types parallèles : le biset français, le biset italien, le biset du Nord. A cela quel inconvenient ? aucun. Va donc pour cet ordre vaille que vaille ; autant celui-là qu'un autre.

I. — LE FUYARD.

On dit de notre pays le *fuyard ;* mais c'est au pigeon seul qu'on accole l'épithète.

Premier de la bande, il se présente, comme chef de file : C'est le moins domestiqué de tous, celui qui a conservé le plus d'indépendance ou de sauvagerie ; c'est le *fuyard* ou le biset de colombier. S'il accepte volontiers la demeure qu'on lui offre, il n'y reste qu'à la condition de s'y trouver commodément, de n'y être ni dérangé ni tourmenté. Avec le maître il ne prend aucun engagement ; il ne lui propose aucune convention à signer ou à tenir ; mais du jour où ses agissements ne lui plaisent pas, où, au contraire, ils lui inspirent quelque crainte, ou lui causent le moindre ennui, il ne fait ni une ni

deux, il plie bagage, donne un coup d'aile et le voilà parti.
On ne l'a pas nommé *fuyard* parce qu'il tient à ses pénates,
mais parce qu'il est d'humeur capricieuse et vagabonde. Sa
taille, son volume, son plumage participent à ce goût de
changement et semblent se modifier ou varier avec une facilité presque aussi grande. Ce serait beaucoup dire, mais on
le voit, plus rapidement qu'un autre, se transformer et
fournir des variétés nouvelles quant aux proportions du corps
et quant aux nuances du manteau. Il paraît donc très-acces-
sible aux influences propres à l'alimentation et aux lieux.
Certains caractères néanmoins le suivent partout. Je lui vois
conserver partout la couleur rouge terne ou noirâtre des
pieds ; partout aussi son bec est noir ou plombé, sans tuber-
cule ou sans ce qu'on appelle *morilles;* partout l'iris reste
sombre ou noir, et en aucun cas ne s'efface sa caractéristique,
la tache blanche du croupion. Ne supposez pas que tout cela
fasse un vilain oiseau ; loin de là ; le pigeon est toujours beau.

On dit qu'il ne vit guère au delà de huit ans. C'est bien
court, je penche pour une plus longue durée de la vie dont
je crois pouvoir fixer le terme extrême à douze ans au
moins ; d'autres le reculent même jusqu'à quinze ans. Bien
traité ou l'hôte d'une contrée fertile, le fuyard donne quatre
pontes dans l'année et mène à bien ses quatre couvées. Tel
serait son maximum de rendement pendant la période de sa
plus grande fécondité, laquelle décroît, même chez les plus
productifs, à partir de la sixième année. Dans le nord de la
France, il ne paraît dépasser que par exception deux pontes
par an, et malgré cela on trouve encore quelque avantage
à le posséder.

Voilà qui témoigne contre les déprédations exagérées dont
on l'accuse un peu à la légère, et en faveur d'une utilité plus
large qu'on ne lui en accorde généralement dans notre pays
où il ne fait pas bon n'être pas en odeur de sainteté.

Pour moi, je le voudrais plus actif dans ses pontes un peu
trop éloignées l'une de l'autre, et je ne crois pas impossible

de les rapprocher pour les multiplier. Ce sujet reviendra
forcément dans un chapitre à consacrer à l'élevage.

Ce qui séduirait le plus dans cette espèce ce serait d'en
recueillir les fruits sans faire aucuns frais pour les obtenir, on
le dit tout net dans les livres. « Les fuyards se nourrissent
eux-mêmes dans les champs de tout ce qu'ils peuvent rencontrer; et, bien qu'ils pondent moins et soient moins gras
que les pigeons de volière, comme ils ne coûtent rien, ils
sont d'un profit bien plus grand. » C'est dans un MANUEL DU
ZOOPHILE *ou l'art d'élever et de soigner les animaux* que je relève
cette science profonde de l'élevage : avec rien faire grand et
obtenir beaucoup. Mais l'auteur de cet incomparable « Manuel » s'est borné à répéter ce que d'autres avaient écrit avant
lui. J'appartiens à une autre école et je professe la mise en
action de cette théorie plus sûre : le rendement proportionnel
du bétail, quel qu'il soit, du haut en bas de l'échelle de la
domesticité, est en raison directe des bons soins de toute nature qui assurent son développement le plus prompt, sa fécondité la plus active et sa prospérité la plus haute; car les
animaux qui coûtent le plus sont ceux auxquels on donne
le moins. Je ne fais pas d'exception pour le biset qui rend
peu parce qu'on ne lui accorde rien et qui produirait beaucoup si, au temps où il trouve peu dans les champs, on lui
donnait quelque chose au colombier. La question est à reprendre, j'y reviendrai; elle est capitale.

La fécondité naturelle, si peu active déjà pendant les
années de la vitalité la plus développée, diminue rapidement
aussi, puisqu'elle forcerait d'enlever du colombier les couples
dès le commencement de leur sixième année. J'admettrais
volontiers cette nécessité. C'est dans le premier tiers de la
vie normale de l'oiseau que j'aimerais à voir accumuler la
plus grande somme des produits qu'il est susceptible de
rendre ; à son éducation raisonnée j'appliquerais le principe
de la précocité et les procédés de la culture intensive afin
d'obtenir tôt et beaucoup, dans le laps de temps le plus court.

Il y a rarement avantage à laisser vieillir les espèces alimentaires. Pour rendre profitable l'élevage des pigeons, faisons-leur courte et bonne l'existence. Avec un peu d'habitude on reconnaît facilement les vieux. Essayons de les photographier. Ils ont le plumage terne; sur le papier ceci est vague et se distingue mal, mais au pigeonnier, sur son donjon, au promenoir, partout où l'on peut voir ensemble, les uns près des autres et les jeunes et les vieux, l'œil en comparant ceux-ci avec ceux-là ne se trompe pas et ne permet pas à l'éducateur de mettre la main à côté. Il y a d'autres signes, au surplus, non moins faciles à saisir et plus absolus, vous les trouvez à la tête et aux pattes, deux régions toujours visibles. Chez les vieux, l'œil n'a plus le feu, la vivacité de la jeunesse; les paupières sont éraillées; le bec s'est aminci, il est affilé, crochu. Aux pattes, les marques correspondantes se traduisent ainsi : des écailles blanchâtres, des ongles longs et crochus comme le bec.

Voilà les vieux, ceux qu'attend et appelle la crapaudine : plus tard, trop tard ! ne les plaignez ou ne les regrettez que s'ils ont mal vécu, à l'abandon, au hasard de la fourchette.

II. — LE MONDAIN.

A caractériser le mondain, j'éprouve un sérieux embarras, on l'a défini, — M. H. de la Blanchère, si je me souviens — « le grand pandemonium de la race-pigeon. — Qu'est-ce ? ce groupe aux branches multiples, tribu importante de l'espèce, serait issu de tous les autres. En ressemblant à tous par l'ensemble, à chacun par un petit côté, tantôt plus à ceux-ci, tantôt davantage à ceux-là, il n'en rappellerait ni spécialement ni spécifiquement aucun! Sorte de Protée quant au plumage, il va, au gré du hasard, d'une robe à une autre et, parmi les siens, naissent, s'étalent toutes les nuances imaginables. À qui, à quoi, auquel le comparer, a-t-il quelque part seulement, dans le lointain, un analogue? Ma foi, oui; j'en rencontre deux. Par l'absence de tout caractère propre, il me rappelle et le chien de rue et le chat de gouttière, ces enfants perdus de l'espèce qui en forment comme le fonds inépuisable, indestructible, et d'où si venaient à disparaître les races les plus accentuées, surgiraient, de par une science attentive, des modèles nouveaux, des spécialités non moins capables que les plus estimés aujourd'hui. Le mondain, cela peut sembler étrange, se plie à tout ce que l'on veut : il se trouve bien en cage, il s'accommode de la volière; là où il plaît de le mettre, il prospère, se nourrissant de tout — il n'a pas son pareil — s'accouplant avec toutes les races et toutes les variétés, sans choix ni préférence. Ajoutons à ces divers avantages celui d'être très-familier, de ne pas s'effaroucher facilement, de souffrir qu'on le visite, de comprendre qu'on a des droits sur lui et de manger avec un louable appétit. En le faisant grossir vite, celui-ci lui fournit les éléments d'une abondante production de viande. Aussi le voit-on large, étoffé, de belle apparence, robuste, très-fécond, c'est le durham du genre par la puissance d'assimilation qui est en lui, mais bien moins que cet autre il est exigeant. En effet, son plus grand mérite peut-être, est en ceci : facile à nourrir et bon utilisateur de la nourriture.

On semblerait lui faire un reproche d'avoir perdu l'instinct de liberté, que ne le blâme-t-on de même d'ignorer à présent toute sauvagerie? Ramenez-le à celle-ci et à l'autre, deux *proches, deux intimes, et l'oiseau familier, le pigeon conquis* et acquis n'existera plus. Il faut qu'une porte soit ouverte ou fermée : sauvage ou civilisé, choisissez. Au cas qui se présente, pour moi bien aisé est le choix; je vote en faveur du dernier dont les mérites ne sont plus comparables à ceux de l'oiseau qui a su conserver son instinct de liberté, sa farouche indépendance, et le reste, soit une somme d'avantages à peu près négatifs relativement à l'alimentation publique. C'est pour donner sa part de satisfaction à ce grand intérêt que

la domestication tend à transformer le sauvage en civilisé et
successivement l'élève à son plus haut point de perfection. Ce
résultat ne s'obtient qu'en éloignant de plus en plus l'animal
de sa condition première. On serait bien mal venu alors à lui
reprocher d'avoir si complétement oublié le passé, ses mœurs,
son amour des voyages, son inutilité quasi absolue, sous le
rapport économique tout au moins.

En se répandant au loin, en se multipliant en des lieux très-
divers, le mondain ne pouvait que former de nouveaux groupes.
Il n'y a pas manqué ; il s'est divisé et subdivisé. L'arbre a
plusieurs branches-mères très-distinctes.

En premier lieu les *Gros*. L'épithète est caractéristique.
Ceux-ci, tout naturellement, par droit de vitalité spéciale
qu'en le transmettant l'hérédité conserve, sans imiter en rien
la sottise malsaine de la grenouille de la fable, ceux-ci approchent parfois de la grosseur d'une petite poule. Oh ! ne vous
récriez pas. S'ils sont les géants de chez nous, il y a plus gros
et plus grande ncore aux îles Moluques, à la Nouvelle-Guinée,
en Australie, et ceux-là qui s'appellent — *Goura couronné* et
Goura Victoria — ont le poids et la taille d'une forte pintade.
Le pigeon *Géant* de l'Océanie a déjà 19 pouces, vieux style,
et c'est une assez jolie taille pour un pigeon ; mais le tam-
bour-major de l'espèce, c'est le *Goura couronné* qui, lui, mesure 27 pouces (0^m. 73).

Généralement parlant, je ne suis fanatique ni des géants ni
des nains d'une espèce quelconque. Mes favoris à moi tiennent la place du milieu. C'est plus qu'une réminiscence de
collégien : *in medio stat virtus* m'est toujours apparu comme
une vérité fondamentale, presque absolue ; et son application
spéciale au pigeon ne me détourne pas de mon idée. Les
exotiques, les Gouras si épais et si pesants en tant que pigeons, n'en ont plus ni la grâce, ni la vivacité, ni la gentillesse, ni le vol ; ils perchent bas, presque au ras de terre,
sont de mœurs indolentes, et en rien ne se montrent ni avisés
ni résolus. Les stupides ! on leur envoie du plomb ; le coup

en abat, mais ceux qui n'ont pas été atteints, regardent
— hébétés — et ne songent même pas à s'envoler. Monotone
aussi est leur langage ; de temps à autre s'échappe de leur
énormité un bruit d'expiration semblable à celui du dindon.
A ce dernier je le passe, c'est son tic — un tic-nature qu'il
est tenu d'avoir, mais il me déplaît chez l'autre, fait pour
roucouler et non pour dindonner. En vérité je vous le dis, je
n'aime pas cet oiseau-là, moi, et je n'ai pas tort, car il me
ferait déraisonner à la fin.

Nos gros mondains n'ont pas la malchance de m'échauffer
à ce point la bile. Et d'abord, je ne trouve aucun inconvénient à ce que l'élevage développe certaines aptitudes dans
les races conquises ; c'est à la fois son droit et son objectif. Il
a donc agi conformément à ses vues et à son intérêt lorsqu'il
a créé une race de pigeons spécialement comestible et alimentaire, c'est-à-dire très-charnue et, sous ce rapport, plus avantageuse où plus profitable qu'une autre. Tels sont les gros
mondains. Mais ils ne sortent pas de la règle, et ceux en qui
se fait l'exagération de leurs qualités perdent par cela même
quelque chose. Ils sont moins féconds, couvent avec moins
de persévérance et réussissent moins leurs couvées. Comme
tout cela est nature et rappelle le manière de tous ceux qui,
du haut en bas de l'échelle, victimes du ventre, y sacrifient et
perdent sur tous les autres points de l'organisme proportionnellement à la prépondérance qu'acquiert l'appareil de la
digestion. Il n'y a pas à faire attendre ces ventripotents dont
il ne faut pas essayer de faire souche ; supprimez-les au profit
de l'office ; les émules de Vatel ou simplement une ménagère
quelque peu expérimentée sauront bien en tirer bon parti.

Pour faire parler de soi, dit un proverbe, il faut ou se
marier ou mourir. Ne faisons pas mentir le dicton, et puisqu'il est si près de la casserole ou de la broche celui dont
nous venons de prononcer le jugement en dernier ressort,
parlons-en un peu méchamment ainsi qu'il est d'usage en
pareille passe.

Eh bien ! le gaillard, ce bon vivant à la face réjouie, au tempérament sanguin, oublieux des mœurs antiques, fait très-bon marché de la fidélité conjugale. L'accusation atteint au même degré le mâle et la femelle : tous deux le prennent sur le même ton, se donnent la réciproque sans souci aucun du qu'en dira-t-on, et, comme le chevalier Bayard de tout autre mémoire, sans peur et sans reproche ; *proh pudor !* Mais là où il faut le voir, l'infâme ! c'est dans une volière où tout est calme, où, paisibles, heureux, les habitants vivent amoureusement dans la simplicité, dans l'innocence des habitudes candides et des joies douces dont lui, le mondain, n'a plus la moindre souvenance. On vient de l'y introduire, je suppose, aucun des couples n'appartient à sa race et n'est de sa connaissance. Ça ne l'intimide ni ne le retient ; sans attendre, sans plus de façons, et comme ferait un sultan dans son harem, il va hardiment, audacieusement, à la barbe de tous, scrupuleusement il épouse, jetant le trouble, une perturbation effrénée dans tous ces ménages naguère si tranquilles, parmi ces époux si fort attachés jusque-là à leurs devoirs. Il leur apporte un déplorable exemple, et bientôt naissent surtout des produits mélangés.

Il me la donne belle si je voulais en médire. Ce serait abuser de la situation ; je n'en ferai rien. Bien loin de là, même, désireux de mettre à profit ces dispositions cavalières, je conseillerais à ceux qui seraient tentés de chercher dans la polygamie un moyen d'accroître les bénéfices que peut procurer une volière bien gouvernée, de n'avoir d'autres mâles que des mondains. En tout la nature nous aide ; nous sommes bien maladroits lorsque nous négligeons les facilités qu'elle nous offre.

Après les *gros* de cette race se présentent les *moyens*, les *petits* et d'autres encore qui ne peuvent être classés que parmi les variétés d'amateurs ou de fantaisie, types délicats dont la coloration spécifique est d'ordinaire le caractère saillant, le trait distinctif et remarquable, le grand mérite enfin à la condition d'être rare, bien entendu. Après les avoir produits, qu'on les ait cherchés ou non, on les maintient par une sélection rigoureuse. Celle-ci, écartant avec un soin éclairé et jaloux tout ce qui pourrait contrarier l'hérédité stable, ne met en présence que des semblables ayant à reproduire des semblables. C'est en cela qu'est utile et instructif le jeu des simples amateurs et des fantaisistes.

On donne encore au mondain moyen le nom de *pigeon de mois*. L'appellation lui vient de sa grande fécondité, non de ce qu'il donne effectivement une couvée tous les mois, comme on se plaît à l'écrire, mais de ce qu'il en réussit habituellement une dizaine par année. Le nom n'en est pas moins bien trouvé : on ne cueille pas douze fois l'an des raises mûres sur le fraisier remontant dont le fruit prend le nom de fraises de tous mois. Ce pigeon est heureusement des plus communs et des meilleurs. On le ferait utilement servir, je crois, à des croisements avec le fuyard. En prenant à celui-ci des habitudes moins casanières, il combattrait dans une bonne mesure son besoin incessant de changer de demeure et le rendrait un peu plus sédentaire. Il en élèverait aussi la fécondité par trop contenue et le ferait plus productif.

Tels seraient les résultats de ce croisement, une production intermédiaire en tout, une heureuse atténuation des *inconvénients qu'on reproche, non sans un grain de justice*, au biset de colombier ou fuyard.

L'application du croisement, toute neuve ici, a les plus grands services à rendre à l'éducation judicieuse de cet oiseau. Voulez-vous élever à son maximum le rendement d'un pigeonnier, me disait un jour le frère Agoard, surnommé l'homme-pigeon, peuplez-le de pigeons croisés. Ceux-ci, toujours, travaillent à la multiplication avec plus d'ardeur que les races pures desquelles ils sont sortis.

Ce fait spécialisé en l'espèce, me semble à moi, aboutir à

une loi générale dont je trouverai peut-être plus loin l'occasion de dire aussi quelques mots.

Avec leur variabilité fréquente, habituelle même de caractères, laquelle semble le trait le plus constant de ce groupe, nombre de mondains naissent *pattus*. Réformez-les à raison de cela. Les plumes aux pattes deviennent un obstacle physique à l'incubation par le déplacement inopportun qu'il impose aux œufs lorsque l'oiseau quitte le nid.

Mondain, ce pigeon *de Berlin*, noir bariolé de blanc, avec un filet rouge autour des yeux, et que sa fécondité active a fait adopter en beaucoup de points de notre Midi ; mondain aussi cet autre qu'on dit *de Montauban* et que recommandent les mêmes qualités. Celui-ci a les jambes courtes et l'iris cerclé de jaune.

Rien de particulier à dire des petits mondains. L'adjectif est là qui les qualifie quant à la forme et quant au reste.

La sauvagerie n'est pas certes ce qui peut, chez le pigeon, plaire le plus à l'éleveur. Il s'en plaint lorsqu'il parle des espèces dont la soumission est plus capricieuse qu'assurée, et il s'en plaint à juste titre. Mais est-il donc jamais satisfait ce maître exigeant pour qui, sans souci et sans contrariétés d'aucune sorte, seraient les bien venus tous les profits et tous les avantages ? Il trouve trop familiers ou trop hardis les mondains ; il les voudrait plus timides et plus réservés. Il les appelle effrontés et pillards ; il s'ennuie à les voir s'abattre sur les semis à peine achevés de son potager, comme s'il n'avait pas la facile ressource d'une séquestration temporaire. Mais vraiment les voilà qui pénètrent jusque dans sa maison : les salières n'ont pas été rangées; ils puisent à même et les vident en partie. Le fait est grave et leur attire ce gros mot : voleurs! La huche est ouverte, ils prennent à la miche et se hâtent ; ils aiment le pain, ils aiment bien d'autres choses et avec une maxime vulgaire ils disent : tout fait ventre.

S'ils vous pillent, pourtant, ce n'est qu'un prêté pour un

rendu. Rien de ce qu'ils prennent n'est perdu, mais trans-
formé, et bientôt vous profitera.

Vous tous cependant qui ne voulez, ni autant de sans-gêne
ni autant de familiarité, ne le faites pas naître par vos provocations. Les oiseaux y répondent et n'en prennent pas
l'initiative, vous ne trouvez la même réserve ni chez le chat
ni chez la poule.

Contre les mondains prenez vos précautions : elles ne sont
pas assujettissantes; et vous n'en tirerez qu'avantage.

III. — NONNAIN OU CAPUCIN.

Cette nouvelle branche du biset, ce voisin de deux variétés
mères de ce groupe, les romains et les bagadais, porte deux
noms inspirés l'un et l'autre de son caractère extérieur le plus
saillant, un capuchon sur la tête et une collerette descendant
sur la poitrine. *Capucin* et *nonnain* ne font qu'un. Capuchon
et collerette sont formés par un gracieux redressement des
plumes. Le premier recouvre plus ou moins la tête pour
l'orner et l'autre encadre le cou et la gorge comme le ferait
une fraise ou une belle gorgerette descendant un peu bas.
Ainsi entourée, la tête de l'oiseau, très-belle elle-même,
apparaît fine et coquette. L'ornement lui sied et la rend jolie.
C'est bien ce qu'on dit de certaines nonnains, gentilles à
croquer sous la coiffe et la guimpe blanc de neige. Notez
qu'en sa forme, qu'en sa taille bien prise, l'oiseau est tout
harmonie ; les ailes enveloppent bien le corps ; les pattes
sont basses; le bec est petit, mignon ; l'œil est sablé, relevé
par le vif du ruban rouge qui l'entoure. Et puis il est doux,
familier, très-fécond, très-attaché à sa couvée qu'il sait faire
réussir en la soignant avec amour. On en voit de toutes couleurs ; mais ceux qui montrent le plus de goût pour cette
charmante race la veulent d'une seule nuance et nomment
maurins ceux d'une seule couleur, comme on signale *zain* le
cheval ou tout noir, ou tout bai.

Tout chef de race a nécessairement des variétés au-dessous de lui ; il n'est tête de colonne qu'à cette condition. Il a donc ses dérivés ; j'en nomme quelques-uns.

En premier lieu *coquillé*, soit un diminutif de la capuce du groupe. La *coquille*, en effet, est cela ; elle résulte du redressement des seules plumes de l'occiput. Cette petite modification, fort simple en soi, n'entraîne aucun changement organique. Les coquillés valent les capucins : également bons ceux-ci et ceux-là.

En second lieu le *carme*, une sorte de minuscule, mais très-bon et très-fin.

En troisième lieu les *cravatés*. Il faut bien les mettre au pluriel, car ils sont plusieurs : je ne suis pas bien sûr, par exemple, qu'ici ils se trouvent bien à leur place en serre-file. Heureusement que ça leur est bien égal et que, pour cette irrévérence, peut-être ils ne me feront pas tirer l'épée.... Oh ! non, de ce côté jamais rien à craindre.... Pauvres oiseaux! toujours on les fusille eux, sans motifs, lâchement, et jamais ils ne regimbent; mais le moment de parler de cela n'est pas encore venu. Nous verrons plus loin, et en son temps. Revenons à nos cravatés, à nos fashionables porteurs de jabot.

Je ne les trouve pas bien nommés. Ils ne portent pas cravate, mais jabot. C'est bien plus élégant, et très-élégamment ils le portent ces jolis, ces raffinés, ces mignons de cour, ces privilégiés de la grâce et des belles manières. Eux, fils de bisets, s'exclament avec un peu d'humeur certains classificateurs aux abois. C'est impossible; à n'en pas douter, ils sont d'autre extraction. — Très-bien, répond-on, nous sommes tout prêts à les rattacher à d'autres, mais nommez-les..... Et le silence aussitôt se fait. J'aurais pu dire la chose en latin, je la trouve suffisamment dite en français et je passe.

Le *cravaté* — tête de colonne —, faisons-lui cet honneur puisqu'il compte plusieurs variétés, a, comme marque distinctive, les plumes de la gorge redressées et frisées en jabot admirablement posé et proportionné. Et le reste est à l'ave-

nant; la race est petite, mais elle est charmante et faite pour
séduire. Le cou a des contours d'une rare distinction; élégamment attachée et portée, ravissante, la tête appelle le
baiser caressant des petites-maîtresses, doux et mignard des
fillettes; le bec est court, il est fin; les yeux sont vifs, à fleur
de tête, ils plaisent. Pétri par la main des grâces, l'oiseau
sait merveilleusement se servir de ses ailes, il a le vol direct
et soutenu, il est grand voilier et fidèle *messager*.

Ses proches sont divers, les plus recherchés sont au nombre de trois : l'un le *cravaté français* est blanc avec les ailes
noires ou chamois; — le *cravaté anglais* est bleu; le troisième
porte la huppe.

Une particularité de l'espèce ou de la race, c'est qu'elle
s'allie aussi facilement à la tourterelle qu'au pigeon ordinaire
et que de cette double alliance résultent des produits nouveaux, métis que Buffon qualifie de mulets. C'est donner à
entendre qu'ils naissent inféconds : je n'en sais pas davantage.
Beaucoup ont répété le maître sans approfondir autrement le
fait.

IV. — LE VOLANT.

Je ne sais plus à quel général en chef arrive, un jour, sous
la première république, un nouveau fournisseur d'armée.

— Comment vous nomme-t-on ? demande avec quelque
brusquerie et d'un ton ferme le général.

— Rollet.

— Avec un l ?

— Avec deux ll, général.

— C'est bien ça … pour mieux voler, n'est-ce pas ?

J'ai vu le nom de notre nouveau pigeon, imprimé aussi
avec deux ll, mais la raison trouvée à cette orthographe par le
général républicain n'existant pas ici, en dépit du vol, je
m'appuie sur l'Académie pour écrire conformément aux indications du dictionnaire — la loi et les prophètes des gens

qui aiment l'ordre et la règle. Ça n'ôte pas aux insoumis la liberté plénière; n'ayez crainte; envers et contre tous, ils sauront la garder ces académiciens à rebours, ces licenciés volontaires de la langue et du bel esprit.

Donc le *volant* avec un seul l et tout à la fois avec ses deux ailes, au vol rapide et soutenu, est l'un de nos pigeons les plus précieux et, si on le veut, en certaine occurrence pleine de gravité, l'un de nos serviteurs les plus utiles. Encore celui-là, on l'assure, est biset de la branche française. Mais l'acclimatation, la naturalisation, la longue possession éloignent tant et si bien des origines que celles-ci, bientôt oubliées, sont comme non avenues. C'est le cas de certaines variétés de volants que la sélection, fondée sur l'éducation et sur le mode d'emploi, a notablement perfectionnées loin de la mère-patrie, et dans des conditions climatériques absolument opposées. Le fait, au surplus, a un analogue remarquable et non moins accentué dans une espèce bien différente. Entre notre biset et son descendant le biset belge ou hollandais, il y a quelque chose comme la distance que les circonstances de l'élevage ont mise entre le cheval arabe de noble race et le cheval de pur sang anglais, son émanation directe.

Au physique les différences sont prononcées entre cette race et les autres du même type; ses représentants sont sveltes et de petite taille; ils ont les pieds nus et sans écailles; leurs narines sont à peu près dépourvues de tubercules; le manteau revêt les couleurs variées et irrégulières. Très-féconde la race et très-attachée au colombier où elle est née. C'est là sa caractéristique. Moins farouche que le fuyard, elle le remplacerait avec avantage, eu égard à la position faite à l'espèce par la législation qui la concerne. Aux races fécondes la nature a donné l'amour du nid, la sollicitude, les soins affectueux et empressés des petits. Le volant est parfaitement doué sous ce rapport et mène à bien ses précieuses couvées.

La faculté dominante est la rapidité du vol, la rapidité

unie à la durée, soit la vitesse et le fonds; une vitesse de 28
mètres par seconde, de 100 kilomètres à l'heure, sans danger
que la machine éclate ou que le train déraille; un fonds dont
on n'a pas encore la mesure, mais considérable et que l'entraînement, une gymnastique puissante peuvent accroître
dans une proportion inconnue, supérieure dans tous les cas
aux besoins spéciaux, à l'office que l'oiseau peut être appelé
à remplir.

Ces facultés ne sont pas d'hier. La race n'est guère plus
jeune que l'homme au service duquel elle s'est fidèlement
attachée depuis longtemps, avant, oh! bien avant que les
habiles ou les érudits de la classification aient pu en faire
une sous-race quelconque et la rattacher tantôt à une branche
et tantôt à une autre. Quoi qu'il en soit, un quidam se dit un
jour : cet attachement obstiné au berceau, révélé par une résistance souvent insurmontable pour un simple déménagement, à si longue distance qu'on le fasse, en dépit des précautions prises pour qu'il réussisse, peut et doit être utilisé.
La poste aux pigeons était inventée. Après l'idée, l'application ou plutôt des essais d'application; après quoi encore les
divers perfectionnements que suggère toujours une mise en
œuvre. On s'aperçut bien vite que tous les volants n'avaient
pas une même aptitude, une égale valeur. On leur fit subir
des épreuves nécessaires, qui rendirent possible le choix des
meilleurs. Entre eux on fiança les derniers. Ils s'épousèrent;
ils furent heureux; ils eurent beaucoup d'enfants, et leur race,
par sélection créée ou simplement perfectionnée par le même
procédé, se maintint à travers les siècles en sa puissance
exaltée, en son utilité la plus haute partout où l'on sut la cultiver de façon à la conserver elle-même.

L'attachement au toit natal étant le même pour tous, on
n'eut rien à faire de ce côté, mais l'expérience apprit bientôt
que les plus rapides se trouvaient parmi ceux qui avaient les
ailes pointues les plus longues. C'est le type des grands ra-
meurs de l'air. On s'y attacha avec constance et de là sont

sorties les nombreuses races ou variétés de *volants*, ou de *pigeons messagers* : on les nomme encore *pigeons voyageurs*.

Il ne servirait à rien de se livrer à une étude rétrospective de ces intelligents et puissants voiliers; il est utile, au contraire, de faire ample connaissance avec les races messagères de ce temps-ci.

V. — NOS VOYAGEURS.

J'emploie ici un pronom possessif; cependant nous ne possédons en propre, dans notre France, aucun pigeon de ce type. Il me faut expliquer le mot et en justifier l'emploi. Le mot ne désigne aucune race française, mais seulement des races européennes que nous devons nous approprier, et il les désigne de cette manière pour les distinguer d'un autre pigeon de l'Amérique du Nord, nommé — lui aussi — *pigeon voyageur*.

Le pronom est donc là, par nécessité, afin d'éviter la confusion entre colombonymes. Pour ceux qui diraient les choses en latin, ma sollicitude serait la précaution inutile. En effet, les nôtres se classent sous cette appellation générique — *columba volans*, et à celui du nouveau monde est accolée l'épithète *migratoria*. Les deux qualificatifs ne sont guère plus heureux l'un que l'autre. Appliqué au pigeon, l'expression *volans* est bien vague, car tout pigeon vole assurément, et bien d'autres que cet américain sont migrateurs.

Aussi, pourquoi donner au messager un autre nom que celui-ci, le seul qui le désigne clairement, qui dise, à ne s'y pas tromper, et ses aptitudes et ses fonctions. Il y a beaucoup de pigeons voyageurs, il y en a très-peu qui puissent être utilement appliqués au transport des dépêches et remplir l'office de facteurs aériens.

J'ai bien été tenté de faire comme je dis là; mais dans cette affreuse guerre franco-allemande la population s'est familiarisée avec le nom et avec la chose; nom et chose également connus en Angleterre, en Belgique, en Hollande, en Allemagne. Dès lors ne serait-ce pas jeter quelque perturbation dans les faits, dont on doit conserver le souvenir, que d'obéir sans autre motif à une pensée de changement qui ne serait peut-être pas résolûment acceptée par tous? Telle est la cause de ma réserve : par respect, je conserve une appellation consacrée, un nom qui a sa notoriété lorsqu'on l'applique à ce joli petit courrier qui désormais a sa légende parmi nous.

Si l'on ouvrait en France un concours entre pigeons voyageurs, il y a gros à parier que maintes variétés, absolument incapables, y seraient apportées et présentées. On n'en connaît à vrai dire que deux races, l'une *anglaise*, l'autre *belge*. Voilà les seuls voyageurs de longue course; ce n'est encore que la moitié de bons messagers. La différence est facile à établir entre ces deux qualifications : rapides voyageurs et bons messagers.

Dès qu'il s'agit de voyages ou de courses, l'Angleterre ne peut manquer de se trouver en ligne. Elle s'y place, en effet, mais sans succès cette fois. Son pigeon, d'ailleurs peu répandu, ce qui ne plaide pas tout d'abord en sa faveur, est élancé, élégant, haut d'encolure, fier comme Artaban, guindé, gourmé, plein de dignité pourtant dans ses attitudes; il est de vol rapide et puissant, voyageur toujours prêt, mais — la conjonction y est, hélas! — messager peu sûr, commissionnaire inexact, voire infidèle : à cela près, il est la perfection même! — oh! yes.

Eh bien, c'est précisément la qualité qu'il n'a pas qui fait en l'espèce — n'est-ce pas ainsi qu'on parle au palais — toute l'utilité de l'oiseau, le genre de supériorité qui le recommande le plus, qui constitue son excellence, sa valeur la plus haute, sa spécialité enfin. Figurez-vous un courrier d'État envoyé de Paris à Saint-Pétersbourg pour y prendre des dépêches fiévreusement attendues : il part en toute hâte, fait diligence, marche à toute vapeur, arrive, repart sans prendre de repos et rentre tout d'un trait à Paris sans les papiers qu'il a perdus en route ; ou bien, chargé de dépêches à lui confiées, il les porte à Constantinople, à Ispahan, à Téhéran ; d'Asie il passe en Afrique dont il visite en touriste les villes principales, et puis quand il est las de voir, d'aller et venir, quand sa curiosité est satisfaite, il rentre heureux et content. Il a fait beau et bon voyage ; mais il a pérégriné pour son agrément particulier, sans le moindre souci de la mission de confiance et d'importance qu'il avait à remplir. C'est un capricieux personnage que ce sujet d'humeur vagabonde de la libre Angleterre.

Il est des magasins dont on prend les adresses pour éviter avec soin d'y entrer ; c'est à ce titre que je signale le voyageur anglais, très-réussi en tant que pigeon de longue course, mais complétement manqué sous l'autre rapport. Mauvais commissionnaire ce long bec si désagréablement chargé de caroncules nasales, les plus charnues qu'on puisse voir, caractère excentrique chez les oiseaux de ce type, caractère inévitablement doublé d'une grande exagération, en largeur et en épaisseur, des membranes qui encerclent les yeux. Rien d'utile, rien de beau par conséquent en cela. Nos judicieux voisins constatent, avec un enthousiame tout britannique, la vitesse et la puissance du vol de leur voyageur ; mais ils l'abandonnent comme messager et le remplacent par le pigeon belge, expression la plus achevée du bon messager.

Ce dernier, taille moyenne et large envergure, est d'apparence svelte ; la lourdeur ne serait point de mise ici. L'élégance de ses formes est encore rehaussée par la vivacité et la grâce de ses mouvements. Petite et légère est la tête. L'œil, bien ouvert, respire l'intelligence et aussi la perspicacité, la hardiesse. Le bec est court. Les caroncules nasales ont peu de développement ; les membranes charnues qui encadrent les yeux sont étroites et minces. En somme, la physionomie est avenante et prévient fort en faveur de l'oiseau. La poitrine est ample, souvent ornée d'un jabot. Vigoureuses, serrées contre le corps, les ailes s'étendent par les rémiges jusqu'aux trois quarts de la longueur de la queue, très-étroite chez les sujets d'élite. D'ailleurs, à la façon dont il déploie ces organes, on juge facilement de leur énergie qui est réelle. Le plumage est en général très-serré et d'aspect coquet. En son ensemble, le messager belge a un cachet de haute distinction.

J'aime à en parler, je continue.

La race belge offrait précédemment plusieurs branches assez caractérisées : nommons le pigeon *liégeois*, le pigeon *anversois* et celui *des Flandres* ou *de Bruxelles*, le plus répandu des trois lesquels se ressemblent beaucoup aujourd'hui. On les a d'ailleurs rapprochés par le croisement et d'une façon si persévérante que les trois branches bientôt n'en feront plus qu'une. Ces races se valaient d'ailleurs sous les rapports essentiels : instinct d'orientation, vitesse, résistance à la fatigue, une sorte d'intuition des mauvaises rencontres possibles, fidélité à s'acquitter de missions dont les oiseaux de bonne maison et bien entraînés semblent avoir conscience.

Telles sont, en effet, les qualités les plus hautes des messagers bien nés, bien appris et déjà expérimentés.

Sans toucher à ces perfections, sans les atténuer en rien dans ses produits, le croisement a néanmoins jeté la variété dans la coloration des yeux et dans celle du plumage. Aussi voit-on, dans la population croisée ou mêlée qui s'est substituée aux groupes distincts du passé, l'œil orange, l'œil rouge et blanc ou perlé, l'œil rouge et jaune, l'œil brun et jaune, et l'œil tout noir chez l'oiseau qui a le manteau tout blanc.

Ne sont pas moins diverses les nuances du plumage. Les plus communes sont le bleu, le bleu étincelé, le rouge étincelé, le fauve; il y en a d'autres. Le plus rare est le blanc uni, avec les yeux noirs; à celui-ci on semble porter moins d'intérêt qu'à ses frères. Du goût et des couleurs le proverbe ne veut pas que l'on dispute; soit. Il est toujours facile de ne pas conserver ceux qui déplaisent ou qui plaisent moins avec ou sans motif plausible.

On le constate avec raison cependant, couleur du manteau, coloration des yeux n'ont aucune influence sur les mérites de l'oiseau dont les aptitudes ne relèvent en rien de ces caractères. Les amateurs belges — ils sont nombreux et connaisseurs entre tous — n'y prêtent aucune attention : chez les colombophyles les plus experts ou les plus renommés, dans les pigeonniers composés ou peuplés avec le plus de recherche, on trouve en général un mélange de toutes les nuances. De tous poils bonnes bêtes, dit avec bon sens un autre axiome. Nous pouvons le croire et nous y tenir. Il y a, du reste, un critérium plus sûr. Sans épreuves, il n'y a plus que des messagers de hasard ; consultez donc suivant cette direction ; renseignez-vous non à la légère, mais d'une manière sérieuse sur les *performances* accomplies par ceux de la famille avant de lui emprunter les sujets à choisir pour le peuplement d'un nouveau colombier. Là est le vrai guide à suivre.

VI. — LE CULBUTANT ET SES VARIÉTÉS.

Le groupe entier est des plus bizarres. Comment s'est-il formé ? Originairement d'où vient-il ? On se perdrait en conjectures à la recherche de réponses satisfaisantes aux nombreuses questions qui viendraient se poser ici les unes à la suite des autres. Laissons donc là toute curiosité, si légitime qu'elle soit, et passons rapidement, car à la connaissance superficielle de ceux-ci ne se rattache qu'une importance tout à fait secondaire.

A part le vol et la manière dont il l'exécute, le *culbutant* ressemble beaucoup au *volant* à la suite duquel on le place. Il est cependant un peu plus petit. Son œil, perlé et sablé de rouge, est entouré d'un filet rouge ; il a les pieds nus et sans

écailles. Ses ailes repliées dépassent quelquefois le bout de
la queue. Puissant par les organes du vol, il a celui-ci rapide et remarquablement haut. A plaisir, pour sa satisfaction personnelle à n'en pas douter, il s'enlève, il s'élève jusqu'aux nues, puis se laisse choir de quelques mètres en
faisant trois ou quatre culbutes successives, en tournant sur
lui-même. C'est à son imitation peut-être que les saltim-
banques se sont livrés à ce qu'ils ont appelé le saut périlleux. Rien de périlleux pour les culbutants de l'air, dont le
travail semble des plus faciles ; son utilité, pourtant, demeure complétement cachée. On a dit que cette étrange
manière de commencer sa descente des hauteurs atteintes
pouvait avoir pour objet de déconcerter l'oiseau de proie qui
guette…… on a riposté : peut-être, si le tour était défensif,
mais il est préventif ; il s'accomplit quand même — absent ou
présent le danger, qu'il soit inutile ou nécessaire. A quoi bon,
dans le premier cas ? Est-ce qu'alors il n'empêcherait pas le
culbutant d'apercevoir quelquefois l'ennemi juste au moment
où il importerait le plus qu'il le vît. S'il en était ainsi, répon-
drais-je, les culbutes seraient précisément venues à point. Elles
sont d'ailleurs toujours en situation pour être exécutées avec
art, avec toute l'habileté indispensable et ressortir, en temps
opportun, à leur plein effet. C'est alors comme gymnastique
indispensable, simple question d'entraînement. Demandez au
lièvre pourquoi — toutes les nuits — il court, randonne, étu-
die son terrain non en touriste mais en stratégiste, il vous
dira : en dehors d'une connaissance exacte des lieux à travers lesquels je dois nécessairement être pourchassé un jour
ou l'autre, j'ai besoin d'être en état constant d'entraînement,
en la condition de défense la meilleure, soit plein d'agilité et de
souplesse, long d'haleine afin de résister aux courses véhé-
mentes, car en cela sont tout à la fois le plaisir et le salut.
Voilà pourquoi je m'exerce et cours toujours, quelquefois
en pleine lumière, plus régulièrement la nuit et tandis que
d'autres, parmi mes ennemis, paisiblement reposent ou rè-

vent qu'ils me poursuivent à la queue de leurs cruels toutous.
Et l'argument me semble satisfaisant.

Chez le culbutant, pigeon de volière assez fécond, du
reste, il y a autre chose que les culbutes aériennes. Ses
mouvements paraissent toujours plus ou moins irréguliers
ou illogiques, en désaccord, on le dirait, avec la volonté
de l'oiseau. A le voir ainsi dominé par des tics nerveux, volontairement on se reporte aux malheureux affligés de la
danse de Saint-Guy.

Chez ses plus proches voisins, ses dérivés — on est fondé
à le supposer — ça change et pourtant c'est la même chose.
C'est un exemple saisissant de la variété dans l'uniformité.

L'un — il a nom *pantomime* — aux culbutes de son chef de
file ajoute des contorsions des plus grotesques. Il a du bon
malgré cela, car il est de ceux qu'on élève le plus à raison
de sa fécondité et des soins intelligents dont il entoure ses
petits tout en se livrant à des soubresauts et à des grimaces
qui sont dans ses façons habituelles. Chose étrange, on avait
trouvé à utiliser ces grotesques. Au rapport de Jemminck, on les
emploie quelque part — j'ai d'excellentes raisons de n'être pas
plus explicite — comme appelants, pour attirer les pigeons
sauvages ou pour ramener les pigeons échappés. Curieux de
voir de plus près ces singuliers spécimens de leur espèce, ils
s'approchent, étonnés, et le chasseur embusqué s'en empare.
Le moyen est licite jusqu'à la prise des pigeons des voisins
exclusivement.

Un autre, *pigeon tournant* celui-ci, est un culbutant in-
complet dans le vol. Sa manie est d'exécuter des cercles conti-
nuels comme s'il avait du plomb dans l'aile. On n'éprouve
que de la peine à le regarder. Au colombier, il se blesse souvent en tournant ainsi avec plus de violence qu'il ne voudrait
sans doute. Il est un peu plus gros que le culbutant ; il a
l'iris noir et n'est pas d'humeur toujours commode. Il est fécond, mais querelleur et jaloux. Au diable ces mauvais cou-
cheurs ! Les bonnes races ne manquent pas. A quoi sert d'en

élever qui ne donnent pas pleine et entière satisfaction à tous égards ? Le *tournant* a de beaux fils qui le valent en tout, ils répondent aux doux noms de *tournant* frappeur et *tournant batteur* — deux qualificatifs qui appellent cette courte explication : Lorsqu'ils volent, ils battent si fortement des ailes qu'on entend comme un bruit de claquette. Il n'y a rien de plus, mais c'est encore assez étrange.

Et ce n'est pas tout ; quand il n'y en a plus, il y en a encore. Ce dernier s'appelle *le trembleur* et pour cause. En effet, il est agité d'un tremblement continuel dans la tête et le cou avec forte recrudescence à l'heure des plus grandes espérances de l'amour. Est-il assez malheureux d'avoir à trembler ainsi au moment suprême ! Ah ! qu'il n'aille rien demander à aucun autre de ses pareils. Que le mari soit ici et fidèle et constant à sa tendre épouse et que celle-ci ne songe à appeler à elle aucun autre que des culbutants... mais le groupe est encore assez nombreux pour que le cas échéant où elle aspirerait au changement, elle puisse malgré tout trouver ou seconde ou troisième chaussure à son pied. A son aise, ce sont ses affaires et non les nôtres.

Le trembleur est tout petit ; il a le bec fin ; il n'a pas de filet autour des yeux dont l'iris est jaune. Il a les ailes pendantes et la queue relevée ; le plumage est varié.

On suppose qu'il est né d'un croisement entre *culbutant* et *pigeon queue de paon*. Je n'ai pas de motif pour m'inscrire en faux contre cette assertion et, sans plus attendre, je dirai deux mots de ce dernier qui est aussi le dernier de ceux que l'on rattache au biset français.

VII. — PIGEON PAON OU QUEUE DE PAON.

Par son nom, celui-ci se présente en sa forme la plus saillante ; l'enseigne ne ment pas. La race est caractérisée ; l'oiseau est remarquable par sa queue étalée, dressée et inclinée tout à la fois en manière de toit, et portant de 24 à 36 plumes au lieu de 12 que portent à l'ordinaire les autres races de l'espèce.

Au sentiment de plusieurs, le pigeon-paon serait originaire d'Asie, et en aucun cas ne pourrait être considéré comme une émanation du biset En ce qui touche à l'origine, l'histoire naturelle du pigeon est pleine d'obscurités. Bien heureux ceux qui ont la foi. Une foi robuste préserve des doutes et des révoltes intérieures auxquel demeurent condamnés ceux qui, à l'instar de saint Thomas, une vieille histoire, veulent voir et toucher. Laissons-les se débattre et passons ; en temps de crise les attroupements sont défendus.

Biset ou non, voilà le pigeon-paon. Il se rengorge comme tant d'autres et n'en paraît pas plus fier....., tant les autres le sont. Il est de grosseur variable ; plus petit ici, plus grand là-bas ; question d'alimentation sans doute. À tout prendre cependant, il se classe parmi les petites races plutôt que parmi les autres. Il a le bec mince ; l'œil sans filet, l'iris jaune S'il est le père du *Trembleur*, il a bien transmis ces trois caractères à son cher fils. Je ne sache pas, au surplus, qu'il s'en défende ou le renie : ses ailes me paraissent plantées un peu bas ; elles sont courtes, aussi n'est-il ni grand ni puissant voilier de l'air. Sa large queue lui est un obstacle considérable. Elle est cause, dit Buffon, qu'il est souvent emporté par le vent et qu'alors il tombe assez facilement à terre. La façon dont il la manœuvre ou la gouverne mérite d'être décrite. Lorsque l'oiseau la dresse, il la porte en avant et, dans le même temps, il retire la tête en arrière jusqu'à ce qu'elle touche les plumes. Ces deux mouvements en sens opposé s'effectuent par suite d'une énergique contraction des muscles, qui semble imprimer à tout le corps une sorte de tremblement nerveux ; à moins que les petites secousses qui l'agitent alors ne résultent d'une autre cause. La queue joue plus particulièrement son rôle en se relevant et en s'étalant sous les inspirations des sentiments amoureux, et le rôle est

en partie double. Ce que fait l'amant le fait aussi la maîtresse.
Plus grand est le nombre des plumes de la queue, plus les
amateurs donnent de prix à ceux qui la montrent bien
garnie. L'admiration est une bonne fille qui très-complaisam-
ment s'attache à tout ce qu'on veut. Elle est tout à fait justifiée ici, je le veux bien, à une condition pourtant, c'est qu'on
me laissera dire ceci : race plus curieuse qu'utile celle du
pigeon-paon ou queue de paon.

VIII. — LE ROMAIN.

C'est un biset aussi que cet italien. En dépit des lieux où il est
le plus répandu, on ne saurait pourtant trop appliquer au
romain cette naïveté. — « Un étranger qui n'est pas d'ici. »
Effectivement il s'est très-bien fait au climat de certaines
parties de la France où il prospère autant qu'à son propre
pays. Il y arrive et s'y conserve à des tailles très-diverses.
Les plus gros ne le cèdent guère aux mondains. Ils mesurent
42 centimètres de long sur 0^m. 75 de vol. Les ailes pliées
touchent le bout de la queue. Au repos, le romain tend le cou
et s'allonge : rien du grosse gorge, ni du mondain qui tient
haut la tête et porte beau. Le voilà ; il ne se rengorge pas ;
loin d'avoir l'attitude des fiers, il a plutôt l'air un peu niais
des simples, ça ne lui ôte aucun de ses avantages. Beaucoup de
gens préfèrent la simplesse à l'arrogance. Le romain a sa
beauté à lui et je ne vois pas qu'on la lui conteste, c'est avec
raison ; elle est réelle.

Je voudrais bien en crayonner le portrait. Ce n'est aisé ni
pour la forme ni pour le plumage, tant ils sont variables ;
mais il a des caractères plus constants auxquels toujours le re-
connaîtrez. Ainsi le bec, plus ou moins noirâtre, est à sa base
couvert d'une membrane épaisse ; ses yeux lisérés de rouge,
protégés par des paupières rouges, ont l'iris blanc, et sur les
narines il y a deux fèves charnues formant *morilles*.

Comme tous ceux que l'on recherche et que la culture propage, au romain se rattachent de nombreuses variétés. Les plus estimées ou les plus choyées ont reçu des petits noms qui leur ressemblent et les signalent : Romain blanc — R. crème de lait — R. gris piqué, etc. Et puis il y a les noirs, les rouges, les jaunes, et tous ceux de la fantaisie.

Au sommet, les variétés les plus productives. Celles-ci font jusqu'à huit pontes par année ; elles se nourrissent bien, mais n'aiment pas à s'éloigner de la volière. Cela revient à dire qu'il faut leur distribuer ration suffisante, sous peine de n'en pas tirer tout le produit qu'elles peuvent donner. Elles ont le vol lourd parce qu'elles fabriquent plus de viande qu'elles ne créent de force, toute la force que réclame le vol fréquent et prolongé. Toute dépense épargnée ici tourne au profit de la production qui en est augmentée d'autant. C'est le bénéfice de la civilisation des races. Celles qui n'ont plus ni la légèreté ni la vigueur du vol des races moins domestiquées, peinent surtout par les gros temps. Lorsque les plumes sont mouillées, on les voit revenir difficilement à la volière ; elles sont alors plus courageusement poursuivies et plus sûrement atteintes par les oiseaux de proie. Ceux qu'on oblige à s'écarter ainsi pour aller au loin chercher les aliments qu'on ne leur a pas donnés en suffisance, tout naturellement se montrent moins féconds et ne donnent plus que six ou quatre couvées par an. C'est une perte de beaucoup supérieure à la nourriture qu'on a cru économiser. Bien nourrir, je le répète, est toujours le procédé qui rapporte le plus. Le romain a bon appétit ; mais il utilise bien la nourriture qu'il consomme. Classons-le donc parmi ceux dont l'élevage est à la fois le plus intéressant et le plus profitable. Les pigeonneaux activement alimentés par les parents, croissent avec rapidité et sont fort appréciés par les gourmets.

Il y a cependant des variétés plus sveltes, variétés d'amateurs, qu'il faut laisser à ceux qui les caressent. Elles n'ont qu'une valeur de convention. On les nomme — celui-ci, *miroité ;* celui-là *coupé,* un autre *messager,* un quatrième *argenté.* J'en trouverais bien encore ; la liste n'est pas épuisée, à quoi bon poursuivre ? En voilà bien assez comme cela. Après les utiles, le reste ne vaut guère et nous pouvons en faire bon marché.

IX. — LE BAGADAIS.

Je serais bien en peine, savez-vous, de donner la moindre explication sur ce singulier nom — le *bagadais,* à moins, cela n'est pas impossible après tout, à moins qu'il ne nous soit venu de Baga, une petite ville de Catalogne plus ou moins inconnue de ce côté des Pyrénées. Seulement, cette origine en ferait un biset d'Espagne, tandis que la zoologie le rattache — à vol d'oiseau, je suppose — au romain, dont elle fait remonter l'ascendance jusqu'aux anciens pigeons de Campanie.

Espagnol ou autre, de tous ceux de volière le bagadais est le plus volumineux ; quelque peu excentrique de figure et de tournure, il se présente sous plumage blanc ou sous couleur sombre, quelquefois huppé. Il est haut sur pattes, il a l'encolure rouée, — le cou est long, voulais-je dire, et fortement arrondi au sommet, quelque chose du cygne dont une variété prend même le nom, sous le manteau blanc pur et noir. Par suite du développement caronculeux de la membrane qui couvre les narines et de l'élargissement des rubans qui entourent les yeux, la physionomie revêt un cachet tout particulier. Il en résulte que les yeux sont presque cachés et que la pointe du bec seule reste visible.

L'une de ses variétés, très-grande celle-ci, est désignée comme *batave,* dans la supposition plus ou moins fondée qu'elle serait venue de Batavia. Pour moi je n'en sais absolument rien ; mais je ne mentionne pas sans surprise cette réunion de nationalités chez des oiseaux d'un même groupe

— italien, espagnol, javanais — sans compter que, dans le voisinage, tout près ou tout contre, nous trouvons le *turc* qu'on définit un romain à caroncules ; chez celui-ci néanmoins les pattes se raccourcissent et les ailes s'allongent, deux caractères qui ont une signification à coup sûr Malgré cela on ajoute, ceci friserait la contradiction, qu'il a tous les défauts du bagadais.

Ce dernier n'est donc pas parfait. Voyons ce qu'on lui reproche à ce favori de certains amateurs : quoique pigeon de volière, il est farouche comme un demi-sauvage, il est irritable comme un civilisé qui a ses nerfs. Doué seulement d'une fécondité moyenne, il en diminue encore les produits par sa maladresse ; on le trouve enfin peu soigneux pour ses pigeonneaux.

La gaucherie est le péché mignon des races lourdes chez tous les oiseaux. Le bagadais est donc ici dans son droit ou tout au moins dans la règle commune. Mais il manque d'attentions pour ses petits. En cela encore il est logique. Il est farouche et irritable parce qu'il aime ses aises, parce qu'il ne veut pas qu'on le dérange. Or, qu'est-ce qui agace plus les êtres nerveux que les exigences incessantes de nouveau-nés très-excitables eux aussi ? et qu'est-ce qui dérange plus que les soins de la maternité ou de la paternité.

De ce cher bagadais l'élevage ou conscient ou inconscient, a fait un gros égoïste ; en se comportant ainsi qu'on le dit, il est simplement dans son rôle ; il s'occupe de lui, il s'aime à peu près exclusivement sans détester le prochain — ce qui déjà est vertu ou mérite assez rares — et vous vous plaignez ! Vous n'êtes pas dans le bon sens en vérité ; refléchissez et vous reviendrez à des sentiments plus équitables.

Et puis on dit que souvent son prix s'élève plus que de raison. Eh bien, il n'y manquait que cela ; c'est le bouquet.... qui donc ou quoi donc vous force à en acheter, et à en entretenir ? Parbleu ! j'en ai assez de ces récriminations ; allez, allez vous plaindre ailleurs. Pour moi, je passe à un autre dans l'espérance qu'il sera tout à la fois plus intéressant et moins vicieux.

X. — BOULANT OU GROSSE GORGE.

Par le *boulant* commence la liste des pigeons inscrits dans le troisième embranchement du biset sous cette indication — biset du Nord.

Boulant — qui fait la boule, celle-ci résultant d'une dilatation exagérée du jabot que l'oiseau tient gonflé par la présence d'une certaine quantité d'air inspiré, d'où le sobriquet de *grosse gorge*. A un degré quelconque, a fait observer Buffon, tous les pigeons ont la faculté d'enfler leur jabot; mais chez aucun elle n'est à beaucoup près aussi développée que chez cet étrange spécialiste. La grosse gorge détruit l'harmonie de la forme en donnant aux parties antérieures du corps un développement tout à fait anormal. Cela ne constitue pas une beauté, c'est seulement une conformation particulière qui a donné sa caractéristique à un groupe assez important de pigeons de volière. La désignation était quelque peu inutile. En effet, on comprend que, fait ainsi, l'oiseau ne soit pas le mieux doué pour les excursions lointaines, pour les sorties fréquentes dans lesquelles il aurait à ramer vite et longtemps. Ce gros jabot impose une attitude dans laquelle on n'a sûrement pas toutes ses aises; il force à tenir la tête haute et à la rejeter en arrière, position gênée et tendue; mais il faut faire place à la bosse, si démésurément grossie parfois qu'elle empêche l'oiseau de voir devant lui et qu'il deviendrait donc facilement la proie de l'ennemi qui l'apercevrait. Se rengorger c'est bien, puisque d'aucuns en tirent avantage; ne dépassons pas la mesure cependant, sous peine de tomber sous le coup de cette vérité essentiellement pratique :

L'excès en tout est un défaut;

mieux qu'un autre le prouve la grosse gorge. A ce premier

inconvénient qui a pris sa bonne place en raison de sa gravité, il en ajoute deux autres : il est sujet à la maladie du jabot, une affection qui sera étudiée plus loin, et il a souvent de la difficulté à nourrir ses jeunes. Malgré cela, sa fécondité est assez active. A quoi bon si elle n'aboutit qu'aux trois quarts ou seulement à demi?

Mais en tout ce qui concerne le pigeon, les idées sont tellement faussées chez nous qu'aux excentriques plus volontiers on s'attache qu'aux autres. La reproduction des boulants a donc été poussée fort loin et ses variétés en sont plus nombreuses que de raison. On en rencontre sous tous les manteaux : blanc, rouge, bleu, chamois, marron, noir, gris, panaché de toutes nuances pour le mâle au moins, car la femelle ne panache guère ou même ne panache point. Et il y en a bien d'autres ; la soupe-au-vin, le jacinthe, le bois de noyer, etc., je n'en finirais pas. Il en est qui prennent l'ornement des *pigeons cravatés;* d'autres enfin ont sous le cou le *mouchoir blanc* et sont appelés *pigeons à bavette.*

Entre tous ces boulants on distingue chez nous : *le lillois,* un peu moins gros et plus allongé que les ordinaires; *le claquart,* qui fait entendre un claquement singulier au début du vol; le *souffleur de Dantzig,* un va-nu-pieds à l'iris jaune, roux et blanc. Celui-ci a la gorge moins grosse et réussit mieux le nourrissage de ses petits.

Au boulant on rattache le *cavalier,* issu d'un croisement avec le romain. Au premier il a pris la grosse gorge. Sa petite tête, relevée par un bel œil à l'iris noir, est pourtant surchargée par d'épaisses membranes aux narines. Mais il n'a pas toute fixité et, comme d'autres, souvent varie ou tout au moins se modifie.

L'un de ceux dont on revendique pour lui la paternité a reçu le nom glorieux de *faraud,* de *cavalier faraud.* Il est nécessairement plus mince ou plus allongé, plus haut aussi sur pattes, caronculé et coquillé; il a grande prestance et par là se fait honneur et gloire. Je serai juste envers lui; il est fécond et de son mieux nourrit sa progéniture dont la viande a son prix.

Allié au bagadais, le cavalier a donné encore un métis qui est sorti de la foule sous ce nom composé ou allongé — *cavalier espagnol*. Celui-ci est resté plus près du bagadais : à cela tient sûrement le qualificatif par lequel se trouve complété son acte de naissance.

XI. — LE MAILLÉ.

Si n'était la crainte de me voir chercher querelle par des amateurs à qui agrée beaucoup le *maillé*, je l'aurais simplement passé sous silence. Ce nom ne désigne qu'un accident de pennage assez commun parmi les pigeons. La dénomination n'a donc rien de particulier et répond mal à une caractéristique.

Les maillés sont bas sur pattes et leur plumage est réticulé de plusieurs nuances. Ils ont le désir de plaire, trouvent des gens de goût qui correspondent à leurs vœux et les exaucent. Le *maillé jacinthe* et *le maillé feu* sont particulièrement recherchés et estimés; c'est à bon droit, car ils sont fort jolis. Mais ne les sortons pas de leur case ; races d'amateurs et de curieux, races fécondes cependant. Si pour elles on me trouve un peu sévère, que mon opinion leur soit légère et qu'elles la combattent en donnant à l'alimentation viande et bonne viande de pigeon.

A propos du maillé je lis quelque part ceci : « Quand les couleurs se distribuent en plus grandes masses, sans cesser d'être vives, on obtient une race très-jolie : le *pigeon suisse*. »

Au point de vue zoologique, la phrase est maigre ; au point de vue de la zootechnie, elle n'est pas viable. Effaçons-la; les races ne se créent ni avec ce sans-façon ni avec cette facilité.

Buffon a parlé des *pigeons suisses* de manière à les faire

désirer : « Plus petits que les pigeons ordinaires, dit-il, et pas plus gros que les pigeons bisets, ils sont de même tout aussi légers de vol. Il y en a de plusieurs sortes, savoir : des panachés de rouge, de bleu, de jaune, sur un fond blanc satiné, avec un collier qui vient former un plastron sur la poitrine, et qui est d'un rouge rembruni. Ils ont souvent deux rubans sur les ailes, de la même couleur que celle du plastron.

« Il y a d'autres pigeons suisses qui ne sont point panachés, et qui sont ardoisés de couleur uniforme sur tout le corps, sans collier ni plastron ; d'autres qu'on appelle *colliers jaunes jaspés, colliers jaunes maillés* ; d'autres *colliers jaunes fort maillés*, parce qu'ils portent des colliers de cette couleur. »

Seulement, le grand écrivain ne dit rien de la naissance de ces pigeons ; père et mère inconnus, au-dessous du biset, c'est entendu. Parmi ceux de cette nation, il y en aurait même un autre, le *pigeon azuré* ; un simple coup de pinceau sur le bleu de l'ardoise et l'azur s'est montré dans tout son éclat. Variété plus ou moins stable, mais race — non.

XII. — LE POLONAIS.

Moins chanceux que le maillé et le suisse, le *polonais* n'a pas l'heur de plaire. Loin de là, il s'attire de gros mots et *vraiment on le maltraite. On trouve qu'il a la tête carrée et* comme aplatie, le bec court et gros, ensemble disgracieux qui a suggéré à je ne sais qui de lui donner le vilain surnom de *tête crapautée*, inconnu à M. de Buffon qui ne s'est montré à son endroit ni irrévérencieux ni partial. Il porte autour des yeux de larges rubans qui souvent retombent sur la tête ; il a de plus les caroncules très-développées. Il a aussi les jambes courtes et le corps ramassé.

Ces deux derniers caractères le placeraient en bon rang dans mes petits papiers. Du haut en bas de l'échelle, ceux qui sont ainsi conformés méritent l'attention de l'éleveur. En général, ils sont consommateurs productifs de la ration qu'on leur accorde. Il ne me semble pas que le polonais soit une exception à la règle.

On ajoute que sa fécondité n'est pas des plus hâtives. Est-ce qu'il ferait si vite la viande qu'il penserait peu à l'amour ? Le pigeon polonais m'attire ; je ne le condamnerai pas tout au moins par contumace à reviser le jugement qu'on a porté sur lui, contre lui plutôt : décision d'amateurs n'est point irrévocable : à d'autres à juger en dernier ressort.

A l'imitation de tous ceux qui jusqu'ici ont comparu à ma barre, il a donné l'existence à de nombreuses variétés, en tant que celles-ci prennent leur raison d'être dans la coloration du plumage. On en voit donc des noirs, des bleus, des rouges, des roux, des chamois, des gris piqués et de tout blancs. Est-ce tout ? oh ! que nenni, on nomme le *bénin*, le *bénin huppé*, et là n'est pas close la liste d'iceux ; je mets donc ici un *et cætera* secourable et m'empresse de passer outre, moi qui éprouve le désir ardent d'en finir.

XIII. — LES PIGEONS PATTUS.

C'est encore un pluriel qu'il faut ici, car la qualité d'être pattus n'est pas une caractéristique de race. Dans presque *toutes, en effet, on voit ou des individus ou des variétés,* appartenant à des groupes très-distincts, revêtir ou conserver des plumes jusqu'aux phalanges. Au fond cette division ne semble pas plus légitime que ne le serait une classe de *pigeons à huppe,* par exemple Il y a eu cependant un motif spécieux ici de former un groupe spécial pour les jambes emplumées de certains pigeons qui, par leur conformation tassée et trapue, se rattachent manifestement au type du biset du Nord. Voilà comment on justifie la division des *pigeons pattus.* C'est, au surplus, le seul caractère saillant commun à tous et, pour y correspondre, ils ont tous le même besoin, celui d'être tenus dans une extrême propreté, à raison de la facilité avec laquelle l'ordure humidifiée adhère à leurs pieds chaussés. Ceci les empêtre quelque peu et nuit beaucoup au succès de l'incubation. La remarque s'étend à tous les empennés quelconques.

On dit ceux de cette catégorie doux, familiers, aimant la table et la desservant comme pigeons de bon appétit. Ce n'est point une mauvaise note, au contraire. Les petites bouches ne font rien de grand. Or, il convient à l'élevage de faire vite et de faire grand: honneur aux gourmands!

Parmi les pattus, il en est de toutes les grosseurs. Aux deux extrémités pourtant, on en compte moins qu'au milieu; oui, les tailles moyennes et les poids moyens l'emportent de beaucoup sur les gros et sur les petits. Inutile de parler de la couleur. Ce n'est pas ici que peut apparaître l'uniformité du manteau.

Faisons plus ample connaissance avec ceux qui, dans ce groupe, ont su prendre le haut du pavé.

Le premier et aussi le plus gros, supérieur en taille à tous nos pigeons, est le *pattu de Norwége*. Il est blanc comme neige et porte élégamment la huppe. On l'appelle aussi *pigeon de mois* parce que, dans le midi de la France, il donne, assure-t-on, régulièrement une couvée par mois. Belle fécondité et beaux produits. De pareilles espèces sont de bon rapport. vingt-quatre pigeonneaux par an d'un seul couple! Peut-on désirer plus et mieux? Expressément recommandé aux éleveurs du Midi sans songer à faire un polygame d'un mâle si activement et si heureusement attaché à ses devoirs de mari. A ma connaissance, il n'y a que les *souabes* dont la fécondité égale celle de ces norwégiens.

Vient après le *pattu frisé* qu'on dit, sans preuve par exemple, originaire d'Asie. Il est tout blanc aussi, mais il a les plumes comme celles des *poules de soie* et frisées sur tout le corps.

J'aurais dû commencer par dire un mot du *pattu ordinaire*. Ce n'est pas le moins intéressant à mes yeux. Un oiseau qui n'a point d'exigences, qui se contente de tout et partout prospère, c'est celui-là — *rara avis*. A la portée des plus petits, des moins bien outillés, il s'accommode de toute espèce de nourriture, se trouve presque à l'aise dans une mauvaise boîte à la condition qu'on la tienne propre, et y multiplie avec ardeur. De rien autre il ne s'occupe; tout-entier à la besogne, il la fait à la satisfaction de l'éleveur. Il devrait être aux mains de bien des gens qui l'ignorent. Un ou deux couples de ces *pattus* modestes et une mère *léporide* ou *saint Pierre*, si fécondes l'une et l'autre, quel facile, agréable et productif élevage, sans le moindre embarras! Et quelle amélioration dans le régime des plus besoigneux! Au bas mot, six ou sept paires de pigeonneaux et cinquante léporideaux mettant chaque année, à la broche ou à la casserole, voire au pot-au-feu, plus de 100 kilogrammes de belle et bonne viande, tels sont les produits assurés de cette petite basse-cour. Établissons-la près de 500,000 petits ménages seulement, et nous aurons — de plus qu'aujourd'hui — une production de 3 millions de paires de pigeonneaux et de 50 millions de kilogrammes d'excellente viande. Il y a, par là, l'un des termes importants du problème de la vie à bon marché. A le prendre en son ensemble, le problème paraît à peu près insoluble : attaquez-le par les petits côtés et les plus grosses difficultés seront promptement vaincues.

J'aurais eu grand tort, n'est-ce pas? de négliger le *pattu ordinaire*. Non pour lui, mais pour tous ceux à qui il pourrait être si profitable, je fais des vœux pour qu'on l'établisse plus généralement à l'ordinaire, et qu'on tire de lui tous les services que rendrait à l'alimentation sa facile multiplication.

On trouve en Limousin, la patrie des races fines, un pigeon qui fait contraste ; il est volumineux, haut, très-fortement emplumé. On lui a donné le nom de la province ; on l'appelle *le pattu du Limousin*. Rien de particulier dans le manteau qui prend toutes les nuances ; mais l'oiseau porte la peine de ses grandes dimensions ; il est très-maladroit ce lourdaud. Les plumes sont si longues à ses doigts qu'on est obligé de les lui couper assez souvent. C'est une sujétion pour un petit élevage ; ce serait une impossibilité absolue pour les habitants plus nombreux d'une volière de quelque importance.

La femelle pond volontiers ; nul n'aurait à se plaindre de sa fécondité si elle ne cassait souvent ses œufs. On lui fait à ce sujet d'amères reproches ; mais il faut rapporter la fréquence de l'accident à sa véritable cause. Trop pattu ce pigeon lourd, et par cela même inhabile en ses mouvements. En se retournant, en quittant le nid, il jette dehors les œufs, et le premier, il en est tout marri. Est-ce donc sa faute pourtant s'il a les pattes aussi fortement emplumées et si à cet inconvénient s'ajoute celui d'une grande malpropreté du pigeonnier ? Les chaussures s'y incrustent d'ordures qui collent ensemble les plumes et aggravent singulièrement les faits de prétendue maladresse de la couveuse et de son substitut.

On nomme un autre pattu, le *pattu crapaud*. Est-ce celui-ci qui a donné à la crapaudine son appellation ? Par la forme de la tête et la structure compacte du corps, il rappelle le *polonais ;* le paria des amateurs de haut bord.

Je termine en mentionnant *l'hirondelle*, un nom qui oblige et que porte bien ce pigeon de la grosseur d'une tourterelle. S'il a les pattes très-emplumées, il les a très-courtes, mais ce qui est en moins ici se retrouve en plus dans les ailes qui sont très-longues ; le corps est naturellement svelte. La tête, le cou et le vol sont blancs, les montures noires, jaunes, rouges ou grises.

Celui-ci, quelque peu volage, volontiers caresse d'autres femelles que les siennes. Il tient le croisement pour agréable et facilement recherche les voisines auxquelles d'ailleurs il sait faire agréer son hommage et ses vœux.

XIV. — LES TAMBOURS.

Pattus et culottés. Ce n'était pas assez, ils portent en plus
ou la huppe ou la couronne. Les pattes sont courtes, presque toujours salies par l'adhérence facile d'ordures qui deviennent un grand obstacle à la marche et au vol qui, du
reste, est naturellement lourd. Toujours menacés les œufs et
n'échappant que providentiellement au danger ; ponte régulière malgré tout et bonne volonté des parents, très-fidèles
au vœu de la nature.

Le caractère le plus saillant de ceux de ce groupe a inspiré
le nom qu'on leur a donné. En marchant, ils font entendre
un roucoulement curieux, sourd et saccadé, qui de loin rappelle le bruit du tambour ; près de la femelle, le roucoulement de l'époux forme un son que traduit fort bien le mot
glouglou, donné par lui à la langue et plus particulièrement
attaché à l'une de ses variétés, coquillée et couronnée.

Inutile de m'attarder ici. Pattus et culottés, quoique tous
féconds, ont et donnent le chagrin de manquer plus de couvées qu'ils n'en réussissent. Cette circonstance, les faisant
plus rares, peut leur donner quelque crédit auprès des amateurs. Ma préférence est pour les utiles En tout et partout,
ce sont ces derniers que je mets au premier rang et que je
recommande spécialement à ceux qui ne tiennent pas à s'ar-
rêter indéfiniment aux bagatelles de la porte.

Quoi qu'il en soit, voici ma liste. Utilitaires ou amateurs,
faites votre choix. Mettre la main à côté des mieux doués
serait maladroit quand on peut agir en si parfaite connaissance de cause.

L'HABITATION.

J'aborde à présent un sujet de la plus haute importance dans l'élevage domestique du pigeon. Parmi les espèces plus ou moins soumises à l'homme, aucune ne présente, comme celle-ci, toutes les nuances qui s'échelonnent du sauvage au civilisé. A supposer qu'il soit le père de tous nos pigeons, le biset, demeuré libre, a conservé formes, caractères, mœurs, instincts du type primitif. Les fuyards, leur émanation la plus rapprochée, ne sont encore que les hôtes éventuels de nos colombiers. Ils y entrent à leur convenance, n'y restent qu'autant qu'ils s'y plaisent et volontiers les désertent pour reprendre l'existence absolument indépendante du voisin ou des ancêtres, soit dans les bois, soit dans une tour abandonnée ou peu fréquentée; « et, dit Buffon, malgré les dangers, la disette et la solitude de ces lieux, où ils manquent de tout, où ils sont exposés à la belette, aux rats, à la fouine, à la chouette, où ils sont forcés de subvenir en tout temps à leurs besoins par leur seule industrie, ils restent néanmoins constamment dans ces habitations incommodes et les préfèrent pour toujours à leur premier domicile, où cependant ils sont nés, où ils ont été élevés, où tous les exemples de la société auraient dû les retenir. » Au sentiment de Buffon, les fuyards qui vont se réfugier dans les bois reviennent tout à fait à l'état de nature. Il n'en serait pas ainsi des autres, de ceux qui vont élire domicile dans quelque trou de muraille. Plus près de l'état libre que de la condition domestique, ceux-ci toutefois ne retourneraient pas complétement au premier, d'aucuns même rentreraient au colombier. Voici donc trois nuances déjà dans lesquelles on trouve : le sauvage, celui qui n'a jamais rien accepté du maître; puis cet

autre qui, après lui avoir temporairement emprunté un asile,
le quitte sans retour; ce troisième enfin qui va, vient, s'en va
de nouveau pour revenir peut-être, se comportant ici à la façon des indécis, des irrésolus, qui ont peine à s'arrêter à un
poste définitif.

Une autre nuance, ajoute le célèbre naturaliste, « est celle
de nos pigeons de colombier, dont tout le monde connaît les
mœurs, et qui, lorsque la demeure leur convient, ne l'abandonnent pas, ou ne la quittent que pour en prendre une qui convient encore mieux, et ils n'en sortent que pour aller s'égayer
ou se pourvoir dans les champs voisins. Or, comme c'est parmi
ces pigeons mêmes que se trouvent les fuyards et les déser-
teurs dont nous venons de parler, cela prouve que tous n'ont
pas encore perdu leur instinct d'origine, et que l'habitude de
la libre domesticité dans laquelle ils vivent, n'a pas entièrement effacé les traits de leur première nature, à laquelle ils
pourraient encore remonter. Mais il n'en est pas de même
de la cinquième et dernière nuance dans l'ordre de dégénération : ce sont les gros et petits pigeons de volière, dont
les races, les variétés, les mélanges, sont presque innumé-
rables, parce que, depuis un temps immémorial, ils sont absolument domestiques; et l'homme, en perfectionnant les
formes extérieures, a en même temps altéré leurs qualités intérieures, et détruit jusqu'au germe du sentiment de la liberté.
Ces oiseaux, la plupart plus grands, plus beaux que les pigeons
communs, ont encore l'avantage pour nous d'être plus féconds,
plus gras, de meilleur goût; et c'est par toutes ces raisons
qu'on a cherché à les multiplier, malgré toutes les peines
qu'il faut se donner pour leur éducation et pour le succès de
leurs nombreux produits et de leur pleine fécondité : dans
ceux-ci aucun ne remonte à l'état de nature, aucun même ne
s'élève à celui de liberté; ils ne quittent jamais les alentours
de leur volière, il faut les y nourrir en tout temps : la faim
la plus pressante ne les détermine pas à aller chercher ailleurs; ils se laissent mourir d'inanition plutôt que de quêter

leur subsistance. Accoutumés à la recevoir de la main de l'homme ou de la trouver toute préparée, toujours dans le même lieu, ils ne savent vivre que pour manger et n'ont aucune des ressources, aucun des petits talents que le besoin inspire à tous les animaux. On peut donc regarder cette dernière classe, dans l'ordre des pigeons, comme absolument domestique, captive sans retour, entièrement dépendante de l'homme; et comme il a créé tout ce qui dépend de lui, on ne peut douter qu'il soit l'auteur de toutes ces races esclaves, d'autant plus perfectionnées pour nous qu'elles sont plus dégénérées, plus viciées pour la nature. »

Ces considérations ne forment pas hors-d'œuvre. Elles sont particulièrement à leur place, au contraire, en tête de ce chapitre. Ces divers degrés d'attachement des pigeons à la demeure qu'on leur offre répondent aux diverses nuances de domestication qu'ils représentent, au degré précis de soumission ou de civilisation qui les a atteints. Ils sont un précieux indice pour l'éducateur à qui ils montrent le point de la route où il en est, toute la distance aussi qui le sépare encore du but auquel il doit toucher et en deçà duquel la culture de l'oiseau ne s'élève pas à son maximum de rendement.

L'alimentation préférée, une habitation commode, des soins appropriés, tels sont les grands moyens de séduction à employer ici. La question de nourriture viendra plus loin. Celle du logement, bien plus importante qu'on ne le suppose en général, doit recevoir à présent tous les développements spéciaux qu'elle comporte. La troisième, celle des soins particuliers, rentre à la fois dans les deux autres et ne sera point oubliée.

Pour arriver à des données certaines à chacun de ces points de vue, il fallait avant tout être bien fixé sur les mœurs, sur les besoins de l'oiseau, et de plus arriver à les comprendre afin de les interpréter sainement.

A le voir déserter le colombier, on s'est imaginé qu'il s'en

éloignait pour ne pas aliéner sa liberté, pour conserver son
entière et bien chère indépendance. A moi, cette visée me
semble plus exagérée que vraie. Lorsque l'oiseau quitte
ainsi une demeure pour aller occuper une place vide dans
une autre, il me vient à la pensée qu'il a des motifs plus
sérieux qu'un simple caprice ou qu'un vague désir de faire
acte de volonté. Je penche à croire plutôt qu'il n'a pas toutes
ses aises ou qu'il lui manque quelque chose là où il est pour
le moment. Il ne s'envole pas à l'étourdie ou au gré des
vents. A n'en pas douter, il sait ce qu'il fait et où il va lorsqu'il déménage. Avant d'abandonner ce gîte où il ne s'est
trouvé qu'à demi satisfait, il s'est livré à une recherche
nécessaire et a cru rencontrer, comme on dit au figuré chez
nous, meilleure chaussure à son pied. S'il s'est trompé, s'il
ne voit pas se réaliser les espérances caressées, il fera une
nouvelle enquête et changera encore de domicile ; et le jour
où ce jeu l'aura lassé, où il aura cru devoir renoncer à tout
espoir de trouver à sa pleine convenance, marri, fatigué,
devenu morose et misanthrope, il dit bonsoir à la compagnie,
fuit la société de ses semblables et se retire, en effet, dans un
trou de vieille muraille où il vivra en lui et pour lui à la
façon des égoïstes ou des inutiles. A mon sens, il ne s'est
jamais inquiété de savoir si, en s'abritant dans un colombier
parmi ses pareils, il perdait toute indépendance quand il
se sentait en si belle possession de son libre arbitre, mais si,
au lieu d'un avantage, il ne trouvait pas des conditions
pénibles, une situation nuisible même à sa santé, le premier
des biens pour tous ceux qui respirent.

Relativement à l'habitation, quelles peuvent bien être
les exigences de l'oiseau ? — Un abri contre le mauvais
temps, un asile sûr et commode, salubre aussi, pour y passer
la nuit, un nid pour lui et pour sa compagne où ils puissent
élever ensemble les petits ; de l'air, de la lumière, de l'air
pur surtout ; une demeure confortable en un mot et non un
foyer d'infection. Dans ces conditions, les seules qu'il

accepte, il n'a guère souci de sa liberté ; dans les conditions opposées, il a souci de la vie pour lui et pour sa progéniture. En fuyant alors, il obéit simplement à l'instinct de conservation qui le possède, auquel la nature l'a étroitement asservi.

Ceci me remet en mémoire un fait rapporté quelque part, je ne sais plus où, par l'illustre Parmentier, un homme dont il ne faut pas oublier, dont il faut bénir le nom. Voici la chose en la forme d'anecdote en laquelle il s'est plu à la raconter ; si l'expression n'y est pas, le fond est resté :

Après une absence de neuf années, certains propriétaires soigneux qui avaient remis leur domaine aux mains d'un fermier quelque peu négligent, reprirent l'exploitation directe de leur terre où tout avait bien changé en sens inverse du progrès. Toutes choses, livrées en bon état, se trouvaient à présent en triste condition, le colombier comme le reste, le colombier qu'avait particulièrement affectionné la maîtresse et qui, largement garni, était en plein rapport. Il est bien autre en ce moment. Abandonné par les pigeons, il n'est pas vide cependant, mais occupé par les ennemis des fugitifs, et d'une malpropreté révoltante. Pauvre ménagère ! Elle eut le cœur bien gros en le visitant, en le voyant dans un pareil délabrement. Il faut, se dit-elle, que la prospérité revienne ici. On chasse les intrus, on les pille, on les supprime. On procède, grosse besogne en vérité, au complet nettoyage de cette nouvelle étable d'Augias. Les dégradations du dedans et du dehors disparaissent ; on blanchit proprement à la chaux et l'intérieur et l'extérieur. Cela fait, toute mauvaise odeur dissipée ; tout aménagement réinstallé, on se contente de placer dans ce local, ainsi restauré ou remis à neuf, de l'eau et du sel en abondance. On n'en fit pas davantage : le colombier se repeupla comme par enchantement. Plus de 150 paires de pigeons, successivement arrivèrent et se fixèrent dans cette demeure commode, spacieuse, bien tenue, et dans laquelle on renouvelait avec soin et la provision d'eau et la ration de sel. Heureuse de son existence,

la population nouvelle, composée de fuyards, ne songeait pas
à en changer. La désertion, à l'ordre du jour dans tous les
colombiers du voisinage, avait profité à celui-ci qu'aucun
habitant nouveau ne quittait plus, montrant par là qu'il
était bien plus soucieux de son bien-être que de sa liberté,
et nous autorisant à répéter aujourd'hui ce qu'on a dit un
peu dans tous les temps, à savoir : « Le colombier est un
appât pour les adultes, plus sensibles à leurs avantages
qu'éclairés sur les exigences de l'espèce. Celle-ci, en effet,
souffre seule par la perte des petits que nous prenons pour
salaire des soins accordés aux chefs de famille. C'est ainsi
que nos ancêtres en offrant aux hérons un lieu convenable
et commode pour y construire leur nid, profitaient de ces
oiseaux attirés et séduits, et qui, en faisant leur ponte dans
les héronnières qu'on avait soin d'entretenir, livraient pour
ainsi dire les jeunes hérons dans les temps où ils étaient un
mets recherché. »

La conclusion est facile à tirer : si amoureux d'indépendance qu'on les suppose, les pigeons aiment encore plus leurs
aises, soit les avantages de la vie plus large, plus confortable,
plus facile, plus heureuse du civilisé que du sauvage. Leur
offrir cette dernière, c'est s'assurer leur entière soumission et
les plus grands des profits de la culture intelligente de l'espèce.

La bonne construction de la demeure, ses dispositions les
plus favorables, sa propreté constante, étant entre tous un
moyen de captiver le pigeon, disons ce que doivent être le
colombier, encore appelé la *fuie*, le pigeonnier et la volière,
trois variétés du type qui correspondent tout à la fois au degré de civilisation de la race dont on s'occupe et à l'importance même que l'on accorde à l'élevage.

I. — COLOMBIER OU FUIE.

Bien que cette dénomination rappelle les colombiers seigneuriaux, ceux que la loi féodale désignait sous le nom de colombiers de pied, en si mauvaise odeur sous l'ancien régime; je la conserve parce qu'elle s'adapte à merveille à la destination qu'il faut laisser à ce type en s'efforçant d'en étendre l'usage dans l'intérêt de l'alimentation publique.

En s'attachant à une construction indépendante, d'une grande importance, le colombier emporte l'idée d'une population nombreuse; colonies considérables, une idée dont il serait fort intéressant de voir revivre la saine application.

La France est dépeuplée de pigeons. Une masse de nourriture à leur usage demeure sans emploi et nuit à nos cultures, c'est d'une mauvaise économie générale. Multiplions les consommateurs-nés, les bons utilisateurs de ces aliments à peu près perdus aujourd'hui, et créons par eux des producteurs de viande, d'une bonne viande, dont le pays manque essentiellement.

C'est par les colombiers de pied que doit surtout revenir à un gros chiffre la population des pigeons, et cela pour ces deux raisons principales : 1° aux oiseaux à demi civilisés seulement ils offrent tout le confort dont ils se contentent; 2° forcément construits en maçonnerie, ils peuvent être établis au beau milieu des terres que les pigeons ont charge d'expurger de certaines grenailles dont ils vivent mieux et que plus volontiers encore ils consomment, que les céréales cultivées en vue de l'alimentation de l'homme. Et vivant de la sorte sans dépenses appréciables, ils donnent en définitive presque tout profit, un profit qu'on devrait avoir hâte de recueillir.

Buffon nous le disait tout à l'heure, les plus civilisés se laisseraient mourir de faim plutôt que de quêter leur subsistance ; ils n'ont plus ni ressource ni talents, il faut pourvoir à tous leurs besoins. Ils seraient mal placés loin de l'homme, au milieu des champs dont ils ne savent plus prendre la clef; mais ceux qui aiment à se loger et à se nicher dans les colombiers dont il s'agit ici vivent très-bien de leur industrie et font eux-mêmes, comme ils l'entendent, la meilleure part de leurs propres affaires. Nous dirons avec soin la part que l'éducateur doit prendre en charge, à sa charge.

Voyons d'abord ce qu'étaient, dans le passé, les colombiers de pied ; nous dirons après les modifications qu'il y aurait à y apporter, dans le présent, pour les élever à leur maximum d'utilité.

« Les colombiers de pied, a dit Bouchard-Huzard, consistent en de vastes locaux, le plus souvent circulaires, autour desquels sont établis des nids qu'on nomme *boulins*; au milieu une échelle, tournant sur des pivots, permet de les visiter. Ces nids se font soit en maçonnerie (des briques minces et plâtre de préférence), soit en planches, soit avec des paniers comme ceux des poulaillers ; ils ont environ 0^m,20 en tous sens, et le rang inférieur est élevé de 1 mètre au-dessus du pavage. Ce pavage doit être solidement établi, pour interdire l'accès intérieur aux rats, très-avides de la chair des jeunes pigeons; on scelle quelquefois le pavage avec de bon mortier de chaux mêlé de verre concassé; le bas des murs peut être enduit avec un pareil mélange. Le colombier doit avoir des croisées ouvertes en plein midi ; il sera bon de l'aérer par des ventouses. Les croisées sont fermées par des planches percées de trous de la grosseur exacte du corps du pigeon, pour empêcher les gros oiseaux de proie de s'introduire à l'intérieur. Devant elles est une planche de 0^m,30 à 0,40 de longueur, sur laquelle les pigeons se posent en commençant ou en finissant leur vol. Une corniche sera établie à l'entour dans le même but ; le dessous sera garni en tuiles vernissées et les enduits seront bien lissés pour arrêter les fouines et autres ennemis des pigeons. Enfin le toit sera plafonné en dessous; il ne doit pas s'y trouver d'intervalles permettant l'introduction des moineaux qui inquiètent et affament même les pigeons. »

On a tant dit, on a si souvent appuyé sur ce thème — le pigeon fuyard est l'enfant de la nature, qu'on s'est habitué à le considérer comme un insoumis, comme un indomptable qu'un rien rappelle à l'indépendance et à la vie des airs, que le moindre caprice rend aussitôt à la liberté absolue. Ni aussi capricieux ni aussi désireux que cela de l'existence du sauvage notre fuyard, mais passionné pour ses aises, pour la propreté, pour l'air pur. Et d'ailleurs il est facile, par le croisement, d'avancer d'un pas vers la civilisation les oiseaux qui doivent habiter les colombiers de pied.

Dans un précédent chapitre, j'ai dit comment chaque commune pourrait avoir le sien, et le faire exploiter directement. Elle pourrait aussi le faire exploiter par les soins d'une petite association, voire d'un seul particulier à qui l'aurait livré une adjudication publique. Je placerais celui-ci, en terrain sec, au centre de la partie du territoire la plus éloignée des maisons, afin de laisser à celles-ci toute liberté d'avoir des volières convenablement peuplées, et à leurs habitants une certaine étendue de terres à explorer. Il y aurait grand avantage à mettre ainsi, en des porportions qui restent à déterminer, tout le territoire de la France sous la « protection du pigeon. » Qu'on ne se récrie pas, le mot n'est que juste. J'ai déjà plaidé cette cause, voici qui appuie ma thèse. Pour n'être qu'un article de l'*Almanach des bêtes*, la note n'en est ni moins bien étudiée ni moins certaine. Écoutez donc :

« Les pigeons ne vivent, presque toute l'année, que de semences de mauvaises herbes. En effet, il n'y a qu'une partie *très-limitée de l'année où ils se nourrissent et puissent se* nourrir de grains de blé, de légumes, etc., qui se sont déjà égrenés ou qui se perdraient autrement. En dévorant ces grains, ils ne causent aucun préjudice. Bien au contraire, ils les utilisent au profit de l'homme par la chair de leurs petits. Ils lui rendent encore un plus grand service, en consommant les semences des vesces sauvages, du bluet, du gerzeau (appelé faussement nielle), et de quelques autres plantes nuisibles que d'ordinaire aucun des petits oiseaux ne mange. C'est ainsi que non-seulement ils détruisent le mauvais germe, mais qu'ils le convertissent aussi en bien : c'est-à-dire en chair de pigeonneaux. Et quel est le nombre de ces petites semences, par exemple de celles de vesces sauvages, consommées par ces oiseaux? Un observateur allemand, très-exact, dans le duché de Nassau, en a compté deux mille à deux mille cinq cents dans le jabot de jeunes pigeons tués quand ils venaient d'être gavés par les vieux, et ils reçoivent deux repas par jour. De plus, ces oiseaux aiment et recherchent les semences vénéneuses des diverses espèces d'ésule, qu'aucun autre animal ne peut manger impunément. Les pigeons seuls, très-avides de ces graines, en consomment de grandes quantités, tant pour eux que pour en gorger leurs petits. Et il n'en résulte aucun mal, ni pour eux, ni pour leurs jeunes, ni pour les hommes qui en mangent la chair. Il est donc évident que les pigeons ont, eux aussi, une destination toute spéciale, outre celle qui leur est commune avec la plupart des autres granivores. »

Il est si important de mettre à la place d'un préjugé la vérité méconnue, que je n'hésite pas à répéter sous cette forme ce qui a déjà été dit plus haut. Maintenant je rentre dans l'objet spécial à ce paragraphe.

De notre colombier communal faisons un petit monument. Il aura forme de tour et nous l'élèverons aussi haut que possible. Il sera solidement construit, d'une façon très-salubre surtout, et pour bien longtemps à l'abri de toute détérioration, si, à son édification facile, rapide, économique, on applique la nouvelle brique dite à conjonction de M. Em. Pavy. Elle est saine; à ses points de jonction, elle reste impénétrable à ces dévorants qu'on appelle rats, et qui de la chair des pigeonneaux aiment tant à se repaître.

La construction ronde, très-simplifiée par l'emploi de ces briques spéciales, offre au surplus, en l'espèce, des avantages généralement admis. A l'intérieur, elle rend plus aisées la disposition des nids, leur visite, leur exploitation régulière, trois choses capitales. A l'extérieur, elle offre peu de prise à ces bons amis que je viens de nommer et qui, toujours et quand même, s'essayent à grimper par les angles des bâtiments carrés. Ici, l'effort demeurera complétement stérile. Vive la forme circulaire, elle prévient tous les sinistres qui pourraient se produire du fait de messieurs les rats.

Comme les poules, bien plus que cette espèce encore, les pigeons aiment à se loger haut. Il ne saurait être question du rez-de chaussée de notre tour que pour y disposer un logement commode, celui du pigeonneur, du fidèle préposé à la garde et à l'exploitation intelligente du colombier.

J'y ferais même bien volontiers un entre-sol où serait parfaitement placé l'appareilloir dont il sera question plus loin.

Buffon attachait une grande importance à l'élévation du colombier et du pigeonnier, ainsi que l'atteste le passage suivant :

« J'ai souvent vu les pigeons de plusieurs colombiers situés dans le bas d'un vallon, en sortir avant le lever du soleil pour gagner un colombier situé au-dessus de la colline, et s'y rendre en si grand nombre que le toit était entièrement couvert de ces pigeons étrangers, auxquels les domiciliés étaient obligés de faire place, et quelquefois même forcés de la céder. C'est surtout au printemps et en automne qu'ils semblent rechercher les premières influences du soleil, la pureté de l'air et les lieux élevés. Je puis ajouter à cette remarque une autre observation, c'est que le peuplement de ces colombiers isolés, élevés et situés haut, est plus facile, et le produit bien plus nombreux que dans les autres colombiers. J'ai vu tirer quatre cents paires de pigeonneaux d'un de mes colombiers qui, par sa situation et la hauteur de sa bâtisse, était élevé d'environ deux cents pieds au-dessus des autres colombiers, tandis que ceux-ci ne produisent que le quart ou le tiers tout au plus, c'est-à-dire, cent ou cent trente paires : il faut seulement avoir soin de veiller à l'oiseau de proie, qui fréquente de préférence ces colombiers élevés et isolés, et qui ne laisse pas d'inquiéter les pigeons, sans néanmoins en détruire beaucoup, car il ne peut saisir que ceux qui se séparent de la troupe. »

Les dimensions que l'on préconise me paraissent absolument insuffisantes. Pour trois cents paires de pigeons, construisez, dit-on, un édifice de 5 mètres de largeur, dans œuvre, sur 7 mètres de hauteur. Trop étroit et trop bas. Demander beaucoup plus à ceux qui se contentent de bâtir en moellons, ou en charpente hourdée avec du pisé, terre argileuse gâchée avec du mauvais foin ou de la paille hachée, ce serait peut-être montrer par trop d'exigence. Mais la question change par l'emploi de la brique à conjonction. On peut alors aller de l'avant et construire utilement. Vous rendez-vous bien compte de la consommation d'air de 300 couples d'adultes, doublant cette population par les nichées? Au large et perchant sur une branche ou nichant dans un trou de muraille, l'oiseau ne compte pas avec les exigences de la respiration, très-amplement ou surabondamment remplies; mais dans un lieu fermé, au milieu d'une population relativement dense où les causes d'altération sont doubles et incessantes, forcément il y regarde, judicieusement il fait son calcul. Et c'est précisément, à n'en pas douter, lorsque lui manque l'air pur ou respirable, pour se soustraire à une oppression intolérable, que, prenant de la poudre d'escampette, il s'échappe par la tangente et va respirer librement ailleurs, en un point où l'air ne lui est pas mesuré avec autant de parcimonie à lui qui vit par les poumons autant que par l'estomac. Voilà donc une première indication à remplir : assurer au colombier, quelles que soient au surplus ses dimensions, un renouvellement de l'atmosphère intérieure assez rapide pour que ses habitants y trouvent en tout temps, pendant les longues nuits d'hiver principalement, la grande quantité d'air pur dont ils ont besoin pour respirer à l'aise. Dans son petit programme, Bouchard-Huzard a simplement donné ce conseil : « il sera bon d'aérer le colombier par des ventouses. » Je fais une re-

commandation plus expresse et j'y insiste. La nécessité d'un
air neuf est si grande, la prospérité du colombier lui reste si
étroitement liée, qu'on pourrait la dire en raison directe
d'une bonne aération. Celle-ci demeure jusqu'à un certain
point indépendante de l'espace, mais essentiellement dépendante des moyens qui l'assurent eu égard au nombre des
habitants enfermés à la fois dans le même local. En ses détails, la question est trop technique pour être traitée plus au
long à cette place. L'indication doit suffire puisqu'elle appelle
sur ce point d'une manière toute particulière et les sages
prévisions de l'éducateur et l'attention dûment éveillée du
constructeur.

Un point fort essentiel aussi est le nombre des nids ou boulins et leur bonne disposition : trois cents couples de pigeons
demi-civilisés comportent six cents nids. La femelle qui élève
ses petits ne songe pas à une nouvelle nichée tant qu'on ne
les lui enlève pas, à moins qu'elle n'ait la facilité de déposer
le produit d'une autre ponte dans un second boulin dont elle
n'a pas à craindre qu'on lui dispute la possession. Il en résulte
que l'insuffisance des nids peut devenir une cause de ralentissement de la fécondité. Les fuyards produiraient plus si,
à toute la quantité d'air respirable dont ils ont besoin, s'a-
joutaient plus d'espace au colombier, la libre disposition de
deux nids par couple, et l'enlèvement en temps opportun des
petits dont la maturité arrive d'autant plus rapidement que
la femelle se sent plus pressée de pondre, plus tôt obligée
de se consacrer à une nouvelle incubation.

Les boulins à préférer sont simplement en plâtre ; les moins
bons sont constitués par des paniers ; les uns et les autres
seront décrits plus bas. On les isole deux par deux au moyen
de petites cloisons qui séparent les ménages et on en rétré-
cit un peu l'entrée de façon à ce que l'oiseau posé sur ses
œufs en soit plus complétement le maître. La couveuse, en
effet, a souvent à se défendre contre de sérieuses tentatives de
dépossession. Il n'y a pas que de bons sentiments au monde,

chacun sait ça : messieurs les pigeons essayent parfois entre eux de la loi du plus fort. Vis-à-vis de nous, c'est vrai, ils sont doux et timides ; mais aussi absolument désarmés. Entre eux, c'est tout autre. Plus souvent qu'à leur tour, beaucoup se montrent querelleurs, jaloux, pillards, méchants. Arrangeant donc convenablement les nids, on supprime encore une cause de mécompte ; on prête un appui nécessaire au bon droit ; on prévient des dérangements nuisibles au succès de maintes couvées, et le profit en augmente d'autant.

Je suppose le mur parfaitement lisse et crépi avec une sorte de recherche en toutes ses parties. L'aire sera carrelée avec précaution, ou mieux bitumée, jamais planchéiée. Ainsi faite, elle présente plus de résistance aux tentatives des rongeurs et sera bien plus facilement tenue en l'état d'extrême propreté que je recommande comme un objet de première nécessité, comme étant, au surplus, l'un des termes importants du problème relatif à la pureté la plus grande de l'atmosphère intérieure. Les planchers offrent à la vermine des refuges trop nombreux et par trop favorables.

N'oublions pas que le carreau est froid et le bitume aussi. On recouvrira donc l'aire d'une couche de sable bien sec et par-dessus on étendra de bonne paille qui, advenant les culbutes des petits à terre, avant les forces venues de l'éducation faite, préviendra les blessures, les tournioles et la goutte, toutes choses contraires à la réussite des jeunes.

On m'aura trouvé aussi exigeant pour le nombre des nids que pour les dimensions à donner au colombier et que pour la masse d'air pur que je veux y voir renouveler sans interruption aucune. Rappelez-vous ce dicton : qui veut la fin veut les moyens. Je poursuis. Je veux une très-nombreuse population de pigeons, et je la veux partout prospère. Ce sont les moyens d'assurer cette prospérité que minutieusement j'apporte et que je préconise à dessein. J'insiste donc pour qu'on donne deux nids à chaque couple et pour qu'on ne s'arrête pas à la proportion de trois pour deux ménages. Dans ce petit fait, deux avantages. Je viens de le dire, j'éprouve le besoin de le répéter. Ne m'appelez pas rabâcheur, la chose a son importance. Je cours ces trois lièvres à la fois avec l'intention de ne pas rentrer bredouille ; hausser à son chiffre maximum, en France, la population des pigeons, donner un nouveau revenu aux communes dont les dépenses augmentent sans cesse, et rendre plus productive l'éducation de l'oiseau en lui demandant de fournir à la consommation une grande quantité de viande qui manque sur le marché. Si donc les avocats, qui souvent — on les en accuse — seraient portés à abuser de la parole, peuvent s'arrêter entre eux en invoquant leur fameux — *non bis in idem* — fort de l'utilité de ma thèse et de la nécessité de voir accepter mes conclusions, je me retrancherai derrière cet aphorisme commode et favorable à ma cause : *bis repetita placent.*

Eh bien, vous m'avez entendu. Aux éducateurs je propose une amélioration : quatre nids au lieu de trois, à cela se réduit l'innovation, bien justifiée puisque la ponte alors revient plus régulièrement et à de plus courts intervalles. Quand elle a ainsi toutes ses aises, lorsqu'elle vit en pleine jouissance d'elle-même, la mère — née en définitive pour la fécondité — après les soins indispensables aux pigeonneaux, amoureusement dépose dans le second nid d'autres œufs qu'elle couvera avec une nouvelle ardeur, libre qu'elle se sent des soucis de la maternité dès que le père peut suffire tout seul à la seconde éducation des petits. Voilà un premier avantage. En l'état d'indépendance absolue, *pigeonne n'a que deux* pontes : dans un colombier de haut vol, tel qu'on le lui a offert jusqu'à présent, elle réussit trois couvées. J'ai pour elle plus d'ambition. En lui donnant toutes facilités, en développant ses aptitudes, en sollicitant et en provoquant son zèle, je dois arriver, sans trop d'efforts vraiment, à lui voir mener à bien quatre ou cinq nichées. Les pigeonneaux se vendent bien et toujours fort bien se vendront. Si je vous demande plus d'espace et quart en sus du nombre ordinaire de boulins, je vous apporte une incomparable compensation à la première mise de fonds.

Le second avantage que présente l'adoption de mes idées ne doit pas passer inaperçu, tout inattendu qu'il soit. Lorsque les choses s'arrangent comme je viens de l'exposer, quand un bon régime et une vie facile activent la fécondité latente de l'oiseau, les petits — poussés par l'élevage — restent moins longtemps enfants; ils grandissent plus rapidement, sont plus tôt en état de se passer de leurs parents et de même atteignent plus vite à la maturité. C'est un fait de précocité normale des plus remarquables et à double effet. Tandis que les petits croissent avec une rapidité toute favorable à la spéculation de l'élevage, tandis qu'ils se hâtent de grandir afin de se suffire à eux-mêmes dans le laps de temps le plus court, les père et mère plus facilement les oublient et avec plus d'ardeur travaillent dans l'intérêt d'une multiplication toute lucrative.

Ceci n'est plus simple bavardage, mais affaire d'importance, à mon avis tout au moins.

Et je n'ai pas fini avec ces bienheureux nids. Je repousse les paniers en osier tressé. A la vermine, ce tourmenteur spécial, ce dévorant toujours affamé du pigeon, ils offrent ses conditions d'existence et de pullulation les plus favorables; grand merci! Évitons avec soin ces facilités sottement ménagées à l'insanité par une inexplicable incurie. Je redouterais moins les nids en planches, car leur nettoyage est plus aisé : j'accepterais même volontiers ceux-ci au cas où les planches proviendraient du débit d'arbres préalablement imbibés d'une liqueur insecticide ou insectifuge; les meilleurs toutefois, je l'ai déjà dit, sont en plâtre, j'y reviendrai. Les premiers s'accrochent tout simplement aux murs. Les derniers en forme de sébile, à fond épais, très-lourds par conséquent, se posent bonnement deux par deux sur une planche entre les deux petites séparations et en arrière de la marchette dont il a été parlé. Les rangs se superposent et les nids

se placent en échiquier : le premier rang est à 1 m. 20 au
moins au-dessus de l'aire et le dernier à un minimum de
0 m. 60 au-dessous de la naissance de la couverture de la tour
à laquelle on devrait donner la forme supérieure du dôme.

Grâce à ces dispositions, les nids inférieurs sont préservés
des ordures qui pourraient descendre du rang supérieur, et,
lorsqu'ils s'essayent à sortir du berceau, les jeunes se trouvent
sur un premier promenoir qui les initie à l'usage de la liberté
ou mieux du libre arbitre. On évite ainsi beaucoup de chutes
plus ou moins dangereuses, et le mâle qui tient compagnie à
la couveuse, pour la désennuyer ou la défendre, est commodément posé sur la petite marche en saillie.

La rangée de nids la plus élevée est elle-même surmontée
d'une corniche qui s'étend dans tout le pourtour intérieur.
C'est comme le préau de l'endroit; c'est la salle de conversation, un point où l'on vient s'ébattre, causer, roucouler, médire peut-être, qui sait? en ces longs jours de pluie et de tristesse durant lesquels l'intempérie consigne au logis les plus
actifs ou les plus impatients.

Si j'ajoute à tout cela la simple mention d'une échelle tour-
nante, établie de façon à donner le moyen d'arriver à tous
les nids indistinctement, sans bruit et sans dérangement pour
les oiseaux, j'aurai dit, je pense, tout ce qu'il importait de
dire de cet intérieur où doivent régner au même degré le
calme, l'ordre et l'activité les plus grands.

Si je sors de là pour jeter un coup d'œil au dehors et compléter mes commentaires sur le programme sommaire emprunté à Bouchard-Huzard, je m'assure qu'on n'a point oublié
la corniche extérieure, contre-partie essentiellement utile de
la corniche intérieure. Celle-ci, à la place où elle est le mieux
posée, est à double fin. Elle oppose un obstacle infranchissable aux incursions des méchants, aux invasions de certains
ennemis du dehors, lesquels, fort heureusement pour nos pigeons, n'ont pas la faculté de se soutenir et de cheminer dans
une position renversée. Elle est aussi une galerie très-fré-

quentée où l'oiseau en pleine sécurité s'abat et prend pied
avant de rentrer au logis. Là, il se sent bien chez lui, flâne
un peu, conte ce qu'il a vu, ce qu'il a fait, sauf à mentir peut-
être s'il revient de loin : là aussi, avant de s'échapper, souvent il fait une pose et prend l'air du bureau, puis se consulte pour arrêter en sa cervelle la direction qu'il doit prendre
en raison de l'état actuel de l'atmosphère. Il aime cette galerie, elle lui ferait bien faute; accordez-la-lui ; il s'en sert
utilement et bien plus encore à votre avantage qu'à son
propre profit.

On a dit, on continue à dire : les pigeons aiment la couleur blanche. A raison de ce goût particulier, facile à satisfaire, tenez donc en tout temps, sous une belle couche
blanche, les murs du colombier, à l'intérieur et à l'extérieur.
Je renouvelle la recommandation, car elle a une double utilité. Au dedans, c'est la clarté, la propreté, une chasse fructueuse à la vermine : au dehors, c'est un point de repère, de
ralliement, un moyen de reconnaître de loin, de très-loin,
l'habitation où l'on doit revenir après s'en être éloigné pour
aller remplir, dans son rayon, les utiles fonctions dont on reste
chargé. Qu'à tout le moins deux fois l'an, pour la Pâques et
à l'entrée de la mauvaise saison, badigeonnez, en procédant
avec précaution, sans effaroucher personne, et les murs intérieurs et les meubles meublants du colombier avec un simple
lait de chaux. Au dehors, l'opération n'a pas à être recom-
mencée aussi souvent. Faisons le nécessaire, tout le nécessaire en temps et lieu, avant même qu'il soit l'indispensable,
et en rien ni jamais ne nous préoccupons du superflu dont ce
n'est ici ni le cas ni la place.

II. — LE PIGEONNIER.

Le colombier étant la demeure des pigeons encore à demi
sauvages, le pigeonnier est l'habitation des races plus avan-

cées dans la domestication. Plus rapprochées de l'homme, elles s'écartent moins des lieux qu'il habite ; elles remplissent, aux alentours des villages et des fermes où on les installe, les fonctions qu'il convient de faire remplir à de plus grandes distances par les races qu'on établit à leur convenance, au centre même de leurs affaires.

Telle est la seule différence qu'il y ait dans la signification de ces synonymes. Le colombier est nécessairement éloigné des habitations de l'homme ; le pigeonnier, au contraire, s'établit à proximité de la basse-cour et avec elle fait partie des dépendances de la maison. Les races plus sauvages que domestiques se plaisent mieux et à tous égards se trouvent mieux loin du bruit, du mouvement, du va-et-vient incessant des basses-cours. Les races plus familières que sauvages, celles dont on peuple exclusivement le pigeonnier, ont plus d'exigences, demandent des soins un peu plus suivis, payés du reste par un rendement supérieur. Pour ces motifs, elles seront toujours plus convenablement et plus heureusement placées lorsqu'elles se trouveront sous la main de ceux qui doivent les gouverner et les exploiter à la fois. Voilà qui est bien entendu, le pigeonnier est la demeure des races privées, sérieusement cultivées.

Dans les deux cas spécifiés, on loge l'oiseau conformément à ses instincts et à ses besoins, en complète concordance ici, par une fortune assez rare, avec la commodité et avec l'intérêt bien compris de l'éleveur.

Le pigeonnier prend toutes les formes et toutes dimensions sans atteindre aux vastes proportions ordinaires au colombier. Il y en a de grands ; il y en a de petits en bien plus grand nombre ; il y en a de minuscules dans lesquels ne peuvent tenir que quelques couples ; il y en a de moindres encore : ceux-ci descendent à la capacité d'une simple cage plus ou moins grossièrement faite. Et c'est merveille de voir que plus s'atténue l'élevage quant au nombre d'oiseaux auquel il s'attache, et plus se hausse le rendement absolu de ces derniers. C'est le fait du jardinage compa à la grande culture. Que ne rapporterait pas un territoire comme celui de la France si toutes ses terres arables pouvaient être menées au degré de fertilité que les maraîchers de tous les pays savent et peuvent donner aux petites étendues qu'ils cultivent? Il y a de cela dans les petites éducations comparées aux autres, et ce résultat même devrait être un stimulant énergique pour tous ceux qui ont la possibilité d'opérer même sur la moindre échelle.

La première idée qui se présente à l'esprit lorsqu'on s'adresse à des races entièrement soumises qui ne témoignent en aucune circonstance de leur désir de reconquérir l'état de nature, la vie sauvage, c'est de les mettre en situation d'utiliser au plus haut degré leurs aptitudes spéciales. Il n'y a pas à leur marchander le nécessaire sous peine de ne les voir fonctionner qu'au plus mince résultat. Le but même de l'élevage est au pôle opposé. Une demeure convenable, je le répète, est parmi les premiers *desiderata* à réaliser. Relativement au pigeonnier il n'en est guère ainsi. Bien peu sont tenus en vue de la plus grande satisfaction de leurs habitants. J'aurais fort à faire si je prenais à tâche d'épuiser le blâme mérité. La malpropreté surtout, un vice trop général auquel il ne faut pas se lasser de présenter le bon combat, est le régime habituel des pigeonniers, et partout la vermine fait souffrir leurs habitants, les ronge et nuit à leur prospérité, au succès même des éducations qui se succèdent.

Il serait interminable de s'attaquer à toutes les formes et à toutes les dispositions que les circonstances particulières suggèrent ou imposent. M'attachant à une situation moyenne, je ne donnerai qu'un type, spécimen facile à imiter partout. Il n'est pas de moi; je l'emprunte au frère Agoard que j'ai déjà eu le plaisir de présenter au lecteur. Je ne pourrais faire mieux, j'aurais tort de ne pas profiter de l'occasion; mais ce tort je ne l'aurai pas.

Voici donc les recommandations du maître.

« Étant destiné à loger des pigeons beaucoup plus apprivoisés que ceux qui peuplent les colombiers de pied ou de haut vol, le pigeonnier doit être placé aussi dans un endroit sec, à l'abri des grands vents, au midi et au soleil levant, de manière que les oiseaux reçoivent les premiers rayons du soleil aussitôt qu'il paraît à l'horizon. Cependant, si le local devait avoir peu d'étendue, une exposition moyenne serait préférable, car une chaleur trop vive incommode les pigeons et favorise la pullulation des mites qui nuisent considérablement aux jeunes.

« Bien que le pigeonnier doive être plutôt obscur que clair, les oiseaux qui l'habitent ont besoin d'air, de lumière et d'espace. On doit donc ménager des ouvertures qui seront fermées lors des grands froids par des châssis vitrés laissant passer les rayons lumineux. Pour que les pigeons affectionnent leur demeure, il faut qu'elle soit extrèmement propre, surtout si elle est exposée au midi. Les murs doivent être crépis et blanchis à la chaux vive afin d'éviter les cavités qui peuvent recéler les mites. Le plancher devra être recouvert d'une couche de sable de 0ᵐ 06 environ ; la fiente, s'y desséchant facilement, pourra être enlevée au moyen d'un râteau à dents fines et rapprochées : l'intérieur doit être garni de cases pour que les pigeons puissent facilement faire leurs nids.

« La méthode la plus simple comme la plus avantageuse consiste à placer dans le sens de la longueur, les unes au-dessus des autres, à 0ᵐ 40 de distance, des planches de 0ᵐ 055 de largeur. Des planchettes, distancées les unes des autres de 1 mètre à 1ₘ 20, établissent des séparations et forment ainsi des cases isolées les unes des autres. L'intérieur de chaque case est garni d'un nid en plâtre ou en terre cuite vernissée, qu'on a soin de laver à chaque ponte nouvelle.

« La volière ainsi disposée a l'avantage que chaque couple de pigeons est isolé et logé chez lui, sans courir les risques d'être dérangé par les autres.

« Aux deux extrémités du local, on ménage des compartiments plus espacés, servant d'appareilloirs, ou pour renfermer des oiseaux nouveaux. Si, dans les environs de l'habitation des pigeons, il n'y a ni mare d'eau, ni fontaine, on place dans l'intérieur de la volière un vase qui contiendra toujours une eau d'autant plus fraîche que les pigeons ne boivent pas comme les poules en renversant la tête, mais qu'ils aspirent tout d'un trait comme les vaches et les moutons.

« On peut se servir très-avantageusement des abreuvoirs siphoïdes en zinc ou en terre dans lesquels l'eau reste propre parce qu'elle vient remplacer au fur et à mesure qu'elle est bue, l'eau qui est dans un petit récipient demi-circulaire soudé au bas de l'abreuvoir.

« Non-seulement les pigeons ont besoin d'eau pour se désaltérer, mais encore pour entretenir leur propreté ; ils ne manquent pas d'aller se baigner lorsqu'ils trouvent l'occasion de le faire avec commodité, surtout dans les grandes chaleurs, pour se débarrasser de ces insectes parasites qui les incommodent très-souvent. On pourra leur ménager cette facilité au moyen d'un vase de forme circulaire pouvant avoir 0ᵐ 80 de diamètre sur 0ᵐ 05 de profondeur ; ce bassin pourrait être placé dans le pigeonnier afin que les oiseaux de grosse espèce ayant les plumes chargées d'eau puissent se sécher sans courir le risque d'être attaqués par les animaux malfaisants.

» Il est bon de mettre aussi dans le pigeonnier ou dans le voisinage, un peu de paille hachée, afin que les pigeons puissent trouver facilement les matériaux pour faire un nid à leur famille.

« Il arrive parfois que les pigeons pondent leurs œufs sur le sable de la volière et qu'ils se cassent ; on y remédiera en plaçant soi-même de la paille dans le nid, et si l'un des œufs se trouvait béché avant que l'incubation fût complète, on pourrait encore le conserver en prenant la précaution de coller à l'endroit même un peu de papier gélatiné.

« Il arrive aussi quelquefois qu'il y a trop de bûchettes dans un nid et que les œufs ne pouvant y trouver place, roulent dehors au départ précipité de l'oiseau ; dans ce cas, on diminuera un peu le nid ou bien on remplace les bûchettes par une poignée de paille ou de foin. »

Le nid ! ne vous fatiguez pas d'en entendre parler, car le nid, c'est le pivot de l'industrie qui ressortit à l'éducation du pigeon. En dehors de la reproduction, l'espèce n'offre plus l'ombre d'intérêt à l'éleveur-producteur de viande, ce point reviendra bientôt sous ma plume. Pour le moment il ne s'agit que du pondoir proprement dit, du petit engin offert à la pondeuse comme lieu d'élection pour la ponte où doivent s'effectuer ensuite l'incubation et le nourrissage des pigeonneaux. Établissons donc bien les conditions auxquelles il doit répondre.

Et d'abord, qu'il soit assez grand pour contenir deux petits qui ne doivent pas être exposés à tomber, et pourtant assez petit pour que les ordures puissent être par eux-mêmes rejetées au dehors.

Qu'il soit disposé de manière à ce que les couveuses aient toute facilité de s'y mettre à l'abri des regards, des attaques et des ordures des voisins.

Qu'il soit garanti contre les recherches et la visite intéressée des rats.

Que par la matière dont il est fait il n'attire ni ne conserve les mites.

Qu'il soit enfin facile à nettoyer, car il devra être maintenu dans une extrême propreté.

C'est le pigeonneau qu'envahit plus particulièrement encore la vermine, et celle-ci vient se loger de préférence au milieu de la fiente et des plumes qui finissent par former au fond du nid une couche épaisse, plus ou moins durcie et adhérente lorsque, par maladresse ou impuissance, les petits ne réussissent pas à rejeter au dehors toutes leurs ordures. Ils s'y essayent toujours les malheureux, mais ils n'ont pas toujours l'habileté nécessaire au succès. Le besoin les sollicitant, ils exécutent bien un mouvement de recul dans la direction voulue pour pousser leurs excréments dans l'espace et les faire tomber en dehors ; à cela pourtant se limite leur effort. Si le but recherché est atteint, c'est à merveille ; s'il est manqué, tant pis, oh ! certes tant pis, car c'est ainsi que vient et que s'accroît la malpropreté. Aux petits il n'y a à demander ni plus ni mieux, et aux parents pas davantage. Ceux-ci aiment la propreté, ils ne la font pas ; ils ne nettoient jamais leur nid, ainsi que savent le faire et le font un grand nombre de petites espèces plus avisées et plus adroites.

Le pigeonnier se complète par un *appareilloir*, simple annexe, ou diminutif du pigeonnier dans lequel on enferme les jeunes à l'âge où ils se recherchent pour former des couples.

L'aménagement de cette pièce ne diffère en rien de celui du pigeonnier. J'expliquerai plus tard son mode d'utilisation. En facilitant les choix libres, l'appareilloir devient une cause de réussite des ménages. Il formerait, à mon sens, une annexe aussi nécessaire au colombier communal qu'au pigeonnier du particulier : je le dirai d'une manière plus explicite en son lieu et en sa place.

III. — LA VOLIÈRE.

J'applique plus spécialement le mot volière à la demeure plus luxueuse des espèces qu'on qualifie précieuses, soit aux variétés d'amateurs ou d'ornement. Entre le colombier et le pigeonnier, la ligne de démarcation est plus ou moins accentuée ; entre les petits pigeonniers et certaines volières rustiques il n'y a souvent aucune différence appréciable Malgré ces points de contact, la volière est un type et, au principal, a la destination spéciale que je viens d'indiquer.

Dans les volières affectées à la demeure des pigeons,

chaque couple a son compartiment à lui, sa case absolument indépendante. On n'y loge que des races ou des variétés complétement domestiquées. A chaque compartiment on donne 0ᵐ 50 seulement, dans tous les sens. On dit que cet espace suffit à un ménage et aux deux enfants qui leur viennent à chaque couvée. L'espace suffit pour deux raisons faciles à trouver : en premier lieu, l'un des oiseaux peut être souvent à la porte ; en second lieu, la façade de l'habitation est grillagée sur les deux tiers de son étendue. L'air respirable n'y manque donc jamais. Le tiers de la façade, laissé plein, forme réduit. C'est là que se retirent les oiseaux lorsqu'ils recherchent le calme et l'ombre.

Dans le grillage, une porte ronde de 0ᵐ 25 de haut sur 0ᵐ 10 de large peut s'ouvrir et se fermer soit en abaissant ou en relevant le marchepied servant de promenoir, qui est devant, soit au moyen d'une trappe en grillage, montant ou descendant à volonté. Derrière le réduit se place à terre la mangeoire, et près de la porte la baignoire. Au milieu, faisant face au grillage, un perchoir. Enfin deux nids, l'un au-dessus de l'augette ou mangeoire, l'autre dans le coin opposé.

Et puis c'est tout, mais c'est assez puisque tout y est.

Bien plus encore que pour le pigeonnier, on a varié le type de la volière, multiplié à l'infini ses formes qui le rappellent tout en s'en écartant plus ou moins. Peu importent ces variations, ces modifications diverses si les bonnes conditions de la demeure, celles qui s'attachent avant tout aux convenables *dispositions du nid et aux facilités de l'élevage sont* rigoureusement conservées. Là est le point essentiel ; le reste n'est plus que secondaire ou de mince importance.

J'ai cependant une réserve à faire en ce qui concerne certaines volières, tellement éloignées du type, celles-ci, qu'elles représentent plus des manières d'étouffoirs qu'un logement aéré et commode. Beaucoup de gens traitent le pigeon comme beaucoup traitent le lapin ; ils le mettent dans les pires conditions, sans le moindre souci de l'aération, de la propreté,

de la salubrité. Ceux-là ne comptent pas ou ne comptent
guère. Ils acceptent philosophiquement les sinistres et n'ont
souci guère de culture intensive.

S'exerçant sur la plus petite échelle, l'élevage devient ou
donne ce qu'il peut. Un pigeonneau meurt ; qu'est-ce que
cela ? La perte est minime ; on n'y fait aucune attention ; jamais la pensée ne s'y arrête ; mais un couple de ces oiseaux
pris à point — un jour — a été comme un « extra » dont on
s'est bien régalé. On en gardera le souvenir, patiemment on
attendra qu'il se renouvelle et, chemin faisant, on ne son-
gera à rien de ce qui pourrait en assurer le retour plus prochain et plus fréquent tout à la fois.

C'est plus particulièrement la question d'aération que vise
cette remarque. Entre tous les animaux de la création, il
faut crier la chose jusque par-dessus les toits — tant il est
nécessaire qu'elle arrive à toutes les oreilles, l'oiseau est in-
contestablement celui qui a le plus besoin d'air pur. Comment répond-on à cette exigence dans l'aménagement de
beaucoup de pigeonniers et de volières où manquent essentiellement l'air, l'espace, la lumière, où n'existent même pas
les moyens d'aération les plus primitifs et aussi les plus indispensables ? Rien de difficile ici pourtant, rien de dispen-
dieux non plus. Quelques tuyaux de drainage, placés tout au
haut du local, dans ses parois, auraient en l'espèce la plus
grande efficacité sur la salubrité et exerceraient la plus heureuse influence sur les éducations. Donnant issue à l'air usé
ou vicié, celui-ci est incessamment remplacé par de l'air neuf
et fournit aux habitants du local le premier élément de leur
bien-être et de leur entière réussite.

Les petites volières établies d'après le spécimen que je
viens de décrire n'ont aucun besoin d'avoir, comme dépendance, la pièce spéciale destinée à faciliter les appariements,
et chaque case pouvant être ou bien ouverte ou fermée à volonté, on réunit dans l'une d'elles le mâle et la femelle que
l'on veut apparier ; on ne leur rend la liberté qu'après

la ponte de la femelle. L'opération est des plus simples.

À portée de certains pigeonniers et devant toutes les volières de luxe, on place avec utilité des trémies plus ou moins ouvragées ou ornementées, et convenablement approvisionnées de grains. On les fait à compartiments, avec un certain art, de façon à ce qu'aucune graine ne puisse être perdue. Le meuble a son utilité et peut devenir meublant. Il se place avec avantage ou du moins pourrait être placé avec profit soit dans les colombiers de pied, soit dans les pigeonniers pendant les plus mauvais jours de l'hiver, soit aux époques où, de par la loi et ses prophètes — messieurs les maires, — la réclusion absolue des pigeons devient obligatoire.

IV. — LES COLOMBIERS MILITAIRES.

Nous n'avons encore officiellement ni colombiers d'État ni pigeons militaires ; mais nous sommes, paraît-il, en voie de posséder un jour ou l'autre, des établissements spéciaux dont la création serait, au surplus, facile à justifier. La question est à l'étude et des projets d'installation, médités avec soin, ont déjà fourni d'excellentes indications quant à l'habitation de l'oiseau.

Avec raison on se méfierait de nos plus célèbres constructeurs de palais ou de villas, aucun certes ne serait apte à bâtir au pied levé, *secundum specialitatem*, sans une connaissance approfondie des besoins du nouveau service qui a des exigences particulières, sans la connaissance minutieuse aussi des goûts, des instincts, des mœurs de l'oiseau qui a sur le confort des idées à lui, sans compter avec ses petits caprices ou ses hautes fantaisies.

On était donc fondé à aller au-devant des difficultés du sujet et à dresser sommairement le programme du colombier à édifier en vue du casernement de ces nouveaux serviteurs de l'État. Ce programme rentrant dans l'objet de ce chapitre; je lui emprunterai ses points les plus saillants après avoir averti le lecteur que je les puise dans un travail publié par la Société d'acclimatation, sous la signature de M. La Perre de Roo.

Les idées générales dont on recommande l'application aux établissements militaires sont tout aussi bien applicables aux colombiers de haut vol et aux plus grands pigeonniers.

A bon droit, l'humidité et la vermine sont considérées comme les deux ennemis les plus redoutables du pigeon domestique, comme les deux causes d'insuccès dont il faut savoir écarter la mauvaise influence. Lorsqu'elles envahissent la demeure de l'oiseau, elles causent le plus souvent une mortalité effrayante parmi les jeunes.

L'art du constructeur donne à choisir les moyens d'éviter les effets de l'humidité. L'expérience a dit aussi tout ce que l'on peut faire avec efficacité pour prévenir les trop fortes invasions de la vermine.

Une population exubérante de pigeons dans le même local détermine rapidement une grande accumulation de colombine et de celle-ci vient une cause de grande humidité difficile à combattre et pernicieuse à tous, adultes ou nourrissons. Dans ces conditions les insectes foisonnent et leurs ravages s'ajoutent aux effets nuisibles de l'humidité.

Une indication très-pratique se présente aussitôt — éviter l'encombrement et ne pas loger ensemble plus de cinquante paires. Il s'agit ici de pigeons messagers, ne l'oublions pas.

« *Un plus grand nombre d'hôtes, dit expressément M. La* Perre de Roo, exigerait, du reste, des colombiers spacieux, où il ne serait guère possible de s'emparer des pigeons, pour les faire voyager, qu'en leur faisant une chasse fatigante ou en les prenant au filet, au risque de leur casser les grandes pennes des ailes ou rémiges, et d'en faire des invalides incapables de participer aux courses pendant le reste de la saison. Le filet offre de plus l'inconvénient grave d'effaroucher le pigeon et de le rendre craintif, tandis que c'est le résultat contraire qu'on doit tâcher d'atteindre. Un colombier où le pigeon peut être pris à la main est de tous points préférable ; et encore faut-il manier l'oiseau avec douceur afin qu'il ne s'abîme pas à faire des efforts violents pour se dégager de la main qui le serre. »

En Belgique, où la connaissance des pigeons voyageurs est presque générale, on accorde au colombier 1/2 mètre cube à chaque paire. — C'est la règle.

Les pigeonniers militaires ne devant donner asile au plus qu'à 50 paires, devraient donc mesurer au moins 25 mètres cubes. On les veut à l'exposition du midi. On recommande de ne placer les entrées ni au nord ni à l'ouest, afin d'éviter et les vents glacials de l'hiver et l'humidité qu'apportent avec eux la pluie et le vent de l'ouest. En avant de ces ouvertures on établit ce qu'on nomme *l'attrape*, soit une cage adaptée au bâtiment et avec laquelle on fait faire ample connaissance aux oiseaux en les y tenant enfermés une heure par jour. On prétend qu'on leur apprend à connaître ainsi l'emplacement du colombier et à s'orienter plus sûrement.

Une attention à avoir, par exemple, c'est que l'attrape soit inaccessible aux chats, très-amateurs de la viande de pigeon. Ce sont dans tous les cas, alors même qu'ils ne croquent pas les oiseaux, des êtres malfaisants qui les effarouchent par leurs tentatives de destruction au point de les empêcher de rentrer au logis.

On supprime ici, dans l'aménagement intérieur, et le bois et le plâtre ; il s'y produit des fissures dans lesquelles se réfugie la vermine dont la fécondité tient vraiment du prodige. Elle atteint de là les pigeonneaux dans leur nid et voici comme elle les traite ou les maltraite : elle ronge les oreilles, les caroncules nasales et les membranes qui encadrent les yeux ; elle s'attaque aux plumes et met les oisillons dans un pitoyable état. Que le parquet de bois soit donc remplacé par du béton ; que les murs soient soigneusement construits, cimentés, blanchis à la chaux. Rien de neuf en tout cela. Je

crois même avoir donné mieux en demandant qu'on emploie
à ces sortes de constructions la brique à conjonction très-
supérieure à tous les autres matériaux utilisables.

Relativement aux nids, rien de particulier non plus; mais
on donne des dimensions bonnes à noter. Pour les cases qui
doivent les recevoir : longueur de $0^m 60$ à $0^m 70$; profondeur
de $0^m 35$ à $0^m 40$, et mesure égale à cette dernière pour la hauteur. Quant au nid, il aura de $0^m 20$ à $0^m 25$ de diamètre sur
5 centimètres de haut. Le reste en tout comme dans les colombiers et pigeonniers ordinaires.

Il faut compléter les renseignements en ce qui concerne
l'*attrape*, à laquelle s'ajoute le *happeau*.

La cage qui constitue cette attrape est en treillage ou en
fils d'archal. Adaptée à l'extérieur, elle règle l'entrée et la
sortie des hôtes du colombier. Elle en est le portail.

« Le happeau est un appareil qui s'emboîte exactement
dans l'embrasure de l'entrée du colombier. Il est muni d'une
planchette qui fait bascule sous le poids de l'oiseau lorsqu'il
y met le pied, et le fait prisonnier, à son retour de voyage,
jusqu'à ce qu'on le délivre après l'avoir dépouillé des dépêches dont il est porteur. »

Il y en a de plusieurs modèles. Le plus simple et le plus
ingénieux est celui qu'a inventé M. Georges d'Hanis. Il consiste en une rangée de fils d'archal mobiles enfilés à une trin-
gle, et se soulevant à l'intérieur de la cage sous la pression
du pigeon qui cherche à rentrer, mais retombant aussitôt,
derrière l'oiseau, dans des encoches pratiquées sur une planchette faisant office d'arrêt. Le pigeon peut pénétrer facilement du dehors, mais il ne pourrait sortir si la fantaisie lui
en venait.

C'était le petit problème à résoudre; la solution ne laisse
rien à désirer.

LE PEUPLEMENT DE L'HABITATION.

L'habitation construite et convenablement aménagée, il n'y a plus qu'à la peupler. L'opération est des plus simples lorsqu'il s'agit de l'une de ces petites éducations isolées dont l'importance viendrait de leur multiplicité, ou d'une volière d'amateur.

Dans le premier cas, on place d'ordinaire, dans les cases où ils doivent vivre, les couples d'oiseaux privés, complétement domestiqués plutôt, et tels qu'on a pu se les procurer. Les pigeonneaux ont alors de vingt à vingt-cinq jours ; ils ont commencé à manger seuls et bientôt ils s'essayeront à voler. Pendant une quinzaine, ils exigeront quelques soins particuliers ; mais après tout ira de soi. Il n'y aura plus qu'à attendre le vieillissement de cette jeunesse, son arrivée à l'état adulte qui dira à l'éducateur s'il possède des couples bien assortis et dont il y ait lieu d'obtenir des produits.

Dans le second cas, la première condition à remplir est le choix de la variété qu'on veut posséder et cultiver. Chaque amateur ayant là-dessus son idée, sa visée, son caprice, tout conseil deviendrait superflu. Le chapitre spécial à la connaissance *des principales races n'est même ici qu'une manière* d'information inutile. Il n'est point à l'usage des fantaisistes qui se décident au hasard de l'occasion, ou au gré de la folle du logis ; mais à l'intention de ceux à qui viendrait le désir sérieux de se livrer à des éducations d'essai profitables. Avant toute détermination définitive, cherchant à s'édifier en toutes choses, ceux-ci volontiers se renseignent et demandent aux autres s'ils ne pourraient pas leur apprendre partie de ce qu'ils ont besoin de savoir. La race ou la variété choisie, on enferme un mâle et une femelle dans un compartiment de la volière, et on ne leur donne la liberté qu'après la première ponte de la femelle. Il n'y a plus à craindre que les oiseaux abandonnent la volière; le nid les y attache; les voilà fixés à leur nouvelle demeure.

Restent à présent les habitations de quelque importance et de grande importance — les pigeonniers et les colombiers.

Laissant en dehors la question du choix de la race, pour la reprendre bientôt, je ne parlerai, en ce moment, que de l'opération du peuplement, laquelle, a dit Parmentier, peut s'opérer par divers procédés également applicables aux deux habitations. Deux tout au moins méritent attention et peuvent se partager les préférences de l'éducateur. Je viens de les indiquer sommairement. Il me faut y revenir à propos de l'élevage en grand et pour cela je passe la parole à l'agronome distingué dont je viens d'écrire pour la seconde fois le nom vénéré.

« La première méthode, a-t-il dit, consiste à choisir, vers la fin de l'hiver, une quantité proportionnée de pigeons de l'année précédente, et des premières couvées, s'il est possible, à les jeter dans le colombier mis en bon état, et dont on aura fermé la trappe pour leur en interdire la sortie. On leur donnera de temps en temps de l'eau nouvelle et du grain en quantité suffisante. Dès qu'on s'aperçoit que les pontes sont faites et qu'il commence à y avoir des œufs éclos, on ouvre alors la trappe, et les pigeons, entraînés par l'influence de leur première éducation, vont dans les champs chercher la nourriture pour leurs petits : on continuera cependant encore quelque temps à leur donner du grain et peu à peu on en diminuera la quantité; mais après l'incubation de la dernière ponte on ne leur en donnera plus. Indépendamment du choix des pigeons de l'année, d'un gris foncé ou noirâtre par préférence aux blancs pour peupler le colombier, il faut faire en sorte de les prendre toujours à deux ou trois lieues de l'habitation, dans la crainte que la proximité de l'endroit où ils sont nés les y attire. »

Voilà la première méthode, celle qui s'applique à des adultes, à des oiseaux qu'on peut croire appariés et, pour ainsi parler, tout prêts pour la reproduction. La seule objection à lui faire est dans la crainte du retour au lieu de la naissance. C'est contre elle qu'il s'agit de se précautionner; c'est pour en prévenir la déception que l'expérience formule ces deux recommandations essentielles : prendre les couples à certaine distance de l'habitation où on les veut établir; tenir fermé ou le colombier ou le pigeonnier jusqu'à l'éclosion des couvées les plus précoces.

Ce procédé, ne l'oublions pas, fait violence aux habitudes les plus chères à l'oiseau, il en fait un captif. C'est un motif qui sollicite puissamment en faveur du confort à lui offrir dans cette prison temporaire qu'il ne faut pas lui faire prendre en guignon. Qu'il y trouve donc bon air, propreté, nourriture choisie, de l'eau toujours, du sel, des nids commodes, toutes ses aises en un mot.

Et puis ce n'est pas encore assez. Il y a autre chose, en effet. Très-facile à prévoir après ce qui a été dit des mœurs du pigeon, de sa prétendue fidélité, cette chose se rapporte à l'appareillement. On s'est emparé des couples à un âge où les goûts ne sont pas toujours irrévocablement fixés. Il peut donc arriver, dans ces changements d'existence, il arrive assez souvent que certains mariages prématurés, ou résultant d'un simple fait de naissance, se défont. La dissolution du mariage a pour résultat inévitable des oiseaux dépareillés. Or, les pigeons vivent par paires, ceux qui se trouvent en dehors de cette condition veulent naturellement y rentrer. A celui qui n'a plus de compagne il en faut une autre ; à celle qui a été délaissée, il faut un consolateur. Voilà maintenant des chercheurs forcenés; ils iront semant le trouble et fomentant la zizanie jusqu'à ce qu'ils aient réussi à épouser ou à se faire agréer. Cela dit, n'est-ce pas? qu'il faut surveiller attentivement ces dévoyés, ces dangereux, et les enlever avant qu'ils aient tourné au mal les idées dans les têtes les plus légères.

Le mauvais exemple est une peste, une peste qui rapidement
se gagne. Hâtez-vous; prévenez la contagion en retirant de
la demeure commune ces dépareillés à mesure qu'ils se
montrent et portez-les dans l'appareilloir. Là se formeront
de nouvelles alliances mieux assorties et plus durables peut-
être. Les mariages forcés, j'entends par là ceux que contrac-
tent le frère et la sœur, nés dans le même nid, élevés ensemble et tendrement unis dès le berceau, n'ont pas toujours
ici le même succès que les mariages d'inclination. Ces appariements du hasard aboutissent parfois à des incompatibilités
d'humeur et de celles-ci, hélas! naît l'abandon, naissent aussi
de mauvais traitements qui vont à l'encontre du but essentiel
de l'élevage des couvées nombreuses et leur réussite la plus
certaine.

Surveillez donc la conduite des couples que vous aurez
introduits dans un colombier en vue de le peupler à votre
guise et n'y tolérez aucun écart.

Voyons à présent la seconde manière. « Il s'agit, continue
Parmentier, d'enlever les pigeonneaux de dessous les mères
lorsqu'ils ont atteint quinze jours, afin qu'ils ne soient ni
trop forts pour s'en retourner, ni trop faibles pour pouvoir
être élevés. On les enferme et on les nourrit, en leur ouvrant
le bec, jusqu'à ce qu'ils mangent seuls : alors il est temps de
leur donner la liberté, et pour cet effet on choisit un jour
obscur et pluvieux pour leur ouvrir la porte vers les quatre
heures après midi, afin que, craignant d'être mouillés et
voyant surtout la nuit approcher, ils s'éloignent peu et rentrent
bien vite. Ces oiseaux, ménagés ainsi dans leurs premières
sorties, voltigent autour du colombier, comme s'ils cher-
chaient à connaître le terrain, ce qui dure jusqu'à la fin du
jour, jusqu'à l'heure où ils se renferment. Ces pigeons doivent
être bien nourris d'abord : attachés à leur première demeure,
ils y reviendront avec plaisir si on leur distribue de temps en
temps du sarrasin et du chènevis. »

Une objection se présente encore ici à mon esprit. Pensant tout haut avec le lecteur, je ne puis la lui dissimuler. Prendre des pigeonneaux auxquels il faut ouvrir le bec pour les faire manger, n'est pas chose praticable en face du nombre nécessaire au peuplement d'un colombier ou d'un pigeonnier d'une certaine importance. Pour ces spacieuses demeures à la population considérable, il y a nécessité de choisir des oiseaux plus âgés. J'ai dit plus haut de vingt à vingt-cinq jours pour des éducations au-dessous de la moyenne : pour celles-ci, je dirai de vingt-cinq à trente jours. On en sera quitte pour prolonger un peu plus longtemps leur réclusion, d'autant moins pénible, au surplus, qu'ils n'ont pas encore pu jouir de la liberté et que leur apprentissage du vol n'a pu se faire que tardivement en l'absence des leçons, des recommandations, des encouragements et des secours des parents absents.

« Pour bien garnir un colombier, poursuit le maître, on ne doit y prendre aucun des pigeonneaux de la première année, et même aucun de ceux de l'année suivante, à moins que ce ne soit ceux qui, venant fort tard, ne réussiraient pas, et l'on sera assuré de tirer, dès la troisième année, un produit fort avantageux de son colombier : après ce temps, on en vend et on en mange autant qu'on le juge à propos. Ces pigeonneaux élevés ainsi vont avec les autres chercher leur vie aux champs. »

Le précepte à retenir au passage se trouve suffisamment indiqué et pourtant je le soulignerai : pour remplir les vides que les accidents, ou la mort, ou la réforme font nécessairement chaque année parmi la population de vos colombiers ou de vos pigeonniers, choisissez les plus belles nichées du printemps, ce sont toujours les plus fortes et les plus sûres. Livrez, au contraire, à la consommation toutes les éclosions tardives au développement complet desquels les froids humides de l'automne et les gros temps d'hiver opposent quelque obstacle.

De quelles races convient-il de peupler, 1° le colombier

communal ou de haut vol, 2° le pigeonnier? En distinguant celui-ci de l'autre, en les définissant tous les deux, j'ai bien dit : au premier, l'oiseau plus libre qu'asservi; au second, le pigeon plus familier que sauvage, je n'ai pas encore dit le plus soumis de l'espèce, qui, lui, est l'hôte exclusif de la volière. Si tranchées que soient entre elles ces désignations, elles laissent encore de la marge à l'éducateur. Elles forment comme trois groupes composés et dans chacun d'eux il y a possibilité de choisir.

J'en ai fini avec les plus civilisés. Ils appartiennent sans partage à la fantaisie. Tous on les classe sous cette rubrique : — races ou variétés d'amateurs. Laissons-les à ces derniers et passons.

Parmentier disait : « Le *biset* est le seul pigeon employé jusqu'à présent au peuplement des colombiers; il semble qu'on pourrait lui substituer avec avantage le *volant* et le *culbutant*, d'abord parce qu'on aurait des petits toute l'année, et ensuite parce que le volant connaît le moyen de se soustraire à la voracité du milan. »

De son côté, le frère Agoard a écrit cet alinéa : « Si l'on considère aujourd'hui avec quelque raison les pigeons comme des maraudeurs qui causent plus de dégâts qu'ils ne rapportent de profit, c'est que jusqu'à présent les colombiers des propriétés rurales n'ont été peuplés que de pigeons sauvages, n'ayant subi qu'un commencement de domestication, et donnant tout au plus deux ou trois pontes par année; mais en s'adressant à la grande famille des *mondains* ou aux races complétement apprivoisées telles que les *souabes*, les *maillés*, les *volants* surtout, et plusieurs autres espèces aux mœurs moins vagabondes, présentant des qualités telles que la taille, la fécondité, la faculté d'engraisser, qui les rendent tout à fait aptes à devenir des oiseaux de rapport dans une exploitation agricole, on obtiendra des produits lucratifs qui dédommageront amplement des soins qu'on leur aura donnés. »

En faisant ces deux citations je constate à nouveau ce fait :

le biset ne tient pas assez au colombier, ses goûts changeants le rapprochent des gens auxquels s'applique si bien ce dicton : — pierre qui roule n'amasse pas de mousse. — Toujours en course, jamais assis, ce fuyard; on ne peut compter ni sur lui ni avec lui; dépensant à peu près tout ce qu'il gagne à son propre et privé profit, il n'amasse guère, il laisse peu à celui qui le loge. Il reste petit et sa fécondité est des plus contenues. Cela n'engage personne à lui faire la moindre avance. On en tire pied ou aile; on le guette pour le piller, mais on ne risque rien pour lui et ce qu'éventuellement on a est, comme on dit, autant de pris sur l'ennemi. Cependant l'oiseau ne peut vivre exclusivement de l'air du temps. Il va donc à la maraude et fait de son mieux pour souffrir le moins possible. De tout cela il résulte qu'on le tolère plus qu'on ne le cultive.

C'est une mauvaise situation en laquelle aucun autre ne résisterait ou ne donnerait mieux.

Je voudrais lui en ménager une meilleure. Pour cela n'ayant sous la main aucune variété convenable ou appropriée, je modifierais l'oiseau dans une certaine mesure. Lui conservant ses aptitudes, ou plutôt toute son industrie, le laissant lui-même en partie, je lui ferais pourtant l'humeur moins vagabonde; j'atténuerais ses goûts un peu trop prononcés pour le changement afin de le rendre plus stable, je lui donnerais plus de précocité, plus de chair, et j'essayerais de doubler pour le moins sa fécondité par trop restreinte. En retour de ces avantages — ils ne sont pas sans prix — je demanderais pour la nouvelle race, ma création, une petite part d'attention qui n'entraînerait ni grande sujétion ni dépense appréciable.

Je livrerai sans réserve mon *secret* au chapitre suivant, après avoir clos celui-ci en rappelant le moyen indiqué par M. La Perre de Roo pour arriver au peuplement et au repeuplement des pigeonniers militaires, que l'Etat paraît décidé à créer et à entretenir.

Il s'agit là d'une très-grande opération : 50 pigeonniers à 1,000 pigeons chaque, plus deux fois 25,000 oiseaux à maintenir toujours à ce chiffre minimum en deux stations générales, soit une population totale de 100,000 pigeons voyageurs de bonne race.

Commençant avec 4,000 couples adultes et obtenant de chacun 4 paires bien réussies, on arrive à une production annuelle de 16,800 paires ou 32,000 oiseaux sur lesquels 25,000 pourront être répartis entre les divers pigeonniers à peupler. L'opération ne sera donc complète qu'après un laps de quatre années au moins.

C'est à l'âge de six semaines à deux mois seulement que M. La Perre de Roo conseille de transporter leurs jeunes pigeons de l'habitation-mère dans les pigeonniers des forteresses. Il ne leur impose que dix jours de réclusion absolue, après quoi il les rend à la liberté, sauf une captivité d'une heure par jour à passer dans l'attrape qui a été décrite plus haut.

Une race seule peut être appelée à former la population des pigeonniers militaires, la race des messagers ailés de long cours.

LA REPRODUCTION.

Dans les grandes éducations de pigeons, l'éleveur intervient peu, si même il intervient ; en toutes choses ici vraiment par trop il se désintéresse. Aussi, une dernière fois je dirai, il n'en retire qu'un mince profit. Il peut faire plus ; il doit faire mieux : son intérêt, un guide qu'on s'accorde à dire toujours sûr, le lui commande sans que jusqu'ici il ait consenti à l'écouter ou à le suivre.

Le premier mode d'intervention à pratiquer en l'espèce

porte sur le choix de la race dont on entend peupler l'habitation. Étant bien défini le but qu'on se propose, choisir la race qui le remplira le mieux et, arrêté ce choix, n'introduire dans le colombier, dans le pigeonnier, ou dans la volière, que des couples bien portants, vigoureux, bien nés, riches de promesses. Et si aucun type, aucune variété ne se montre à la hauteur des exigences dont on a rédigé le programme, aller bravement et par les voies rapides à la création de ce type.

Ce dernier moyen, il faut bien en convenir, n'est pas à la portée de tous les éducateurs. Il faut donc aviser et se retourner d'un autre côté.

Je n'ai trouvé à donner aucune indication précise en ce qui touche le peuplement des grands colombiers et des grands pigeonniers. Dans la pratique, on offre les premiers à un oiseau par trop indépendant, et lorsqu'on ne peuple pas les autres de fuyards, on y met des pigeons par trop civilisés. Ceux-ci fonctionnent d'abord autrement qu'il ne faudrait et bientôt perdent une partie de leurs aptitudes pour descendre au niveau de la destination spéciale du pigeonnier, telle qu'elle a été définie plus haut.

I. — VARIÉTÉS A CRÉER.

Je disais, il n'y a qu'un instant, ce que devrait être le pigeon à mettre dans les colombiers de pied, dans les colombiers communaux, quelles qualités doivent le rendre particulièrement intéressant à l'éleveur, et je viens de constater qu'il n'existe pas, en avouant aussi que le créer n'est pas œuvre à la portée de tous. Heureusement il est possible de tourner en partie la difficulté. Je dirai comment, après avoir fait connaître le moyen à employer pour arriver à la production du type du genre.

Étant formulées les aptitudes à réaliser dans une race nouvelle, il s'agit de les emprunter à celles des races connues en qui elles existent séparément et, par voie de croisement, d'en doter le métis, le produit qui sortira de leur alliance raisonnée.

Les races à réunir ici, je les nomme : l'une est celle du *fuyard*, l'autre est celle du *mondain*. Inutile de rappeler à présent ou les imperfections ou les avantages réciproques de celle-ci et de l'autre. A la première génération se rencontrerait peut-être bien le meilleur pigeon du pigeonnier. C'est à expérimenter toutefois ; mais dans aucun cas le résultat ne serait celui qui conviendrait le mieux au peuplement du colombier. A celui-ci, il faut un pigeon plus allant ; il sera moins fécond, mais aussi plus capable de vivre de son industrie que ne serait un mondain demi-sang plus occupé à couver et à nourrir ses petits qu'à aller au loin chercher sa vie. Cette obligation doit être remplie par les pigeons de nos grands colombiers. Là sont et leur utilité vraie et leur raison d'être. Il n'y a pas à les diminuer sous ce rapport. Ils ont à s'acquitter d'une mission d'expurgation nécessaire dont il ne faut pas les détourner sous peine de dommages. Ils ont à se porter à de certaines distances par tous les temps ; il ne faut les faire ni trop paresseux ni trop lourds. Ayant à travailler pour vivre, il convient de les laisser suffisamment actifs et aptes au travail.

Tel ne serait pas le demi-sang mondain. Je vois celui-ci *plus désireux de ses aises que laborieux ou résistant à la dure* ; il peinerait trop à la recherche de la grenaille. Il faut l'éloigner davantage des conditions du mondain pour le rapprocher d'autant du fuyard, et ne lui laisser que un quart sang du premier contre trois quarts sang du second.

J'ai lieu de supposer que cette proportion serait la plus favorable et j'ai la certitude qu'on la fixerait dans les veines de la nouvelle famille en ayant l'attention de la reproduire par les semblables seulement, c'est la condition *sine quâ non*.

Que si pourtant la proportion pratique n'était pas précisément celle-ci, il y aurait à la chercher dans une nouvelle
combinaison qui donnerait le résultat voulu.

Or, où sera la caractéristique de ce résultat? Exclusivement
dans ce fait que le fuyard, ayant d'ailleurs conservé toutes
ses habitudes de travail extérieur, sera devenu l'hôte constant,
aura cessé d'être l'hôte capricieux ou changeant du colombier. C'est tout ce qu'il y a à emprunter au mondain qui, par
surcroît, avancera d'un degré vers la précocité, le poids et la
fécondité, tous ceux en les veines de qui coulera une dose
quelconque de son sang, à commencer par la proportion de
25 centièmes.

La nouvelle famille, à quelque degré qu'on l'amène ou
qu'on l'arrête, se maintiendra fidèlement elle-même tant
qu'elle ne se mêlera à aucune autre, tant qu'elle restera exclusivement livrée aux semblables. Faite et parfaite, son existence serait assurée, si elle devait vivre à la façon des variétés
d'amateurs, soigneusement isolée et préservée de toute alliance
étrangère. On ne peut espérer qu'il en sera ainsi en la condition de liberté absolue dans laquelle elle doit vivre, au contraire, pour remplir tout au long la tâche qui lui est réservée.
Il faut donc s'attendre à ce que des fuyards purs en visite,
venant ici en intrus et s'installant passagèrement parmi les
croisés, contracteront alliance avec ceux-ci et rapprocheront
par trop de leur type les enfants de ces mariages de circonstance. Dans ce cas, la nouvelle race courrait le risque de se
défaire. Une surveillance attentive peut déjouer et prévenir
ces accouplements de hasard en s'emparant des étrangers et
en les remplaçant par des produits issus de mondains à la
première génération, c'est-à-dire demi-mondain, demi-fuyard.

A raison même de la difficulté qu'on doit rencontrer à conserver dans les colombiers une race pure, il est peut-être
sage de ne pas prendre la peine de la créer et de s'en tenir
au dernier procédé : celui-ci consisterait à faire naître dans
une pièce, transformée en haras, des couples d'oiseaux croi-

sés, puis le moment venu de l'appariement, à défaire les couples et à favoriser de nouvelles formations en enfermant séparément dans l'appareilloir, divisé à cet effet, d'un côté des mâles métis et des femelles de fuyards, de l'autre côté des fuyards mâles et des métisses femelles. En quelques jours tout s'arrange à l'amiable. Les mâles roucoulent, se proposent et se disposent; les autres font les belles dans le dessein de plaire, à n'en pas douter. Ni la coquetterie de celles-ci ni les tendres propos des soupirants ne sont perdus. Les sympathies se prononcent; les accords se font et bientôt on célèbre les fiançailles. On peut alors porter les couples au colombier; chacun y choisit sa place et s'y installe, ne songeant plus, tout en s'aimant, qu'à obéir au vœu formel de la nature, à ce commandement impérieux et universel — croître et multiplier.

Il n'y a rien de nouveau sous le soleil, pas même cette remarque, car si je ne me trompe, elle avait été faite déjà avant Salomon qui eut occasion de la répéter et de nous la transmettre. Oui, si neuf qu'il puisse paraître appliqué à la production et à la reproduction d'une variété spéciale de pigeons, le procédé est fort usité au Chili où de temps immémorial on l'emploie à la création incessamment renouvelée du chabin ou ovicapre, métis fécond du bouc et de la brebis. Ces deux animaux aux qualités distinctes, aux aptitudes si différentes, s'unissant par le mariage, donnent un produit nouveau que le métissage sait mener juste au degré où son utilité pratique, où sa valeur *commerciale montent au maximum. Mais la* production restant libre dans des troupeaux vivant à l'état demi-sauvage, en dehors de toute sélection, en la condition d'une promiscuité forcée, le métis « joue »; au lieu de demeurer lui-même au point du métissage où se trouve sa perfection, il se montre tantôt en deçà, tantôt au delà, et dans les deux cas, se défait, perd tout à la fois ce que je disais, il n'y a qu'un instant, être son utilité pratique la plus grande et sa valeur commerciale la plus haute. Alors baissent les bénéfices du troupeau. Un déficit dans les revenus ne fait l'affaire de personne. Aussi surveille-t-on avec soin les chabins. Dès qu'on aperçoit une tendance à la dégénération, on s'empresse d'intervenir et de combattre. La dégénérescence vient de la prédominance qu'a pu prendre l'un des deux composants du produit nouveau. Est-ce l'élément mouton qui domine? vite on fait sortir du troupeau tous les mâles en qui les caractères de l'espèce ovine se montrent par trop accentués, et on les remplace ou par des boucs purs ou par des ovicapres trois quarts sang de chèvre. En cas de prédominance des caractères propres à cette dernière espèce, on agit inversement, alors tout rentre dans l'ordre pour quelques générations. Et l'on recommence dès qu'une nouvelle intervention devient encore nécessaire.

C'est une opération semblable, ce sont de pareils soins que je conseille en ce qui regarde la population à entretenir dans nos grands colombiers et dans nos grands pigeonniers. Il n'y aura pas plus de sujétion ici qu'il n'y en a là-bas.

II. — L'ACCOUPLEMENT.

À propos de pigeons, traiter de l'accouplement; est-ce donc chose si insolite? Mais non, la plupart des écrivains qui se sont occupés de ces oiseaux au point de vue de l'économie rurale, en ont parlé sans contrainte et sous son véritable nom. L'opération ne présente aucune difficulté particulière dans les petites éducations; elle demande plus de soins avec les éducations moyennes, et je viens de dire comment elle peut encore être efficacement surveillée parmi les populations les plus nombreuses.

L'accouplement ne se propose ici que le choix des époux en vue de maintenir une race dans toute sa pureté et dans toutes les perfections qui la recommandent, ou bien encore en vue d'un croisement dont il y a lieu d'attendre un résultat cherché. En dehors de la race, il porte son attention spéciale sur les individus et a ses règles particulières. Celles-ci ont été formulées par le frère Agoard dans le passage suivant emprunté à l'*Encyclopédie pratique de l'agriculteur.*

« En général, pour que l'accouplement réussisse bien et soit profitable tant pour l'amélioration des races que pour le bénéfice de l'amateur, il faut consulter la forme et le tempérament des sujets à appareiller. Ainsi une grosse femelle s'appareille difficilement avec un mâle de petite taille, à moins qu'elle ne l'ait choisi librement.

« Une femelle lente à la ponte doit être appareillée avec un mâle vif et ardent, car, si on donne à une femelle facile à la ponte un mâle trop ardent, sitôt qu'ils se seront accouplés, il la poursuivra à coups de bec et la forcera à pondre. Ainsi pressée, elle fera le plus souvent des œufs clairs ou hardés et deviendra bientôt sujette à l'*avalure*. Il faudra alors la sacrifier. Au contraire, si à une femelle paresseuse on donne un mâle nonchalant, manquant d'ardeur, on n'obtiendra que deux ou trois pontes par an. »

Ces observations sont intéressantes en ce qu'elles montrent qu'il en est des pigeons comme de tous les animaux quelconques. On les voit diversement doués; ils sont plus ou moins aptes, et plus ou moins heureusement conformés. En l'espèce, opposer une qualité à une imperfection, c'est bien si l'on ne peut faire mieux, si l'on ne peut écarter absolument tous les défectueux ou les incomplets; mais il n'y a point à hésiter lorsqu'on a pour soi le nombre. Foin des excentriques, des impotents, des vicieux, des mal tournés. On n'a rien à gagner avec eux; supprimez-les et de toutes les règles vous observerez la plus sûre. En tout et toujours, recherchez les meilleurs et détruisez les autres sans autre forme de procès. Voilà des préceptes le moins trompeur.

Le frère Agoard continue ainsi :

« L'accouplement des pigeons peut se faire en toutes saisons ; cependant il est plus facile au printemps. Pour y réussir, il faut que l'appareilloir soit hors de la vue des oiseaux de la volière, car autrement les deux prisonniers se consumeraient en efforts impuisants pour chercher à rejoindre ceux auxquels ils sont déjà attachés.... »

Parmi les pigeons qu'on enferme par deux dans l'appareilloir, certains refusent obstinément de s'appareiller. Il n'y a pas lieu d'insister à moins de circonstances particulières qui toutes se placent en dehors du cadre des éducations sérieuses. Mais on a la certitude que les oiseaux sympathisent et se conviennent lorsqu'ils se livrent aux caresses qui leur sont propres et qui toujours précèdent l'acte du mariage.

A les observer alors, on voit qu'ils se parent de tous leurs avantages, que mutuellement ils cherchent à se plaire; amour et galanterie semblent former le fond de leur caractère. Plein d'ardeur et de vaillantise, le mâle se tient près de la femelle qui lui écheoit et qui lui agrée, ou qu'il a choisie. Le plumage lisse et bien arrangé, tiré à quatre épingles, confiant et dispos il s'approche de la belle qui sans trop le montrer, n'a pourtant rien négligé pour paraître en toute son élégance et avec tous ses agréments. Mais c'est à l'autre à faire les avances. Il le sait, et le voilà qui va, qui revient et se carre; il tourne autour du cher objet comme pour l'admirer et en prendre la mesure, mais faisant aussi des courbettes, la cajolant et, toujours amant empressé, ne s'oubliant pas lui-même; il épanouit sa queue, fait la roue et parle d'or sans aucun doute, en modulant des sons amoureux et soutenus, expression de la sincérité de son ardeur, de la vivacité de ses désirs. Grave et calme à la surface, la pigeonne écoute, reçoit démonstrations et hommages comme choses toutes simples et parfaitement dues. Elle ne s'en étonne pas tout d'abord et n'en paraît point émue. Maîtresse d'elle-même, elle ne témoigne d'aucun empressement et joue presque l'indifférence; mais en elle se fait un travail qui peu à peu l'exalte et la conquiert. Aux agaceies, aux provocations de l'amant elle ne tarde pas beaucoup à répondre. Alors elle développe les grâces et les beautés dont elle peut se parer, elle aussi ; à son tour elle parle, mais *sotto voce*, sourdement, d'un son quasi étouffé, comme si elle craignait d'être entendue par d'autres que par celui à qui elle fait sûrement l'aveu de sa tendresse. Viennent à présent les caresses. Si elles sont un retard à l'accomplissement des désirs, elles sont aussi le prélude du bonheur et comme une suave préparation à la félicité suprême. Il n'y a plus de paroles pour raconter leurs faits et leurs gestes : en eux tout est grâce, charme, séduction. Voyez donc comme ils sont intéressants et beaux ces amoureux qui

Font la dînette et vont se becquetant entre eux.

On dirait d'une épreuve imposée par la future maman au futur papa. Celle-ci prend position et l'autre lui offre de la nourriture qu'elle reçoit en la manière où elle devra être donnée aux enfants à naître. Ainsi le sentiment de ces voluptueuses caresses est un composé des affections les plus douces, des élans de l'amour le plus passionné, de la tendresse paternelle, de la sollicitude maternelle et de la reconnaissance filiale. Et l'action se renouvelle, comme si elle exigeait un apprentissage de quelque durée. La femelle s'y complaît et en provoque le retour en allongeant le cou, en étendant à demi les ailes, en les agitant sous une sorte de frémissement expressif et, animée par le plaisir, en proie à une émotion visible, elle ne la cache plus, elle reçoit — heureuse — les baisers de l'amant et les dons du futur chef de la famille — *pater familias*. Ah ! si j'en juge par tout ce que je vois ici, j'élèverai à hauteur d'un aphorisme cette enivrante pensée : dans toutes les espèces, y compris la première de toutes, la nôtre apparemment, cher lecteur, la douceur et les témoignages d'une soumission toute volontaire donnent plus de grâces au beau sexe et inspirent plus d'amour et de tendresse à l'autre....

Je reviens à mes pigeons. En ces préludes, avec un art infini, ils ont épuisé toutes les délicatesses de la galanterie la plus raffinée; mais l'heure avance. Celles qui ont précédé ont insensiblement conduit nos amants aux plus grandes privautés : le mariage s'accomplit. L'acte qui le consomme ne dure qu'un instant. A demi baissée, la femelle reçoit l'époux dont les transports s'apaisent par un contact instantané. Alors se séparent les conjoints, mais pour se rapprocher bientôt et goûter de nouveaux plaisirs.

Quittons-les de même pour les retrouver un peu plus bas et les observer dans les suites nécessaires du mariage ; car nous avons à compléter ce paragraphe avant de passer à un autre.

Cette belle médaille a un revers, hélas ! c'est la loi commune. Tandis que les couples sont ainsi occupés à se conter fleurette et préludent aux sérieuses affaires du ménage par les attentions les plus délicates et les plus agréables passe-temps du parfait amour, surveillez avec soin volière, pigeonnier et colombier. Prenez garde qu'il n'y ait par là quelque veuf ou quelque célibataire jaloux tout prêts à porter le trouble dans les nids. Ce sont des envieux redoutables ; car ils n'ont d'autre souci que de semer la discorde dans les ménages. Si la fidélité et la constance ont jadis régné parmi les pigeons, c'est avant l'invention du célibat. Mangez ces traîtres ; pour eux, il ne doit y avoir ni grâce ni merci. En dehors d'eux, au surplus, j'ai déjà eu l'occasion de vous en avertir, il se commettra encore assez d'horreurs au pigeonnier : *colombine a des attraits et chez le voisin souvent l'esprit est* prompt tandis que la chair est faible — vieille histoire dont il faut s'efforcer de préserver les hôtes au cœur ardent et facile de nos colombiers. La maxime pourtant me semblerait plus exactement formulée si vous me laissiez en renverser les termes. Elle exprimerait alors cette vérité quintessenciée : prompte est la chair et faible est l'esprit; c'est peut-être bien le cas plus particulier des pigeons.

De mâle à mâle il y a parfois dans les colombiers des combats à mort. Ils n'ont d'autre cause qu'une rivalité d'amour.

Pour la même beauté ils brûlent d'une passion de forcenés. L'un des deux est de trop et doit disparaître. C'est un peu la loi commune. Les pigeons se battent bravement en se chargeant à coup d'ailes et de bec sur la tête, en s'arrachant des plumes.

Ce n'est point beau à voir.

Les écarts du régime conjugal, voire les coquetteries plus ou moins innocentes de certaines épouses accolées à d'affreux jaloux provoquent souvent aussi des troubles graves parmi les plus paisibles habitants du colombier, alors il y a du bruit dans Landerneau. Ceux qui se croient en passe d'être trompés, un jour ou l'autre, se mettent dans des colères rouges, bleues, jaunes, et plus ne se connaissent. Un rien les fait entrer en fureur et les voilà, les misérables! qui maltraitent horriblement leurs infidèles, celles à qui précédemment ils avaient donné tout leur cœur et tant fait de mamours! Après tout cependant, les chères belles n'ont pas toujours volé la vigoureuse raclée qui si brutalement les caresse. Elles ont parfois la maladresse de se laisser surprendre : or, le flagrant délit autorise ou excuse bien des sévices puisqu'on soutient qu'il peut aller jusqu'au « Tue-la, » voire jusqu'au « Tue-les. » S'ils ne tuent pas, ces mécontents qui à présent font si mauvais ménage, ils ont bien de la peine à supporter le bonheur des autres et souvent ils s'attachent à le défaire méchamment, à le troubler violemment. Les couples étrangers qu'on introduirait dans la colonie, pour en faire partie, deviendraient l'objet spécial de leur haine; ils les poursuivent à outrance et leur inspirent les craintes les plus légitimes au sujet de la progéniture.

Il y a des variantes. Tous les maris dupés ne se comportent pas de la même manière. Il en est qui se vengent des infidèles en les abandonnant pour s'unir à une autre dont ils attendent sans doute plus de constance et plus de loyauté. Il en est aussi qui, mécontents de leurs compagnes, se le disent sans plus de mystère, entre eux font un singulier échange et vivent tous ensuite en bonne intelligence. Ce sont les bons enfants ou les plus accommodants ; ce sont peut-être bien aussi les plus sages que ces troqueurs philosophes.

Il faut sans pitié supprimer les ménages perdus : aucun sacrifice ne doit être épargné à la paix du colombier. Essayez d'y ramener bonne vie et bonnes mœurs, la pureté et l'innocence de l'âge d'or. C'est la grâce que je vous souhaite au nom même de votre intérêt, chose aussi sacrée pour le moins que pigeonnes libres et époux malheureux.

L'accouplement a été, cela va de soi, l'une des préoccupations sérieuses de M. La Perre de Roo étudiant le projet d'établissement et d'entretien des pigeonniers militaires. Voici en quels termes il en a parlé :

« Vu la grande masse de pigeons de toutes provenances, il ne sera guère possible de choisir un mâle pour chaque femelle, comme le ferait un amateur qui n'a que 25 paires de pigeons à surveiller.

« Il faudra donc forcément abandonner un peu au hasard le choix des reproducteurs et par l'expérimentation corriger les imperfections.

« Dans cette situation, il conviendrait de conserver ensemble, autant que possible, les pigeons de même provenance qui étaient accouplés chez les vendeurs. Il arrive souvent que tel mâle ou telle femelle donnent de mauvais produits, tandis qu'en les séparant pour les accoupler différemment, ils réussissent mieux. Or, il est à présumer que l'amateur qui vend ses pigeons ait agi avec intelligence dans leur accouplement.

« Il est vrai que le temps tranchera bien vite cette question importante, si l'on a bien ou mal réussi : quelques voyages d'entraînement suffiront pour désigner d'une façon indubitable, par le retour ou par la perte des pigeons, les accouplements heureux ou rebutables.

« C'est pour cette raison que les jeunes pigeons, avant de quitter leurs nids, devraient tous être marqués, sur une des

rémiges des ailes, du même numéro que leurs parents, afin
de pouvoir supprimer ces derniers si leurs produits sont
mauvais et manquent à l'appel après les voyages d'essai,
car il est inutile de perpétuer une mauvaise race. »

Voilà une judicieuse observation à retenir et un excellent
conseil à mettre en pratique. Fonder une race sur les qualités
éprouvées est un moyen bien sûr de la voir arriver à toute
la perfection dont elle est susceptible. Et pour la maintenir
ensuite à son niveau le plus élevé, il n'y a pas d'autre science
à invoquer que la connaissance des ascendants, fortifiée par
celle des performances de leurs suivants.

Cette doctrine n'a rien d'embrouillé ; son flambeau dissipe
aisément toutes les obscurités de la pratique.

III. — L'INCUBATION.

A la recherche pleine de curiosité et d'attraits d'une compagne, aux premiers efforts tentés pour se faire agréer, naît
je ne sais quelle vague prescience de bonheur. Le choix s'arrête sous l'impression du même charme, et pourtant c'est encore l'inconnu. Malgré cela, toujours on avance ; de plus en
plus se prononce le désir de voir enfin partager idées, sentiments, ardeurs. C'est ainsi que les soupirants arrivent à se
faire écouter avec faveur. De là, on passe aux accords, de
ceux-ci aux fiançailles, et des fiançailles à la noce.

A chacun de ces préliminaires sont attachés un plaisir
actuel et les riantes promesses du lendemain. Si la joie des
accords a conduit au mariage, le mariage n'est encore que le
prélude d'une nouvelle série d'actes importants, ceux qui assurent la multiplication et la perpétuité de l'espèce. Chacun
d'eux aussi a ses douceurs particulières et ses jouissances
sans secondes en retour du labeur, des peines et des devoirs
qu'il impose. Un proverbe le dit : il n'y a pas de rose sans
épines, mais la rose est si fraîche, elle brille d'un si vif éclat,

elle exhale un parfum si suave qu'en rien ne la déprécient ces terribles épines.

C'est tout enivrés encore des pénétrantes senteurs des premiers jours que les époux, heureux amants, déjà se préoccupent des chers petits que leur donnera l'amour, et songent au berceau où certainement ils naîtront. J'ai dit la part que chacun ici accepte ou se réserve, et le soin qui préside à l'arrangement du nid. Rien ne presse assurément à l'heure qui passe surtout pour ceux qu'on loge plus ou moins confortablement; mais on n'aime pas chez les pigeons à remettre au lendemain les affaires de la veille. Comme le reste au surplus, ce travail plaît et témoigne d'un nouvel amour.

Nid de pigeons commande peu l'admiration; bien plus on en médit volontiers. On le trouve un peu trop sommairement établi; il n'a ni confort ni solidité. Si l'oiseau a la poésie du cœur, il n'a aucune des habiletés de l'art. Ah! que la critique est aisée et qu'est souvent difficile à trouver le secret des choses — *rerum causas!* Pour moi, il me vient à l'esprit que les pigeons n'auraient eu aucun motif plausible de se livrer ou de se vouer à l'homme si l'ignorance du nid ne les avait, pour ainsi parler, forcés à accepter ceux qu'on leur offre à peu près complets dans une demeure plus ou moins agréable, qui devrait toujours leur apparaître comme un château de plaisance. C'est pour cela que je me suis montré si minutieux en traitant de l'habitation en général et du pondoir en particulier. Et puis enfin si j'ai, pour le quart d'heure, si peu de penchant à m'associer au reproche banal adressé à ces oiseaux de mal faire leur nid, c'est que j'ai aussi dans l'idée que cet arrangement intérieur, un peu grossier ou négligé, a peut-être bien sa raison d'être : est-ce qu'il ne présenterait pas ainsi moins de prise aux mites, ces petits riens ardents, si puissants à la destruction de la progéniture?

Quoi qu'il en soit, les préparatifs dont les oiseaux ont charge terminés, la femelle prend le nid et, pendant 48 heures environ, le garde du matin à la chute du jour. Il en est cependant qui y mettent moins d'empressement, alors le mâle s'y place et, d'un son plein, plus bas que le roucoulement ordinaire, il invite sa compagne à y venir. A son approche il lui manifeste son contentement par un doux frémissement des ailes auquel répond de la même manière la femelle en prenant place auprès du mari, et les voilà tous deux, l'un contre l'autre amoureusement pressés, qui semblent s'essayer aux jouissances prochaines de l'incubation. C'est comme une leçon donnée, comme un enseignement offert à la pondeuse ignorante ou inconsciente. Mais la science bientôt lui vient et successivement, à un ou deux jours d'intervalle, elle pond les deux œufs blancs qui sont le premier fruit de son premier amour. Que si, pourtant, elle mettait ou indifférence ou mauvais vouloir à répondre à l'appel de l'époux, ce dernier, quittant le rôle d'amant ou d'instructeur complaisant, prendrait le rôle ou les façons impérieuses du maître qui entend qu'on obéisse lorsqu'il commande.

Les œufs pondus, l'incubation commence et se prolonge de 16 à 20 jours suivant la saison, rude labeur et longue faction pour des êtres qui aiment la vie active, l'air et l'espace. Mais les époux, se partageant la besogne, en abrégent la durée et la fatigue. La future maman tient généralement le nid depuis trois ou quatre heures de l'après-midi jusqu'au lendemain entre neuf et dix heures du matin. Alors le père la remplace et consciencieusement couve tandis que la femelle vaque à ses petites affaires, mange et se repose de l'attitude contrainte qu'elle a forcément conservée. A son retour, à heure fixe, le mâle reprend sa liberté et aussi ses fonctions de surveillant ou de gardien fidèle. Se livrant à la flânerie, parfois colombine muse et s'attarde. Le moment est mal choisi. Il s'agit d'affaires sérieuses et de la plus haute importance, qui ne souffrent ni écart ni négligence. Dans un cas pareil, le mâle se porte au-devant de la flâneuse et l'informe qu'elle s'est par trop oubliée. L'observation est prise en bonne part et très-promptement est réintégré le nid. C'est à charge de revanche, au surplus, lorsque le mâle ne revient pas exactement à son poste. Ces rares exceptions en rien ne troublent la sérénité des époux. A l'ordinaire ici, ni mauvais vouloir, ni méchante humeur, ni dégoût, ni querelle : toutes les douceurs du ménage, au contraire, mais aussi toutes les attributions pénibles convenablement ou équitablement réparties. Aimant femme et enfants, le mari a souci du ménage et prend sa part des soins que réclament les petits, soulageant et adoucissant la peine de sa compagne comme pour mettre entre elle et lui cette égalité dont dépend en partie le bonheur de toute union durable. Je ne sais quelle voix intérieure me crie aux oreilles de saisir la balle au bond et de faire de ceci un bel exemple, un beau modèle à imiter par d'autres que par des pigeons. Dieu m'en préserve ! J'ai bien autre besogne en tête, et sans plus rien voir ni entendre, en toute hâte je passe, car moi aussi je m'attarderais sans y penser.

Cependant les choses ne vont pas toujours aussi droit que je viens de le dire. Voyons les écarts ; il est bon qu'on sache ce qui, en dehors de la règle générale, peut se présenter encore assez fréquemment. Eh bien donc, de jeunes pigeonnes parfois commencent par pondre des œufs clairs ou non fécondés. En surveillant celles-ci, on arrive néanmoins à utiliser la bonne volonté qu'elles apportent à couver. Après les cinq à six premiers jours d'incubation, examinez leurs œufs. S'ils ont été fécondés, ils auront entièrement perdu leur transparence, et vous leur trouverez une teinte plombée que ne présentent jamais les œufs clairs ou stériles. S'il en est ainsi, enlevez ces œufs et leur en substituez d'autres que vous emprunterez à une femelle éprouvée, ou bien attendez que les femelles donnent une nouvelle ponte. Vous gagnerez toujours ainsi du temps. Inutile d'ajouter que ces moyens ne sont applicables qu'à des petites éducations de volière, intéressant exclusivement des variétés d'amateurs.

La production des œufs clairs est ou un péché de jeunesse, qui très-rapidement passe, ou un effet de vieillesse qu'on

11.

supprime en réformant les impuissants. Trop pressés les jeunes et trop présomptueux les autres. La remarque s'attache aux deux sexes. La ponte commence à six mois, nous disent carrément certains écrivains. Ils auraient dû ajouter qu'à cet âge elle est presque toujours stérile. La règle générale porte plus près du milieu de la deuxième année la fécondité active de l'oiseau que de ce premier âge où elle ne se remarque encore qu'à l'état latent. Quoi qu'il en soit, l'œuf clair vient des oiseaux qui ne sont pas encore adultes ou de ceux que la réforme doit se hâter d'atteindre. Il y a toutefois un moyen de les éviter dans les races de volière les plus précoces, c'est de marier les jeunes femelles à des mâles courant sur leur troisième année, et les jouvenceaux à des mères dont les couvées invariablement réussissent.

Les grandes éducations, ne s'attachant pas aux variétés de cet ordre, n'appellent pas ces soins indispensables, au contraire, dans les conditions d'un élevage d'amateurs.

Il arrive souvent aux premières pontes de ne donner qu'un œuf : c'est encore un effet de jeunesse, le résultat d'une trop grande précipitation. Il est rare que le fait se reproduise à la deuxième année de la pondeuse.

Les pontes très-hâtives résultent très-certainement d'une prédominance très-prononcée de l'appareil organique préposé à la production des œufs. Lorsque cette prédominance va jusqu'à susciter une excitation maladive, la femelle est atteinte d'un mal qui a reçu le nom d'*avalure*. Les pontes trop multipliées sont au nombre des causes de cette maladie dont l'étude sera abordée dans un chapitre spécial.

Sur les deux œufs d'une même ponte enfin, il peut arriver que l'un soit fécond tandis que l'autre est clair. Je ne sais plus qui a formulé cette assertion : « pour pondre et féconder le second œuf, il faut un nouvel accouplement. » Si la seconde partie de la proposition n'est que hasardée, à coup sûr la première est absolument erronée. Les femelles des oiseaux pondent fort bien sans avoir eu aucun contact avec le mâle,

J'en donnerai ci-dessous une très-curieuse et très-intéressante preuve.

Dans le cas indiqué où l'incubation se serait exercée sur un œuf clair en même temps que sur un œuf fécondé, le parti à prendre n'a rien d'embarrassant. A la naissance du petit, on examine l'autre œuf, et vite on le retire parce que, s'obstinant à le couver encore, les parents négligeraient le nouveau-né auquel pourrait survenir quelque fâcheux mécompte.

« L'attachement de la femelle à ses œufs est si grand, a dit Buffon, si constant, qu'on en a vu souffrir les incommodités les plus grandes et les douleurs les plus cruelles, plutôt que de les quitter : une femelle entre autres dont les pattes gelèrent et tombèrent, et qui, malgré cette souffrance et cette perte de membres, continua sa couvée jusqu'à ce que ses petits fussent éclos. Ses pattes avaient gelé parce que son panier était tout près de la fenêtre de la volière. »

Oh ! le sentiment de la maternité n'est comparable qu'à lui-même. S'il y avait ici à invoquer des témoignages on les trouverait et nombreux et péremptoires. C'est inutile, n'est-ce pas ? Pour moi, je le vois double ; en lui je rencontre à la fois l'impétueux besoin d'être mère et l'amour exalté des enfants : ce sont parties d'un tout inséparables et d'une façon inéluctable se complétant l'une l'autre. A ce sujet laissez-moi vous rapporter en un style aimable et simple auquel je ne changerai pas un mot, une bien jolie historiette. Je la mets à cette place en manière de phrase incidente. Elle m'est donnée en deux récits, suivis d'un *post-scriptum* final, par une bonne amie au cœur chaud, en qui la fibre maternelle vibre au plus fort. Voici son gracieux épisode.

IV. — FÉLICE — MÈRE QUAND MÊME.

A. — Dans l'un de ces intérieurs paisibles comme on n'en voit plus guère à Paris, entre une dame fort âgée et deux anciens serviteurs, le mari et la femme, devenus en réalité avec leur fils, filleul de la chère maîtresse, toute la famille de celle-ci, je ne sais quel incident introduit un pigeonneau.

C'est à qui choiera le plus le jeune oiseau. S'il est l'enfant du foyer, il en est aussi la joie. Il se prête à tout ce qu'on veut, on l'aime, on le caresse, il laisse faire; on cause avec lui, il laisse dire ; mais il prend plaisir à écouter et à recevoir; il se montre voluptueux sous la main qui lisse son beau plumage, il frissonne sous les lèvres qui le baisent; et puis — cela est vrai — il se met à roucouler amoureusement comme pour répondre aux caresses de la voix qui lui débite des douceurs.

Jamais volière ne posséda pensionnaire ni plus heureux ni plus charmant. De son sexe nul ne s'était inquiété. On fut donc bien surpris, un jour, de l'assiduité avec laquelle, contrairement à des habitudes bien connues, Félice gardait le nid. A son refus d'en sortir, on soupçonna la vérité, bientôt vérifiée. Il y avait un bel œuf sous ce joli corps, un bel œuf soigneusement entouré sous l'édredon de l'oiseau.

Ce ne pouvait être, hélas! qu'un œuf clair.... Après une incubation obstinée, prolongée, il fallut quitter le nid. Qui pourrait dire les regrets, le chagrin, la déception auxquels aboutit ce laborieux effort.

L'œuf fut enlevé.... Un autre vint, puis un troisième... Et, point n'est besoin de le dire — toujours même travail, mêmes espérances et aussi même résultat négatif. Pigeonne sans pigeon ne peut rien.. — Peut-être, se dit-on. Dans ce mot, il y avait une idée ?

Si Félice pond encore, nous demanderons à Suzanne un œuf de sa plus jolie poule et tout aussitôt il prendra la place de celui de la pauvre pigeonne.

La substitution se fit. Félice adopta l'intrus et ardemment le couva pendant dix-huit jours, dépassant de quarante-huit heures le terme de l'incubation des œufs de pigeon. Croyant

sans doute alors a une nouvelle déception, elle abandonna le
nid. qu'elle ne voulut pas reprendre. Mais les poussins n'e-
closent qu'après vingt et un jours bien comptés. L'œuf fut
enlevé au nid, placé dans la ouate que dame Félicie, la mar-
raine de Félice, avait interposée à cet effet entre son corset
et.... le point le plus favorable à la conservation d'une température élevée. Pendant deux jours et trois nuits, elle couva
ainsi elle-même et à bien mena l'œuvre inachevée de la pigeonne.

Le poussin éclos et fortifié, toujours porté par dame Félicie,
devint l'objet des plus vives préoccupations de Félice qui ne
quittait plus la mère nourrice.

De nouveau sollicitée par le besoin d'être mère, la pigeonne
pondit encore et encore à son œuf on substitua un œuf de
poule, couvé comme le premier pendant dix-huit jours par
Félice et artificiellement achevé par dame Félicie.

Deux poulettes sont nées ainsi à six semaines de distance.
On les a données à Suzanne. La plus jeune a sept mois révo-
lus et, comme la première, a commencé sa ponte.

Si Félice demande à couver encore, on lui donnera satisfaction encore.

Le fait n'est curieux qu'en cela, sans doute, qu'il est sans
précédent en l'espèce.

B. — Comme petit bonhomme, Félice — la mère quand
même — vit encore ; elle fournit large carrière et finira par
peupler une petite basse-cour.

Aux deux pondeuses que la pigeonne a mises au monde
sont venues se joindre trois nouvelles existences en deux
couvées. A chacun des œufs qu'elle pondra, on utilisera son
impérieux besoin d'être mère. C'est plus qu'un désir, en
effet, qui l'aiguillonne. Si elle avait près d'elle un époux, il
n'y aurait lieu de s'étonner ; mais elle vit dans un célibat
absolu ; elle ne sort point, et ne reçoit aucune visite d'aucun
des siens. Mère de famille, elle n'a point connu le mariage.
Née pour aimer, elle ne connaît que l'amour maternel..Les

joies en sont, au surplus, aussi vives que douces, et par tous les pores elle en témoigne.

Son troisième, né sous son aile après 21 jours d'incubation, est une charmante petite poulette qui semble retenir quelque chose de la pigeonne, toute gracieuse et toute mignonne. Avec les deux aînées, elle compose un trio vraiment distingué. Très-privées, toutes trois elles sont remplies de gentillesse, d'un naturel mignard. Entre toutes, elles attirent le regard, commandent je ne sais quelle sollicitude à part et se font particulièrement aimer. Ce sont les favorites de Suzanne.

Nombre de personnes ont vu l'étonnement des poules auxquelles on fait couver des œufs de cane, lorsque, suivant leur instinct, les petits vont à l'eau et y restent à barboter. On se prend alors de compassion pour cette pauvre mère inquiète et déroutée. On partage son chagrin, on voudrait pouvoir lui faire entendre que les petits ne courent aucun danger, qu'ils sont dans leur élément et qu'elle n'est — la malheureuse — qu'une mère postiche. On la plaint sincèrement encore, car si elle pouvait comprendre tout de suite, quel désenchantement et quelle torture! Ces petits auxquels elle a pendant 21 jours, donné toute la puissance de sa vie, la chaleur concentrée de son corps, son ardente vitalité, tous ses sentiments et jusqu'à l'exagération d'une maternité anticipée, ces petits ne sont ni la chair de sa chair, ni le sang de son sang. Ce sont des étrangers, des dissemblables; ils ne peuvent l'aimer, et effectivement ils ne l'aiment point!....

Eh bien! cette désillusion, cette poignante douleur, Félice les a éprouvées dès le lendemain de la naissance. A peine, elle a eu un jour de bonheur. Cette nourriture spéciale, préparée avec amour, et qui est au pigeonneau tout récemment éclos, ce qu'est au nourrisson le premier lait, lorsqu'elle a voulu, pleine de tendresse et de sollicitude, la dégorger dans le bec de l'enfant, celui-ci ne pouvait et n'a pu se prêter à l'acte provoqué. Quel désespoir alors! D'où venait ce refus?...

mais s'il ne peut manger ce cher petit, il ne vivra pas. Triste, oh! bien triste, elle le remet sous son aile, le réchauffe, le couve encore et l'achève. Mais l'heure de l'appétit a sonné. Le poussin sort, il s'échappe; il parle, il demande; car il a faim... — Qu'est-ce? ceci jamais n'a été ni voix ni langage de pigeon. — La surprise est extrême. L'enfant piaille et n'entend à rien : ventre affamé n'a pas d'oreilles. Dame Félicie intervient alors et donne au petiot de façon à le contenter et à le réconforter. La malheureuse mère a compris. Celui-ci encore n'est pas le fruit de ses entrailles.....

Possédée du même besoin toujours, Félice se remet à pondre. Cette fois on plaça deux jolis petits œufs dans son nid. Deux œufs de poule sous une pigeonne! c'est hardi!

Félice les accepte, les enveloppe avec soin et avec bonheur les couve. Elle croit encore en sa puissance. Après tout, qui sait? Peut-être à la fin son vœu le plus cher sera-t-il exaucé? A son ardeur on devine qu'elle est en pleine confiance. Elle a la foi. C'est toujours respectable, et l'on admire son grand courage.

La chose se répand et fait quelque bruit. On vient visiter l'intrépide couveuse. Son cas est assez extraordinaire pour exciter la curiosité. Il vient des dames ; Félice ne s'en émeut et ne bouge. Il vient aussi des hommes; mais leur présence inquiète, tourmente, chagrine et dérange l'oiseau qui manifeste son déplaisir et témoigne de son mécontentement. Toute main qui s'approche reçoit de vigoureux coups de bec. Et si l'avertissement demeure sans effet, la couveuse se lève menaçante, furieuse, et, par ses attaques violentes et répétées, force à quitter la place. C'est un acharnement sans égal auquel la douleur oblige à se soustraire.

Dame Félicie n'a à redouter ni mauvaise humeur ni indifférence. C'est une amie recherchée et cajolée avec laquelle Félice échange en tout temps baisers et caresses. Pour donner et pour recevoir, le tendre oiseau prend es attitudes les plus gracieuses et les plus significatives.....

Mais pour arriver à bien, les deux œufs demandent une dose de chaleur plus forte sans doute que Félice n'a pu leur en communiquer. Ils sont abandonnés à la fin du dix-huitième jour. Dame Félicie s'en empare et prend d'eux les mêmes soins que j'ai précédemment indiqués. Le même succès a couronné sa sollicitude et ses attentions.

Les deux poussins qui viennent d'éclore sont pleins de vigueur et de promesses. Ils vivront. Les voilà cinq bien comptés.

P. S. — Vous connaissez la fable de Tantale condamné pour une piètre idée, suivie d'une méchante action, au tourment perpétuel de la faim et de la soif. Planté au beau milieu d'un vaste étang et sous un bouquet d'arbres chargés des meilleurs fruits, l'eau claire, fraîche et limpide échappait sans cesse à ses lèvres desséchées, et de même la riche moisson de ces belles branches qui se redressaient à chacun des efforts de la main pour les saisir.

Tel était le supplice de notre malheureuse pigeonne. Elle avait faim, elle avait soif de toutes les jouissances de la maternité et à l'heure même où elle croyait les tenir, hélas ! et en vivre amoureusement, elles s'évanouissaient.

Mauvais fils, méchant père, âme noire, cœur criminel, Tantale avait mérité son sort, et nul, même aux enfers, ne pouvait justement le plaindre. Mais Félice, tout amour et tout dévouement, sans raison avait le pire destin. Dieu est bon pourtant,

Et sa bonté s'étend sur toute la nature.

Aux cœurs des amis de notre pigeonne, il a mis une douce compassion. On tint conseil, un jour, un bienheureux jour, et la décision concertée mit fin aux tortures de Félice, trèsbeau parti après tout.

On lui chercha, sans peine on lui trouva un bon garçon de mari, agréablement tourné, richement paré, fringant et des plus amoureux. Gros-Jean sut se présenter et plaire : sans minauderies, on l'agréa.

Le mariage ne se fit point attendre. En ce moment les époux élèvent une deuxième nichée. Leurs aînés n'ont pas encore cinq semaines. Félice jouit d'autant plus de sa félicité qu'elle est plus complète après avoir été plus retardée.

Envoyez-lui vos félicitations, mon ami; elle les recevra avec une satisfaction égale au plaisir que j'éprouve à vous dire et ses joies et son bonheur.

V. — ÉCLOSION. — ÉLEVAGE DES NOURRISSONS.

Avant, pendant et après : — nous avions à parcourir les points nombreux de ce grand cercle. Voici que nous touchons aux derniers termes de cette importante et intéressante question de la reproduction. N'ont pas été si faciles nos commencements; ne sera guère plus aisée la fin de notre tâche, mais il n'y a pas à reculer : nous ne saurions à présent demeurer à mi-côte. Avec courage donc et sans reprendre haleine nous nous remettons en route avec l'espoir fondé d'une prochaine arrivée.

Bienheureux alors si l'on trouve que nous avons fait bon voyage.

Pendant les derniers jours, pendant les dernières heures surtout de l'incubation, la couveuse — si près d'être mère — redouble de zèle et d'attention; un instinct impérieux plus obstinément encore l'attache à son œuvre. Elle comprend, *elle suit avec anxiété le travail qu'entreprend le petit pour* sortir de son étroite prison, car il ne saurait plus y vivre. La première attaque du bec sur la coque de l'œuf a retenti jusqu'au fond des entrailles de la mère. Elle ne bouge plus et concentre sur le travailleur toute sa puissance, toute sa chaleur, source de force et de vitalité pour ce cher enfant qui pioche et bêche jusqu'à ce que soit complétement brisée la coquille.

À présent, c'est fait; l'oisillon est né. Mais il est tout

mouillé; il faut soigneusement le préserver du froid. Les parents savent cela. A cette bonne place a été mise la science infuse que vainement on chercherait ailleurs. Ils retiennent donc chaudement ces deux jumeaux qui viennent de naître à très-court intervalle, frère et sœur le plus souvent, ou frères ou sœurs beaucoup plus rarement. Sous l'édredon de la mère, ils se ressuient promptement à demi, et sous l'édredon non moins épais du père s'achève l'utile et bienfaisante opération. Avec quelle tendresse ils s'appliquent à cette première besogne et s'en acquittent. « Il y a je ne sais quoi de charmant et de tendre, dit un naturaliste, dans les soins des pigeons pour leurs petits; tour à tour le père et la mère les couvent et les réchauffent avec précaution sous leurs ailes; et comme les pigeonneaux ne sauraient avaler le grain qui doit les nourrir, alors de même que le pis de la vache se gonfle de lait; lorsque le veau demande la nourriture, de même le jabot des pigeons mâles et femelles, à l'appel des petits se gonfle et s'emplit des substances propres à les alimenter. » Ce langage s'adresse plus aux gens du monde qu'aux physiologistes, car il est plus imagé qu'exact. Il veut dire toutefois que l'aliment des premiers jours est une sorte de laitage extrait des graines dont les parents ont sûrement fait le choix le plus intelligent à l'intention du nourrissage des jeunes. Tel qu'il est préparé dans le jabot, l'aliment peut, en effet, être comparé au lait caillé.

J'ai précédemment décrit en détail le procédé tout spécial d'abecquement des nourrissons; inutile d'y revenir.

Le premier aliment dont je viens de parler est celui des huit premiers jours exclusivement; à partir de là, il s'y mêle quelques graines digérées à demi et puis entières, mais ramollies. Alors disparaît peu à peu la préparation spéciale, et l'abecquement arrive insensiblement à ne donner plus que le grain tel qu'il est afin que les oiseaux perdent l'habitude contractée de vivre par le travail des autres. La leçon leur est faite; ils s'essayent à chercher, à choisir, à becqueter eux-mêmes le grain à terre ; l'apprentissage est de courte durée, et les voilà grands garçons, mangeant et buvant comme père et mère.

Remarquez la progression observée par les parents dans l'alimentation des jeunes pendant la durée de ce nourrissage, première période d'élevage des pigeonnaux. C'est d'abord une sorte de bouillie laiteuse, préparée *ad hoc* et exclusivement servie à de petits estomacs, très-délicats ; puis un mélange de cette bouillie et de grains appétissants à demi digérés, simplement ramollis plus tard, et enfin le grain en nature qu'il va falloir même ramasser, cueillir de son propre bec à la manière des autres, et comme l'ont toujours fait de père en fils les pigeons depuis qu'ils ont été créés et mis au monde pour se suffire en tout et pour tout, dès l'âge de raison ou de puissance.

Ce ne sera pas tout, effectivement, que de prendre à terre des graines semées à dessein, il faudra aller et venir pour les trouver, pour les choisir avant de s'en repaître. Et puis une autre connaissance à faire — celle du vol. Je vais y arriver.

Avant de passer outre, je me rappelle une charmante page de l'*Oiseau*, procès-verbal, éloquent par sa simplesse, de la naissance en cage du fils de *Jonquille*, une serine qui grâce à l'écrivain, passera à la postérité.

Il sortait de l'œuf l'enfant. « Sauf quelques longs duvets aux ailes et à la tête, il était tout à fait nu.

« Le premier jour, la mère lui donna seulement à boire. Il ouvrait cependant déjà un bec fort raisonnable.

« De temps en temps, pour le faire mieux respirer, elle s'écartait un peu puis le remettait sous son aile, et le frictionnait délicatement.

« Le second jour, il mangea, mais une becquée, fort légère, de mouron, bien préparée, apportée par le père d'abord, reçue par la mère et transmise par elle avec de petits cris. Vraisemblablement c'était moins nourriture que purgation.

« Tant que l'enfant a ce qu'il faut, elle laisse le père voler, aller et venir, vaquer à ses occupations. Mais dès que l'enfant demande, la mère, de sa plus douce voix, appelle le nourricier, qui remplit son bec, arrive en hâte et lui transmet l'aliment.

« .... Le huitième jour, l'enfant ouvre les yeux quand on l'appelle, et commence à bégayer ; le père hasarde de le nourrir lui-même. La mère prend des vacances et fait de fréquentes absences. Elle se pose souvent au bord du nid et contemple amoureusement son fils. Mais celui-ci s'agite, sent le besoin de mouvement. Pauvre mère ! Dans bien peu il voudra t'échapper.

« Dans cette première éducation de la vie élémentaire et passive encore, ce qui était évident, perceptible à tout moment, c'est que tout était proportionné avec une prudence infinie à la chose la moins prévue, chose essentiellement variable, la force individuelle de l'enfant ; les quantités, les qualités, le mode de la préparation alimentaire, les soins de réchauffement, de friction et de propreté, administrés avec une adresse et une attention de détails, nuancés selon l'occurrence, tel que la femme la plus délicate, la plus prévoyante, y aurait à peine atteint. »

Eh bien ! qui donc avait appris tout cela à Jonquille ? La bonne mère était née en cage, elle aussi. J'avais raison de dire tout à l'heure que la science de la maternité — car c'en est une, allez, est la science infuse. Et la remarque est vraie, car une foule d'autres connaissances qu'on pourrait croire tout aussi naturelles ne s'acquièrent que par un apprentissage nécessaire. Toute chose de la compétence de l'oiseau n'est pas de même innée en lui. « Tout comme l'homme, a dit aussi Michelet, l'oiseau ne sait pas sans avoir appris. »

Le vol est particulièrement dans ce cas.

A cette première initiation à la vie, il faut un complément. Ceux qui ne l'ont pas reçu sont des fils dégénérés, des incomplets. Le meilleur moyen de conquérir en entier le pigeon a certainement consisté à le prendre dans le nid avant que père et mère lui aient donné la première leçon de vol. En deux ou trois générations, la fonction aura perdu toute son activité, l'oiseau l'aura complétement oubliée et ne s'essayera même pas à la rappeler. C'est la condition de maintes variétés de volière. La condition vient d'ignorance, et celle-ci de l'absence d'éducation professionnelle, éducation plus ou moins laborieuse, selon le milieu et les circonstances, suivant la destination ou le métier propre à l'espèce.

Il paraît aussi naturel de voir barboter un canard que de voir voler une hirondelle. Celle-ci et l'autre sont à leur place respective et chacun, dans la pleine activité de ses fonctions, n'exerce en réalité que son état. Ils ont toutefois commencé par l'apprendre. Ecoutez donc ce double récit, il vous intéressera.

« J'observais, cet été, a écrit Michelet, sur un étang de Normandie, une cane, suivie de sa couvée, qui donnait sa première leçon. Les nourrissons, attroupés, avides, ne demandaient qu'à vivre. La mère, docile à leurs cris, plongeait au fond de l'eau, rapportant quelque vermisseau ou un petit poisson qu'elle distribuait avec impartialité, ne donnant jamais deux fois de suite au même caneton..... sa préoccupation visible était d'amener sa famille à faire comme elle, à disparaître intrépidement sous l'eau pour saisir la proie. D'une voix presque douce, elle sollicitait cet acte de courage et de confiance. J'eus le bonheur de voir l'un après l'autre chacun des petits plonger, peut-être en frémissant, au fond du noir abîme. L'éducation venait d'être achevée. »

Voyons à présent comment se fait celle de l'oiseau. Pour le moment, il s'agit de l'hirondelle. La parole reste au préopinant.

« Les leçons sont curieuses. La mère se lève sur ses ailes ; l'enfant regarde attentivement et se soulève un peu aussi. Puis, vous le voyez voleter ; il regarde, agite ses ailes... Tout cela va bien encore, cela se fait dans le nid.... La difficulté commence pour se hasarder d'en sortir. Elle l'appelle, elle lui montre quelque petit gibier tentant, elle lui promet récompense, elle essaye de l'attirer par l'appât d'un moucheron.

« Le petit hésite encore. Et mettez-vous à sa place. Il ne s'agit pas ici de faire un pas dans une chambre, entre la mère et la nourrice, pour tomber sur des coussins. Cette hirondelle d'église, qui professe au haut de sa tour sa première leçon de vol, a peine à enhardir son fils, à s'enhardir peut-être elle-même à ce moment décisif. Tous deux, j'en suis sûr, du regard plus d'une fois mesurent l'abîme et regardent le pavé…. Pour moi, je vous le déclare, le spectacle est grand, émouvant. Il faut *qu'il croie* sa mère, il faut *qu'elle se fie à l'aile* du petit si novice encore…. Des deux côtés, Dieu exige un acte de foi, de courage. Noble et sublime point de départ !… Mais il a cru, il est lancé, et il ne retombera pas. Tremblant, il nage soutenu du paternel souffle du ciel, des cris rassurants de sa mère…. Tout est fini…. Désormais, il volera indifférent par les vents et par les orages, fort de cette première épreuve où il a volé dans la foi. »

L'éducation de pigeon n'est ni moins laborieuse ni moins compliquée ; elle ne donne ni moins de soucis aux parents, ni moins d'appréhensions aux enfants. Avant de les persuader qu'ils doivent quitter le nid, on leur a fait éloquemment la leçon ; complaisamment on la répète au seuil du colombier ou de la volière, en un point bien choisi du promenoir où se fait l'éloge le plus enthousiaste du libre arbitre ; et les excitations à prendre la clef des champs de recommencer après un essai informe ou craintif qui a porté l'élève jusqu'sur le toit le plus voisin. Si la petite hirondelle hésite, elle si légère, si exclusivement faite pour le vol ; bien plus encore hésite ce pigeonneau maladroit, peureux et lourd. A la fin pourtant il se livre et bientôt, docile aux leçons ultérieures, il se perfectionne au point d'être et le plus gracieux et le plus complet. Mais supprimez-lui le bénéfice de l'enseignement primaire, il demeurera ignorant, gauche, incapable de se suffire à lui-même ; il a fallu lui apprendre à se nourrir, il n'apprendra pas seul le vol, surtout si on a soin de tenir toujours à sa portée le boire et le manger qui lui sont nécessaires. Les races sédentaires ne sont pas difficiles à former. Enlevez-leur l'éducation des parents, satisfaites à leurs besoins alimentaires et point ne les verrez s'éloigner de la volière.

Cet oiseau, si puissant dans le vol, si bien fait pour l'espace et pour la liberté, pour la vie au large et pour l'indépendance, n'est lui-même, ou plutôt ne conquiert l'autonomie, que par le bienfait de l'éducation professionnelle ; il ne se forme pas tout seul ; il faut qu'on l'achève : il n'est que par la science, que par l'apprentissage des actions et des fonctions les plus naturelles — l'usage de l'aile appliqué à la recherche de l'aliment. L'ignorance de cette chose en fait un asservi et un impuissant, qui se laissera mourir de faim plutôt que de se décider à aller chercher ou près ou loin, n'importe où, ce dont il a le plus pressant besoin. J'ai beau regarder autour de nous, parmi tous ceux qui ont accepté la soumission la plus absolue, je n'en vois pas un autre qui se comporte ainsi.

A n'en pas douter, il y a parmi les parents des instructeurs plus ou moins habiles et patients, et parmi les jeunes des esprits plus ou moins ouverts et attentifs, des élèves plus ou moins disposés ou réfractaires, car l'éducation avance plus ou moins rapidement suivant l'aptitude ou de ceux qui la donnent ou de ceux qui la reçoivent. Les variétés peu fécondes n'ont aucun motif pour se hâter : tout le monde ici prend son temps, les petits et les grands. Il n'en est plus de même des races précoces à fécondité très-active. Pour celles-ci, tout a besoin d'aller vite. Le retour prochain de la ponte presse la mère qui volontiers oublie ceux qui maintenant doivent pouvoir se suffire à eux-mêmes pour ceux qui ne vivent encore que dans l'avenir et auxquels, dès à présent, elle se doit tout entière. Elle abandonne donc les soins du sevrage des petits à l'époux ; mais ce dernier, qui a charge

d'incubation presque autant que la femelle, n'aime pas à voir
trainer les choses en longueur et précipite les solutions qui
tardent trop à son gré, alors il chasse du nid les lambins ou
les paresseux et cesse de s'en occuper, c'est à eux de se gouverner à cette heure, à eux de faire par eux-mêmes et ceci et
cela, tout ce qui en un mot concerne leur état.

> Tant que vous n'avez pu, ma mie,
> Pourvoir vous-même à vos besoins,
> De vous j'ai pris de tendres soins.
> A présent que vous voilà grande,
> Je ne reviendrai plus.

Dans les éducations domestiques, l'éleveur intervient du
moment où, au contraire, les parents vont cesser d'agir. Ceci
devient une affaire spéciale et formera le sujet du chapitre
suivant.

Accuser les jeunes de nonchalance ou de paresse, ce n'est
ni les calomnier ni même en médire. Je m'explique. Leurs
nourriciers s'acquittent si pleinement et si utilement de leurs
fonctions que de leurs oisillons ils font des oiseaux extrêmement gras. C'est la condition la plus opposée à une grande
activité corporelle, celle dans laquelle sommeillent tous les
actes de la vie extérieure. Nous y trouvons une compensation
trop appréciable pour n'en pas faire notre profit. En effet,
c'est l'heure où le pigeonneau offre au consommateur sa chair
la plus succulente et la plus parfumée ; c'est le bon moment
pour le prendre et *le livrer à la cuisinière. Plus tard, après le*
sevrage, il a maigri et durci. C'est l'effet du sevrage qui con-
damne au travail. Voilà une précieuse indication à l'adresse
des gourmets.

UN PEU D'HYGIÈNE.

A voir comment sont conduites en général les affaires
de l'hygiène dans les colombiers, dans les pigeonniers et
dans la plupart des volières, on s'instruirait peu touchant les
recommandations les plus élémentaires de l'hygiène. Le pigeon n'est pas de ceux que nous soignons avec le plus de sollicitude, mais de ceux plutôt qu'on voue à l'abandon et à l'incurie. Il semble qu'on ne lui doit rien, qu'on ne peut l'aider
en rien et qu'en retour il nous doit tout, tout et le reste.
C'est à lui à se suffire et à se parfaire avec défense expresse
— sous peine de mort vraiment — de toucher à rien ou à
quelque chose. Envers lui, nous n'avons guère d'autres prétentions ou d'autres exigences..... quel bon billet il a tiré à
la loterie de la civilisation !

En dehors de la question d'habitation sur laquelle je n'ai
pas à revenir, en dehors aussi de la question d'alimentation
dont il faudra parler bientôt, l'hygiène va nous dire, en se
pressant un peu, quels soins particuliers appellent et méritent
de recevoir les hôtes du colombier et de la volière. Le sujet a
déjà été effleuré au passage; mais il devait revenir et revient
plus spécialement à cette bonne place qui est la sienne.

Air pur et tempéré, espace suffisant, deux nids par couple,
lumière abondante, telles sont les conditions précédemment
réclamées pour la bonne et saine installation de nos colonies
de pigeons quelle que soit, au surplus, leur importance sous
le rapport du nombre. Mais tout n'est pas encore là, et voici
d'autres conditions, très-essentielles aussi.

En premier lieu la propreté, celle qui résulte du nettoyage
renouvelé de l'aire de l'habitation et de l'intérieur des nids ;
sur ce point on ne se montrera jamais assez soigneux. Tout

local habité par des êtres vivants est sous la menace imminente de l'infection. La respiration qui use l'air respirable et l'accumulation des excréments dont la fermentation est rapide, telles sont les causes incessantes de viciation de l'atmosphère intérieure de toute pièce habitée : pigeonniers et volières ne font point exception à la règle. C'est à l'aération à entretenir l'air dans toute sa pureté par le double rôle qu'elle a à remplir, enlever l'air usé ou les gaz irrespirables qui sans cesse se dégagent, et les remplacer par de l'air neuf ou vital. C'est à la personne chargée de donner ses soins au colombier ou à la volière à retirer aussi fréquemment que besoin est les excréments et les litières qui en sont imprégnées.

On s'accorde assez généralement sur ce point que le colombier et le pigeonnier doivent être mondés, nettoyés à fond au moins quatre fois par an : à l'approche et au sortir de l'hiver, avant la première ponte, puis à chacune des deux volées suivantes. A mon avis, ce n'est pas assez souvent, et m'appuyant tout à la fois sur le goût très-prononcé de l'oiseau pour une grande propreté, sur ses besoins respiratoires et sur la nécessité de lui enlever tout prétexte à déménagement, je dirai — ne croyant pas encore dire assez : — faites ce nettoyage à fond une fois par mois, et chaque semaine au moins répandez sur l'aire soit une couche de sable fin, soit une couche de terre bien sèche, soit un lit de paille bien saine afin d'absorber en temps utile l'humidité des fientes et prévenir toute fermentation nuisible.

A ce travail aussi souvent répété, on trouve l'inconvénient d'apporter sinon une gêne considérable, au moins un dérangement que n'aiment point les pigeons.

Lorsque la besogne est faite par la personne préposée à ces éducations, elle n'offre aucun inconvénient. Les oiseaux connaissent, savent ce qu'elle vient faire, et loin d'en éprouver un ennui, sont heureux du service qu'on leur rend, du bien-être qu'on leur apporte.

Je suppose — cela va de soi — que l'opération se fait avec

quelque précaution, sans brusquerie tout au moins, et par une personne connaissant bien ce genre de service. On veut par exemple que le fumier soit enlevé promptement, et sans être secoué plus que de raison de manière à ne pas soulever trop abondamment la poussière. Mais avant de procéder à cette opération d'autant plus longue et plus considérable qu'elle revient moins souvent, on a eu soin de visiter et d'approprier tous les nids vides. Et avant d'entrer enfin, on sollicite en quelque sorte la permission de se présenter en frappant deux ou trois coups à la porte. C'est une façon d'avertissement qui est bientôt compris et, lorsqu'on ouvre l'huis, on ne voit ni effarement ni surprise.

Ces quelques soins sont bien faciles, mais en sont bien éloignés ceux qui n'enlèvent la colombine que deux fois ou même qu'une seule fois par an. Il n'y a pas de moyen plus sûr d'en faire des lieux d'infection à peu près inhabitables pendant les jours, pendant les nuits surtout, qui suivent celui ou ceux de grand nettoyage. On propose alors de recourir à divers modes d'assainissement dont il est bien préférable assurément d'éviter la regrettable nécessité, car on ne recommande pas seulement de les utiliser après le nettoyage, mais chaque fois que le réclame l'insalubrité de l'habitation afin de « mettre les pigeons à l'abri d'une foule de maladies et d'accidents. » Le plus efficace des moyens proposés, dit Parmentier, « consiste à promener de temps en temps, dans le pigeonnier, une botte de paille enflammée pour détruire l'air pesant et méphitique, les insectes ou leurs œufs ; mais comme il paraît que les pigeons aiment singulièrement les odeurs agréables, on suspend le long des murs et près des nids quelques paquets de sauge et de lavande... »

Contre la malpropreté que je combats, en faveur de l'opinion et du simple procédé de nettoyage que je viens d'exposer, je ne vois pas d'argument plus solide que la paille enflammée à promener à l'intérieur du colombier dans lequel on laisse bêtement accumuler les causes d'une infection permanente. Je préfère de beaucoup — on peut m'en croire — la recommandation plus sûre de ceux qui disent : nettoyez proprement la volière tous les quinze jours, deux fois par mois.

On montre encore plus d'exigences lorsqu'il s'agit de la bonne tenue des colombiers militaires, et à ces exigences j'applaudis comme se rapprochant davantage du type à offrir comme modèle. Ici, je copie M. La Perre de Roo.

« Deux fois par an, au commencement de mars et à la fin de septembre, les murs et les plafonds doivent être badigeonnés à la chaux, afin de détruire la vermine.

« Une fois par semaine, la légère couche de gravier qui doit couvrir le sol doit être renouvelée.

« Deux fois par mois, les cases doivent être nettoyées, excepté cependant quand les pigeons couvent : alors il ne faut pas les déranger.

« Lorsque les pigeons ont des jeunes, les boulins ou nids doivent être nettoyés une fois par semaine, car l'humidité de la colombine est très-nuisible aux pigeonneaux et engendre vite la vermine.

« Comme moyen préventif contre la vermine, on sème souvent un peu de chaux éteinte au fond du boulin, ou on le lave au lait de chaux.

« Pour faciliter le nettoyage, il serait bon d'avoir une double collection de cases, de boulins et de perchoirs, tous identiquement les mêmes, afin de ne pas déranger et effaroucher les pigeons par un trop long nettoyage, et de pouvoir les changer instantanément de case et de nid sans qu'ils s'en aperçoivent. »

La visite des nids se fera rapidement et ne causera aucun dérangement si elle se renouvelle toutes les semaines. Elle permet alors d'exercer une heureuse surveillance et sur les pontes et sur les couvées.

Il peut arriver aux oiseaux dont la ponte est achevée de faire une mauvaise rencontre et de succomber aux attaques d'un puissant ennemi au moment juste où allait commencer l'incubation. Il ne faut pas que ces œufs soient perdus. Dans le nombre des couveuses, il s'en trouvera toujours qui n'auront qu'un œuf, ou qui auront des œufs clairs. Le mirage rentre dans les attributions de l'éleveur; il devient certain à partir du sixième jour de l'incubation. Les substitutions du genre réussissent lorsqu'elles sont opérées par une main exercée.

Tout pigeon mort doit être soigneusement écarté, qu'on le trouve au nid ou à terre, cela coule de source, et le boulin vide immédiatement approprié et remis en ordre.

Il faut s'assurer qu'aucun couple ne laisse ses pigeonneaux souffrir de la faim ou même ne les abandonne. Il y a en un mot une revue générale à passer et une inspection rapide à faire de tous les détails sans en négliger un seul, car tout ici a de l'importance. Quels ravages ne commettraient pas, par exemple, ou des rats ou des fouines qui, par un trou ou par une fissure récemment établis, qu'on n'aurait pas su voir à temps, se seraient introduits et auraient opéré nuitamment, à leur gré.

C'est au gardien du pigeonnier à tout voir, à bien tout voir avec cet œil du maître ou de l'amant à qui rien n'échappe; c'est à l'homme aux cent yeux à faire sa revue, à faire que, par lui, tout aille bien toujours.

Une dernière observation et un dernier conseil. Je l'ai déjà dit, le pigeon aime passionnément la propreté. Soigner sa *demeure, c'est évidemment lui plaire; ne lui offrir sa nourri-*ture que sur un endroit proprement balayé, c'est très-certainement aussi lui être agréable, mais on ajoute encore à sa satisfaction, à son bien-être, à ses jouissances si on lui fournit les moyens de faire sa toilette, de conserver la propreté de son corps et par elle l'éclat de son plumage. Il aime l'eau, voilà le mot lâché, l'eau limpide; l'eau courante met le comble à sa joie. Ayez donc l'attention de tenir à sa portée plus qu'un abreuvoir, une rigole ou un bassin peu profond, en pente douce et toujours pourvus d'eau propre. Alors vous les verrez s'y abattre en tous temps, et l'été et l'hiver, pour boire et se baigner.

Rien de tout cela n'est malaisé. Vous donc qui désirez tirer bon parti des éducations des pigeons, prenez bonne note de ces petites recommandations et mettez-les simplement en pratique.

LA VERMINE.

La vermine! oh! le vilain mot, et comme dans la pensée de tous il figure bien la chose hideuse et repoussante qu'il nomme. Fléau du pigeonnier et de la volière, cette chose est le grand obstacle à la réussite des éducations que ces lieux abritent. Eleveurs sérieux, simples amateurs, l'ennemi est là — sus, sus à l'ennemi!..... L'imprécation est vite lancée. Pour qu'elle ne soit pas parole en l'air seulement, essayons de donner une idée de ce groupe ignoble de suceurs ou de parasites réunis sous la même appellation, une appellation qui s'applique à tout ce qu'on peut imaginer de sale et de dégoûtant parmi les êtres vivants.

Ce sont des poux, des puces, des acares assassins, d'autres encore à n'en pas douter, mais dont on ne dit ni les noms ni les qualités, *qui forment cette jolie réunion, cet ensemble* tourmentant, dévorant et malfaisant, qui a nom vermine. Et tout cela vient, s'installe, grouille, pullule au détriment de tous, mais bien plus des jeunes, proie facile et sans défense, chair fraîche et délicate, autrement succulente que celle des adultes et des vieux, des forts et des coriaces. Sauf en un point — la voracité qui leur est commune — ils ne se ressemblent point ces actifs tourmenteurs, et pourtant ils se rassemblent en des nombres prodigieux, grâce à une fécondité dont on ne saisit pas bien ici la nécessité, car les causes de destruction n'apparaissent ni multipliées ni menaçantes.

La puce, assure-t-on, est le premier ennemi qui s'empare d'un nouveau colombier ou d'une volière qui n'a pas encore été habitée. Je ne sais trop à quel propos cette assertion se produit; je ne vois ni comment on la prouverait, ni en quoi il a été utile de la produire. Puces, poux, acares assassins et analogues n'entrent en la demeure des pigeons que portés par ceux-ci. Ils y entrent conséquemment au hasard des circonstances, ensemble ou isolément, les uns après les autres, et sans ordre de marche déterminé. N'est-ce pas trop nous arrêter aux prolégomènes? Passons.

Sans être tout à fait la même que la puce de l'homme, celle du pigeon lui ressemble en ce qu'elle opère à sa façon, en ce qu'elle suce et irrite celui qui l'héberge avec une activité encore plus grande. Et puis elle assaille l'oiseau, l'oisillon surtout, en nombres immenses. C'est donc par l'étonnante multiplicité des individus sur le même sujet qu'elle est particulièrement redoutable.

La puce a plusieurs pontes et chacune de ces pontes a plusieurs œufs. Ils sont déposés dans les ordures, aux points les moins accessibles à la main de l'homme. C'est là ce qu'il importe le plus de savoir. Nettoyer superficiellement n'est rien; nettoyer à fond et minutieusement, dans tous les coins et recoins, voilà l'essentiel. Il s'agit d'atteindre et de détruire le produit des pontes successives et soigneusement mises à l'abri, *à moins d'une recherche intentionnelle et intéressée*, de myriades d'insectes principalement attachés, pendant leur existence, à une œuvre de propagation très-active et pour ainsi dire sans limites.

Les œufs de la puce sont blancs, de forme ovoïde et de la grosseur d'une petite tête d'épingle. En peu de jours, il sort de chacun une larve, blanche d'abord, puis rougeâtre, qui prend tout son développement en douze jours. Elle se file alors une petite coque soyeuse dans laquelle se passe son état de nymphe et d'où sort l'insecte parfait. Voilà le cercle — œuf, larve — nymphe — insecte parfait, celui-ci donnant l'œuf, c'est-à-dire les œufs, car ils sont bien au pluriel. Or, n'oublions pas ce fait qu'on ne connaît jusqu'ici aucun destructeur, aucun poursuivant de ces diverses formes, aucun, et que la seule malechance qu'ait en ces différents états l'insecte est dans le fait d'une recherche minutieuse, celle à laquelle conduit une propreté quasi exagérée, mais bien nécessaire.

On sait comment opèrent où travaillent ces avides, par la bouche, car on appelle ça une bouche. C'est, dans tous les cas, un appareil d'une rare perfection et qui remplit merveilleusement son désagréable office. Savamment appliqué à la peau, il la perce et l'irrite de manière à faire affluer à la piqûre le sang qu'aspireront les rapides et fortes contractions du jabot.

C'est donc à cette fin que sont construits, aménagés, peuplés, colombiers et volières? Oui, lorsqu'on y laisse des trous, des fissures, des retraites presque imperceptibles dans les murs, dans les objets meublants, je ne sais plus ni où ni sur quoi encore, et qu'en tous ces points peuvent se former ces petits amas d'ordures si favorables au dépôt des œufs et à leur prochaine éclosion. Mais non, lorsqu'on sait éviter l'existence de ces réceptacles et la formation de ces petits tas de saletés qui deviennent les lieux d'élection de la pondeuse, et qui sont le milieu le plus propice à la réussite de la larve. Hors de ces conditions, l'espèce n'est pas précisément à son affaire. *Et travaillant contre elle qui nous nuit, nous travaillons pour* nous, qui n'avons pas trop de nos revenus. En ne dérangeant rien de ce qui assure la prospérité de l'ennemi, c'est à la ruine de nos espérances et de nos biens que nous coopérons dans la mesure la plus large et aussi la plus sotte. Sauvegardons mieux nos intérêts. Il n'y a si mince profit qui n'ait son utilité et qui ne trouve son emploi. Et puis le proverbe est là qui nous rappelle à cette vérité pratique : les petits ruisseaux font les grandes rivières.

Le pou — à ce nom seul on frissonne — est un autre buveur de sang, d'aspect repoussant. Celui-ci est pourvu d'une trompe qui fonctionne à grand résultat dès qu'il a réussi à s'attacher solidement aux plumes au moyen des pinces mobiles qui terminent ses grosses et courtes pattes. Elle pond aussi *la* pou, mais sur celui qu'elle a envahi Ses œufs, on les nomme *lentes*, tout le monde sait ça — sont déposés sur les plumes de l'oiseau et plus exposés sûrement aux avaries ou aux mauvaises chances que ceux de la puce. Mais la prévoyante nature a donné à cette horrible femelle une fécondité si exubérante que l'espèce peut affronter, sans risque de sombrer, toutes les causes de pertes et les sinistres les plus multipliés. Je ne sais plus à quel affreux et dégoûtant voyou j'entendis, une fois, tenir ce propos : « un pou ! ça devient dix-sept fois grand-père dans une nuit ! » L'histoire naturelle dit : « la femelle peut, dans l'espace d'un mois, produire de quatre à cinq mille petits. » Les œufs de cette active et incomparable gigogne éclosent en cinq ou six jours et, dix-huit jours après, tous ces monstres sont en état d'en produire d'autres. Chaque femelle agit naturellement dans les limites de la pondeuse dont la mesure vient d'être donnée. A quels nombres n'arrivent pas les populations de ces parasites lorsque rien ne vient entraver les effets de cette épouvantable fécondité, lors au contraire que tout aboutit à son plein et entier succès ? Les causes favorables à la multiplication se trouvent toutes dans l'absence de propreté, dans l'incurie, dans l'affaiblissement des forces de la constitution. Un air pur et vital, une alimentation substantielle, de la lumière, de la propreté, un grand luxe de tout ce qu'on appelle de ce nom en faisant qu'elle soit en réalité et dessus et dessous, partout, tels sont les repoussoirs naturels de cette espèce qui gruge si vilainement les éducations livrées sans défense à leur terrible voracité et aux souffrances qui en accompagnent les effets.

Quand la reproduction rapide et incessante de cet insecte dépasse toute mesure, les accidents qui déterminent une invasion aussi complète des individus s'élèvent jusqu'aux proportions d'une maladie; celle-ci a reçu le nom de *phthiriase* ou maladie pédiculaire. J'en emprunte la description, fort bien faite, à M. Bénion, auteur d'un bon *Traité des maladies des animaux et oiseaux de basse-cour*.

M. Bénion s'exprime ainsi :

« Le premier phénomène morbide par lequel se décèle la phthiriase consiste en un prurit incommode; les animaux se grattent avec le bec et les pattes, leur plumage devient terne et hérissé. En écartant les plumes, on aperçoit les parasites qui sont fixés dans la peau ou qui se meuvent avec rapidité, et aussi leurs œufs qui sont collés sur les plumes en plus ou moins grand nombre. Puis viennent les excoriations déterminées par un grattement continuel, la dépilation et enfin la chute des plumes. Sur des poussins faibles, et surtout élevés artificiellement, l'acare assassin cause des démangeaisons insupportables lorsqu'il existe en grand nombre; pour peu que le sujet soit négligé, il tombe dans un état de faiblesse qui parfois devient funeste.

« Le *diagnostic* ne peut être douteux, il suffit d'examiner de près ses oiseaux pour distinguer promptement la cause du mal. La phthiriase ne saurait être confondue avec la gale, qui s'accompagne de soulèvements épidermiques, de granulations rouges et dures, de concrétions grisâtres et surtout de parasites invisibles à l'œil nu et qu'il faut chercher avec soin.

« Le *pronostic* n'a rien d'inquiétant, car on est assuré d'une prompte guérison toutes les fois qu'on veut se donner la peine de l'obtenir.

« Le *traitement* consiste à tuer les poux et à assainir les habitations.

« Les moyens curatifs sont : l'insufflation de poudre de cévadille, de tabac ou de staphysaigre entre les plumes préalablement soulevées par couches; les onctions de pommade de benzine, pommade soufrée, pommade d'Helmerich, pommade mercurielle; les fumigations en plein air, et principalement celles de tabac, les bains sulfureux ou au sublimé, et les lotions zinco-arsénicales légères, phéniquées ou benzinées, ou encore celles faites avec une décoction de cumin et d'absinthe.

« Les moyens prophylactiques suffisent souvent, et dans tous les cas doivent accompagner la médication curative. Il est indispensable de boucher tous les trous suspects, d'enlever les pailles, les fumiers et le sable sur lesquels les volailles ont demeuré, de les remplacer par d'autres et de nettoyer de fond en comble les poulaillers, colombiers, cages, etc., afin de détruire tous les germes des insectes. On arrive au but proposé par les lavages au lait de chaux, au chlorure de chaux, et par les enduits avec le goudron de houille. »

L'*acare* est moins connu, mais tout aussi commun. Compagnon obligé des autres, à raison du milieu dans lequel seulement il se développe et prospère, il ajoute ses ravages aux misères que les autres apportent. Celui-ci, dit-on, a pour type un animal qui vit dans le fromage, pouah! C'est un très-petit insecte rougeâtre, très-actif, très-vivace et duquel on ne sait pas grand'chose. Il paraît naître et prendre son développement normal sur les excréments de nos oiseaux, voire sur les fumiers en fermentation. Voilà qui donne tort à ceux qui laissent par trop séjourner la colombine dans les pigeonniers, et grandement raison à ceux qui recommandent de la retirer souvent, très-souvent.

Il eût été curieux de connaître les transformations diverses par lesquelles passe cet insecte. Des lumières que cette connaissance jette nécessairement sur les mœurs et sur les instincts de l'animal, il y a toujours quelque bon parti à tirer. Ce secours nous manque, mais, des démangeaisons intolérables, du supplice que l'acare de l'homme inflige à ce dernier, on peut bien conclure que celui du pigeon n'est ni moins incommode ni moins *tourmenteux* pour le faible oisillon qu'il dévore dans son nid.

La puce et le pou s'établissent plus particulièrement ou

préférablement sur les régions supérieures du corps sans négliger ses faces latérales. La première, à qui l'exercice du saut est familier, va, vient, se promène capricieusement dans toute l'étendue de son domaine ; elle s'éclaire et s'enquiert afin de ne s'arrêter qu'aux bons endroits. Le pou, lui, n'a pas cette prestesse. Il a conscience de sa lourdeur, et des risques qu'il aurait à courir s'il s'attachait imprudemment à des points d'où il pût être facilement débusqué par un coup de bec ou par un coup de patte bien appliqués. Il a donc des lieux d'élection où il vit à peu près en pleine sécurité. Il commence par la tête, son asile le plus sûr. L'instinct lui crie intérieurement que là ne peut l'atteindre l'instrument de préhension libre que seul il pourrait craindre de cette jeunesse encore sans défense, de ces petits, dont la patte est peu redoutable à tout prendre. Mais il se multiplie si vite que bientôt ses pareils vont à la conquête du cou, du dos et de toutes les parties qui leur offrent le meilleur abri. Quelle ruse, mais aussi quelle science profonde de la vie ! L'instinct de conservation est le premier don, le don le plus complet — fait à l'être créé — par le créateur.

L'acare assassin — telle est l'épithète que l'histoire naturelle ajoute au nom de celui-ci — prend l'oiseau en dessous ; il s'installe sous le ventre et se loge entre les doigts. Il agit en traître, il opère surtout dans l'ombre, pendant la nuit, ne s'épargne point au mal et met les pigeonneaux en pitoyable état. Pour effectuer ses transformations, il se cache, lui aussi, *dans les fentes des bois et des murs aux environs des nids*, aux points les plus obscurs.

C'est, vous le voyez bien, c'est toujours la même histoire. Pour un mal, c'est un bien, puisque le moyen d'attaque convient également à la poursuite et à la destruction de tous.

J'ignore quels changements de forme subit l'acare. Ils sont peut-être, ils sont probablement des plus étranges ; mais il n'y a plus de surprise possible après les singularités que la science a déjà révélées en l'espèce.

Cette déclaration me remet en mémoire une étude fort originale résultant d'observations très-fines faites par M. Megnin, à propos précisément d'un acarien que l'on croyait bien connaître et sur le compte duquel les plus autorisés s'étaient trompés du tout au tout jusqu'ici. Écoutons M. Magnin, il parle assez bien pour que nous y trouvions plaisir.

« Un fait, dit-il, a dû frapper tous ceux qui étudient les animalcules dont la vie se passe dans les matières en décomposition, et tous ont dû se poser ces questions : Comment y arrivent ces légions d'acariens qui pullulent et s'y montrent par myriades en si peu de temps? Que deviennent-ils lorsque leur œuvre de destruction est terminée et que la matière sur laquelle ils grouillent est réduite à l'état d'une poudre sèche qui ne leur offre plus aucun aliment? Ces petits êtres n'ont pas le secours des ailes pour fuir les lieux désolés par la famine et ils n'ont pas l'agilité des fourmis qui permet à celles-ci les migrations et les longs voyages ; ils ont des téguments mous qui ne les protégent que très-peu contre les influences extérieures et de nombreux ennemis, car un coup de soleil les tue, et les cloportes en font grand carnage ; leurs œufs, relativement volumineux, ne se rencontrent pas dans les poussières de l'air en compagnie des germes de moisissures ou d'infusoires, et eux-mêmes ne jouissent pas, comme quelques-uns de ceux-ci, les rotifères et les tardigrades, par exemple, du don de réviviscence après la dessiccation.

« Bref, ils pourraient fournir, encore de nos jours, un argument en faveur de la génération spontanée, si cette théorie n'avait pas fait son temps, car on ne peut même pas invoquer pour eux, comme pour les acariens psoriques, la dissémination par la contagion.

« La dissémination des acariens détriticoles constituait donc un problème non encore résolu quand, il y a quelques jours, mes recherches m'en ont donné la solution.

« En entretenant dans des boîtes de fer-blanc, avec une provision de champignons, fréquemment renouvelée, de nombreuses générations d'un tyroglyphe particulier très-friand de ces cryptogames, voici ce que j'ai observé :

« Lorsque la matière sur laquelle grouillent les acariens se dessèche, privée d'aliments et de moyens de se transporter ailleurs, la colonie semble vouée à une mort certaine. Eh bien ! il n'en est rien ; la prévoyante nature y a pourvu.

« Tous les individus adultes et âgés, aussi bien que les plus jeunes encore à l'état de larves hexapodes, sont sacrifiés et jonchent le sol de leurs cadavres, mais les adolescents, les nymphes octopodes, sont préservés par un moyen extrêmement curieux : ces nymphes changent de forme, revêtent un habit de voyage, une cuirasse qui les rend méconnaissables, mais qui en même temps les préserve des intempéries et des accidents d'une longue route ; de plus, ils se munissent d'un appareil d'adhérence, composé de plusieurs paires de ventouses abdominales, au moyen duquel ils s'attachent solidement à tous les êtres plus agiles qu'eux qui passent à leur portée : mouches, araignées, myriapodes, insectes de toute espèce, et même de quadrupèdes, lesquels, véritables *omnibus*, les transportent où ils ne peuvent aller eux-mêmes. Si le lieu où s'arrête le véhicule est convenable, c'est-à-dire si c'est un nouveau champignon ou un amas de détritus en pleine décomposition, comme un fumier, le petit acarien cuirassé descend de sa voiture animée, met bas son habit de *voyage, sa forme hypopiale, et redevient le tyroglyphe qu'il* était avant. Sous l'influence d'une alimentation convenable et abondante, il grandit vite, devient adulte, s'accouple, et en moins de vingt-quatre à quarante-huit heures, la colonie est reconstituée.

« Voilà le rôle de l'hypopus, acarien qui n'est pas du tout psorique, attendu qu'il n'a aucun organe susceptible de déchirer la peau ; il n'est même pas un vrai parasite, attendu qu'il ne demande à son hôte qu'une petite place sur son dos, sous son aile, son ventre ou sur ses pattes, peu lui importe, pourvu qu'il soit porté.

« Il n'a pas non plus de préférence pour tel ou tel insecte, tel ou tel animal, car nous avons retrouvé le même hypope sur un bœuf, sur des coléoptères, des dyptères, des hyménoptères, des arachnides, des myriapodes et même sur d'autres acariens ; c'est lui qui a donné lieu au fameux *acarus des acarus* de Schrank. Mais si l'espèce de véhicule lui est indifférente, pourvu qu'il marche ou qu'il vole, il s'empresse de le quitter aussitôt qu'il est mort : c'est un fait que j'ai constaté bien des fois.

« Les conclusions à tirer de mon observation c'est qu'il faut rayer des nomenclatures zoologiques les genres *hypopus*, *homopus*, *trchodactylus* et les nombreuses espèces qu'on a créées comme subdivisions de ces genres. Il faut aussi faire disparaître de la catégorie des acariens psoriques le *symbiole elephantis* de Gerlach.

« Le mot *hypope* peut être conservé, mais alors comme nom commun servant à désigner la curieuse nymphe cuirassée, hétéromorphe des tyroglyphes, chargée de la conservation et de la dissémination de l'espèce à laquelle elle appartient. »

L'acare du pigeon n'a pas la sainte innocence de celui dont vient de parler M. Mégnin, c'est un ennemi sérieux, puissant et famélique, dont il importe de prévoir et de prévenir les invasions, dont il faut efficacement poursuivre la destruction dès qu'on a reconnu qu'il a pénétré dans la place.

« Quand on remarque sa présence, dit M. J. Pelletan, soit sur les ustensiles de la basse-cour ou du colombier, soit sur les murs, il faut se hâter de le supprimer.

« Pour cela, tous les objets envahis doivent être passés à l'eau bouillante (non point tiède, qui fait au contraire éclore les œufs sans tuer les animalcules), puis le tout doit être badigeonné, soit avec un lait de chaux, soit avec une dissolution de sulfure de chaux, soit encore avec un lait de chaux auquel on ajoute 20 grammes de poudre de coloquinte, par litre. Mais le meilleur insecticide nous a toujours paru être le goudron de houille. »

Il n'y a pas à se le dissimuler, la destruction est difficile. Devant les difficultés, pourtant, ne vous arrêtez pas; la nécessité ici s'impose; nécessité fait loi. A tout prix, il faut expulser l'ennemi et s'opposer très-énergiquement à son retour. Mais il est plus aisé, plus rationnel, plus sage surtout, d'obéir aux prescriptions préventives de l'hygiène que d'attendre l'apparition du fléau.

Mieux vaut prévenir que guérir, n'oubliez jamais cette vérité qui met si utilement l'hygiène en action.

LA NOURRITURE.

Au point de cette étude où j'arrive, beaucoup de choses ont été dites déjà si bien que, parmi les sujets restant à traiter, plusieurs ont été nécessairement touchés. Le chapitre de la nourriture est dans ce cas. Parlant des habitudes et des mœurs du pigeon, il était impossible de ne pas effleurer au passage la question de l'alimentation. C'est par ce côté que l'oiseau, calomnié, a perdu dans notre esprit si accessible au préjugé et si prompt aux apparences; c'est par ce côté considérable qu'il a cessé d'avoir à nos yeux toute son utilité, toute son importance économique.

En très-bonne compagnie, j'avais à le réhabiliter. J'ai donc, après d'autres, qui n'ont pas été assez écoutés, battu en brèche l'opinion erronée qu'il cause aux semailles et aux récoltes un notable préjudice. Loin de nuire à l'agriculture, il sert ses intérêts, à la condition que colombiers et pigeonniers ne renfermeront pas des populations exubérantes. Faut des pigeons assurément et beaucoup, mais beaucoup n'est pas trop; or, pas trop n'en faut. Il en est ainsi d'autres oiseaux encore, nos auxiliaires utiles dans la limite des services qu'ils sont appelés à rendre, ou de véritables destructeurs de nos biens s'ils existent en nombre disproportionné avec la somme des avantages qu'ils peuvent nous apporter.

Quoi qu'il en soit, j'ai essayé de remplir la tâche imposée — la réhabilitation de l'oiseau — en disant de quoi se compose sa nourriture lorsqu'il va lui-même la chercher à travers champs et en réduisant à leur juste mesure les prétendus torts qu'on lui attribue à la légère. Ceux-là qui veulent tuer ou faire assassiner le chien du voisin vont criant par les rues qu'il est enragé. Pour conquérir le droit, j'allais dire pour se faire imposer le devoir de fusiller *per fas et nefas* les hôtes libres du colombier, on les a décriés, on les a puissamment chargés d'iniquités et contre eux on a facilement obtenu — cela n'était pas difficile alors — sentence de mort. Plus elle a été inique et préjudiciable aux intérêts généraux, et plus obstinément elle a été maintenue. Y a-t-il chose plus malaisée ou plus rare qu'une réhabilitation? plus elle paraît fondée et moins elle vient; plus sont nombreux et probants les témoignages favorables, moins on les entend, moins on les recueille et les accueille.

Vous connaissez l'accusation : — le pigeon est le plus grand ennemi du cultivateur; il détruit les semences ; il ravage les moissons.

Des semences il ne prend que celles qui n'ont pas été recouvertes, car il ne gratte jamais la terre; s'il vient derrière les moissonneurs, c'est pour ramasser les grains détachés de l'épi, ceux qui ne peuvent point être récoltés autrement. Le pigeon n'est pas, au surplus, si grand mangeur de blé qu'on le croit. Parmentier a expérimenté sur lui l'usage exclusif de notre précieuse céréale, voici ce qu'il en a dit : «.... Il m'a paru que cette nourriture est celle qui lui convient le moins, elle l'échauffe, lui occasionne des dévoiements funestes. Elle ne l'engraisse ni ne lui fait acquérir une chair délicate et succulente… » Du reste, je l'ai fait observer déjà, lorsqu'on ouvre l'estomac d'un pigeon vivant à l'état libre, on y trouve huit ou neuf graines de plantes parasites contre une ou deux graines de plantes utiles à l'homme. Cette proportion avait fait dire à Parmentier qu'on peut regarder cet oiseau « comme un excellent sarcleur ; » et il ajoutait : « Les services qu'il rend à cet égard sont tels que, dans plusieurs de nos départements où l'on a toujours récolté le blé le plus beau et le plus net, on s'est promptement aperçu de la disparition des pigeons et de la nécessité de les rétablir, dans leur premier état. » Si on en finissait jamais avec un préjugé, en France, la cause serait depuis longtemps gagnée.

Les pigeons de colombier, voire ceux dont on peuple les pigeonniers, trouvent au dehors, dans l'étendue de leur rayon d'exploration, la plus grande partie de leur subsistance, sans porter aux cultures un préjudice appréciable, favorisant, au contraire, la plus facile végétation des bonnes plantes en utilisant aussi une masse de subsistance perdue sans eux et le plus souvent nuisible à la netteté du grain des céréales.

Jacques Bujault a dit : « Une mauvaise herbe tue trois pieds de blé et prend la place d'un quatrième. » Adoptant cette mesure, sauriez-vous bien donner celle des épis de blé qui n'ont prospéré que grâce au travail d'épuration ou de nettoyage incessamment accompli par le pigeon ? Celui-ci, au surplus, est sottement poursuivi et calomnié à l'égal de quelques autres, victimes du même préjugé.

« On croit à tort, lit-on dans *la Chasse illustrée* du 10 janvier 1874, on croit à tort que les corneilles qui s'abattent dans un champ nouvellement ensemencé dévorent une partie des grains qu'on vient d'y semer.

« Un cultivateur faisait chaque jour bonne garde autour de son champ pour empêcher la déprédation causée, croyait-il, par ces oiseaux.

« Aux aguets depuis quelque temps, il est enfin parvenu à en tuer trois,

« Mais après l'autopsie des victimes, voulant s'assurer du fait, il n'a trouvé dans leur gésier que des petits vers, des larves et autres insectes nuisibles.

« Il n'y a pas trouvé un seul grain de blé. »

D'avril à novembre inclus, soit pendant huit mois, les pigeons peuvent vivre ou à peu près du fait de leur industrie. Je dis à peu près et je souligne la restriction parce que au commencement et à la fin de cette période, il y a certainement avantage à leur donner un complément nécessaire. C'est une petite augmentation de dépense, qui se trouvera largement compensée par un accroissement notable de produit. Pendant le reste de l'année, décembre à mars inclusivement, les faits se renversent. Il faut distribuer d'une main suffisamment libérale la nourriture. Si complément alors il y a — les oiseaux le trouveront dehors. Rien d'absolu d'ailleurs en tout ceci. Aux personnes chargées du colombier à savoir proportionner la ration de chaque jour aux ressources du dehors. Plus s'élèvent ces dernières et moins il y a lieu de donner, *et vice versâ*. Les éleveurs intelligents ne suppriment même pas d'une manière complète les distributions intérieures, ils les conservent tout en les réduisant beaucoup pendant la saison de l'abondance; de manière à fixer par une vie toujours confortable les plus capricieux ou les plus vagabonds. C'est un moyen de multiplier les couvées et d'en hâter la meilleure réussite.

Par les grands froids, par les temps de neige surtout, ceci devient élémentaire, à l'époque des pluies prolongées ou des grands orages, lesquels sont très-redoutés, les pigeons restent chez eux, si pressés qu'ils soient par la faim. Il faut pourvoir à leurs besoins pour éviter qu'ils souffrent ou qu'ils dépérissent eux et leurs petits, pour éviter aussi qu'ils n'aillent s'établir dans un colombier ou dans un pigeonnier où l'on mange.

Il y a deux manières d'offrir le grain aux pigeons, et je les ai déjà mentionnées toutes deux : il y a la trémie et sa boîte à graines, puis une aire quelconque.

La trémie est une mangeoire commune d'une certaine capacité, versant la graine dans une espèce de râtelier couvert, percé de trous par lesquels les oiseaux puisent l'aliment. Elle est mobile et peut être placée soit dans l'habitation, soit dehors, sous un abri convenable. L'engin doit être surveillé dans son fonctionnement. Relativement à la quantité de grains à placer dans la trémie, les avis sont partagés. Les uns recommandent de mettre la ration de plusieurs jours, les autres veulent qu'on s'en tienne à la quantité nécessaire à la consommation de chaque jour, et des deux côtés on trouve avantage à procéder comme on dit, inconvénient à faire ce qui est dans la préférence du voisin. Cela me ferait croire, à moi, que les inconvénients et les avantages se balancent et qu'on peut s'arrêter, à son gré, à l'un des modes indistinctement sans risque de rien compromettre. J'approuve seulement qu'on ne présente aux oiseaux que des grains de bonne qualité. Ils ne toucheraient pas à ceux qui seraient avariés et, dans l'un des deux systèmes au moins, retrouvant toujours du grain dans la trémie, on pourrait croire repus de malheureux pigeons qui souffriraient au contraire de la faim, un vilain mal qui n'a jamais fait le compte d'aucun éleveur.

Pour les volières on confectionne des boîtes à grains en forme de trémie également, mais de petite dimension, puisqu'on en place une dans chaque case. Elles portent néanmoins deux ouvertures afin que le mâle et la femelle puissent manger ensemble, côte à côte, sans s'attendre et sans se tracasser mutuellement.

Beaucoup de personnes préfèrent jeter la nourriture sur une aire solide et proprement tenue. Alors on n'y sème que la quantité nécessaire pour chaque repas, une, deux ou trois fois par jour, suivant la saison ou les ressources extérieures; suivant aussi les exigences des couvées.

On n'ose pas mesurer ou plutôt préciser la quantité à distribuer par couple. On s'en remet à l'expérience, bientôt acquise, en effet.

M. La Perre de Roo, exclusivement occupé du pigeon messager, dit : « la méthode la plus simple c'est de placer dans le colombier la nourriture de plusieurs jours. » Et il ajoute :

« Quelques amateurs, qui font deux distributions par jour, blâment ce système. Cependant, je l'ai suivi pendant plusieurs années et je m'en suis toujours bien trouvé. Au commencement, le pigeon, qui est de nature très-gourmande, mange abondamment jusqu'à ce qu'il se sente bien repu ; mais bientôt il s'habitue, comme l'oiseau de volière, à ne manger qu'à des heures fixes et à ne plus abuser de la nourriture qui se trouve à sa portée.

« Ce système est surtout recommandable pendant la saison de la reproduction, car les pigeonneaux demandent à être nourris de bon matin et fréquemment dans la journée ; et il ne faut pas qu'ils aient jamais le jabot vide ou souffrent de la faim, car cela empêche leur développement et l'on obtient des sujets incapables de supporter les fatigues d'un long voyage.

« Il doit leur être servi de l'eau fraîche tous les jours, dans un abreuvoir ou fontaine de terre cuite. »

Le service de la boisson est de rigueur pour tous pendant les mauvais jours, ceux que le pigeon n'aime pas à braver et ne brave point.

La question relative aux quantités de nourriture à distribuer à la fois ne touche pas le mode d'alimentation sur une aire à ciel ouvert ou abritée. Là, en effet, les consommateurs peuvent être gourmandés par des étrangers toujours prompts à se mettre au courant des habitudes du voisinage. Or, nourrir ses propres pigeons, c'est bien ; mais nourrir ceux des autres, c'est augmenter outre mesure la dépense afférente à son colombier. Aussi, dans le dessein prémédité de tromper l'espion, recommande-t-on de ne pas faire les distributions d'aliments à des heures absolument fixes, de varier celles-ci, au contraire, et d'accoutumer les pigeons à venir à un appel spécial, à une manière de sifflement qu'ils sauront vite interpréter, et que les couveuses elles-mêmes entendront avec quelque satisfaction.

Mais il y a d'autres partageux que les habitants des pigeonniers voisins, et ce ne sont ni les moins exacts ni les moins exigeants. Ceux-ci, bandes nombreuses et faméliques, plus effrontés que des pages au temps où il y avait des pages, arrivent en troupes pressées, s'abattent sur l'aire et picorent dru. Vous les avez nommés ces maudits pierrots. Leur présence a pour effet ou d'augmenter d'une façon notable la dépense, ou de réduire par trop notablement aussi la pitance des pigeons, si on ne tient pas compte de ce que les avides moineaux engloutissent sans honte ni vergogne — eux les petiots — au détriment des gros qui les laissent se goberger tout à leur aise.

Ma foi, l'occasion se présentant, je vous demande, cher lecteur, la permission d'intercaler à cette place un épisode qui a son petit intérêt et en soi porte son enseignement, c'est-à-dire une chose qui toujours a son prix. J'en emprunte l'intéressant récit à une très-intelligente ménagère de mes amies.

Je m'étais fourré en tête, une fois, dit-elle, de savoir ce que, comparativement aux produits que j'en tirais, pouvaient bien me coûter et ma volière et mon poulailler, deux installations-modèles, deux habitations-types peuplées d'oiseaux d'élite, non sous le rapport de la race — je suis éleveur plus positif qu'amateur — mais comme individus successivement élevés au sommet de l'échelle par un choix raisonné des reproducteurs et par la toute-puissance d'une hygiène honorable et soigneuse.

Je m'étais donc mise en route pour ce petit voyage d'agrément. Je le qualifie ainsi, car j'avais pris goût à ces menus détails, moins assujettissants qu'on ne se l'imagine en général. Puis, à mon très-grand ennui, je fus arrêtée à mi-côte par une complication étrange. C'était de l'imprévu, un imprévu que je ne m'attendais pas à trouver dans mon jeu.

En face de chez moi, — il n'y a que la rue à traverser — habitait une vieille dame. L'épithète a sa signification. La chère vieille avait contracté la manie de réunir à un signal donné, tous les pierrots et toutes les pierrettes du village, auxquels d'une main libérale alors elle distribuait des vivres, passe-temps aimable qui apportait à ses ennuis leur distraction journalière. Trois ou quatre cents oiseaux venaient là à l'heure juste, et donnaient spectacle tout en prenant abondante pâture. En vérité c'était quasi charmant.

Mais la dame s'en est allée et les moineaux sont restés. Je crois même que la troupe s'en est accrue. Ils n'ont pas porté, pendant une heure, le deuil de cette absence; je les tiens — ces rois du pays — pour d'illustres ingrats. La dame envolée, ils ne l'ont même pas cherchée. Une de perdue — je suppose qu'ils ont ainsi parlé — deux de retrouvées. Faisant une simple volte, de la rue ils sont venus dans ma cour s'abattre comme une trombe épaisse. C'est un fort bel endroit que la cour de ma maison; les environs en sont des plus plaisants. De beaux marronniers au splendide feuillage; des hangars commodes, un joli bosquet, plusieurs poudreries où la cendre et le sable ne manquent pas, de nombreux abreuvoirs plats dans lesquels abonde une eau toujours fraîche, et puis un jardin assez vaste où la culture accumule toutes les jouissances désirables en tête desquelles — en leur saison — il faut mettre les cerises, les prunes, le chasselas, et la primeur, non moins convoitée, des semis printaniers... . je n'en finirais pas.

Dans ma cour aussi, très-bonne compagnie, celle de mes pigeons, colonie aimante et roucoulante, puis celle de mes chers cocottes — petit troupeau vivant, animé, jaseur; politiquant et philosophant à ses heures; allant et venant ou sérieusement ou joyeusement, toujours cherchant, grattant, fouillant, se poudrant, caquetant, cancanant, pondant et, la chose terminée, triomphalement le disant en un chant prolongé, retentissant et réjouissant. Tout cela régulièrement s'entremêlant des distributions d'aliments, côté des plus intéressants de l'affaire, matière première des œufs et de la viande, cause assurée de l'abondance et de la bonne qualité des produits.

Donner assez, ne jamais donner trop ; trouver la juste mesure, voilà un point essentiel, j'allais dire la difficulté ou même le problème à résoudre. Mais ne parlons pas de problème, j'en aurais la chair de poule. A rationner convenablement ces divers appétits, il y avait donc eu certaine étude à faire et comme une difficulté à vaincre. J'avais traversé, non sans succès, la période des tâtonnements. L'activité de la ponte, l'état de mes pondeuses, la rapidité de la croissance des couvées, dans la volière et dans le couvoir des poules, les chiffres de la comptabilité comparés, tout attestait que, bien menée, la double spéculation aboutissait à de bons résultats..... *Quod erat desiderandum*, m'ont appris à dire d'anciens maîtres se rappelant encore leurs auteurs.

J'en étais là quand me sont tombées du ciel des nuées de consommateurs que je n'avais point appelés : c'était les ex-pensionnaires de la vieille dame. Ils trouvèrent bon l'ordinaire des poules et des pigeons et revinrent s'attabler deux fois par jour parmi eux. Avoine, sarrasin, chènevis, petit blé, millet étaient pillés et sans façon dévorés sans que le coq — un rude gars pourtant — un de ces policiers qui ne plaisantent guère, sans que ni poulets, même parmi les moins tolérants, *à fortiori* les timides colombes songeassent à quereller ou à pourchasser ces rogne-portions. Se chamailler un brin, *échanger entre soi quelques horions, cela arrive à tous les* repas ; mais dire le plus petit mot pénible à ces mignons si vifs, à ces gais compagnons, à ces frétillants pique-assiettes, oh ! non, pour rien au monde. Ce sont d'effrontés gourmands ; on n'y fait aucune attention et ils prennent à la soûlée.

Manger comme un oiseau est synonyme de mince appétit et de petite consommation ; mais trois ou quatre cents fois répété ce que mange, soir et matin, un pierrot de bon appétit, j'atteste que cela compte et ne saurait passer inaperçu dans une tenue de livre régulière.

J'avais bien constaté la brusque arrivée des nouveaux convives. Cela même fut un événement dont on parla. Jamais encore on n'avait vu table d'hôte si prestement envahie et desservie. Malgré cela je ne m'étais pas imaginé que la ration des pigeons et des poules pût se trouver réduite en de telles proportions. Je fus avertie par le ralentissement notable de la ponte, bientôt aggravé par la diminution du volume des œufs des poules et la réussite mal assurée des nichées de la volière. Je soupesai mes pigeonneaux et aussi mes pondeuses. Ils n'étaient plus gras ; elles étaient tout amaigries, et du même coup je m'expliquai la lenteur tout à fait inusitée de la croissance des jeunes. La ration n'était plus assez forte : quand il y a pour deux, il n'y a ni pour trois ni pour quatre. Convenablement nourris, mes pigeons étaient féconds et réussissaient leurs couvées, mes poules pondaient avec activité de très-beaux et très-bons œufs, au jaune abondant, et mes poussins grossissaient à vue d'œil : mises à la portion congrue par les pillards affamés d'en face, les pondeuses n'ont pu rendre qu'en proportion de ce qu'elles avaient pris et les couvées ne se développaient que proportionnellement à la nourriture que les petits absorbaient. En découvrant la raison physiologique de ces phénomènes, j'arrivai facilement à cette conclusion : ou supprimer les bandes parasites ou augmenter le service de table.

L'argument revient le même sous plusieurs variantes : l'animal dont l'entretien est le plus cher est celui qu'on nourrit le moins. — Les troupeaux à gros rendement sont ceux qu'on nourrit abondamment. — La recette est toujours proportionnelle à la dépense..... Consultant ma petite comptabilité et, par le raisonnement, par la comparaison ou le rapprochement des détails qu'elle contient, insufflant la vie aux chiffres, j'y trouvai la pleine confirmation de ces formules aphoristiques.

En l'état actuel, volière et poulailler me coûtent plus qu'ils ne rapportent. Avant l'invasion des pierrots, ils rendaient plus qu'ils ne dépensaient. Le déficit ne peut être attribué qu'à la diminution de la ration. La diminution de la ration est le fait des pierrots. La raison me saisit; je ne mets plus le pied dans ma cour sans me dire à moi-même: — *Delenda Carthago* — en d'autres termes : il faut supprimer les bandes parasites. En effet, continuer à les héberger nécessiterait une augmentation de nourriture qui maintiendrait la situation actuelle, c'est-à-dire une dépense supérieure à la recette, résultat à l'envers auquel ne peut se résigner, auquel ne doit se condamner aucun éleveur digne de ce nom.

Me roidissant contre tous mes sentiments, j'ai donc pris un grand parti. J'ai décidé de chasser les pillards et de les poursuivre jusqu'au dernier. Vouloir, hélas! quoi qu'on en dise, ce n'est pas toujours pouvoir. J'en ai fait la triste expérience. J'ai commencé par en prendre quelques-uns de ces maudits; mais ils se sont bien vite aperçus que je leur avais déclaré la guerre, une guerre à outrance, et les voilà qui se rient de toutes mes imaginations. Ils me narguent, les monstres, ils vont, viennent, s'abattent, se relèvent à la file et facilement évitent mes ruses, pour eux cousues de fil blanc et toutes éventées avant complète installation. Je suis jouée, profondément humiliée, contrainte et forcée d'avouer que ma chasse est manquée. Dix fois par jour je visite mes piéges, j'en ai inventé de nouveaux, tous plus ingénieux que les plus renommés ou les plus sûrs, je n'ai abouti qu'à un douloureux fiasco. Je ne sais plus que rentrer bredouille. Je me déciderai peut-être bien, pour avoir en ceci le dernier, à réaliser en le complétant le vœu du roi Henri, à mettre chaque dimanche la poule au pot et pigeons aux petits pois jusqu'à extinction du double troupeau. Quelle triste fin! J'en avais rêvée une autre.

Et la moralité de ma déconvenue, la voici : les résultats d ma comptabilité eussent été singulièrement faussés si m'était restée inconnue la cause du déficit qu'elle avait rapidement accusé.

Je reprends à présent la suite de mes indications.

Quel doit être le nombre des repas? Après les explications déjà données, la question est presque oiseuse, et pourtant elle est abordée dans tous les livres qui ont traité de l'élevage du pigeon.

Dans les colombiers de haut vol, lorsqu'il ne s'agit que d'une distribution complémentaire, le plus souvent on ne donnera qu'un repas — le soir, afin d'habituer les pigeons à rentrer avec exactitude au bercail. Lorsque la nourriture devient plus rare en pleins champs, on fait deux distributions, celle du matin et celle de l'après-midi.

On sera dans l'obligation de nourrir un peu plus abondamment les variétés plus grosses et aussi plus fécondes dont, à l'ordinaire, on peuple les pigeonniers, et l'on donnera trois fois par jour des aliments — le matin, à midi, et le soir, afin de fournir à tous les besoins des couvées. On a cependant recommandé de ne jamais faire de distribution à midi — heure d'une sieste à peu près générale que l'oiseau fait un peu partout où il se trouve à ce moment-là. Sous prétexte donc que les absents seraient privés de leur part, on supprime à tous un repas qui peut être nécessaire à beaucoup, aux couples occupés sur le nid et aux jeunes que pères et mères commencent à abandonner. Ne vous préoccupez pas de ceux qui ont volontairement manqué à l'appel. S'ils ne sont pas venus à l'heure accoutumée, c'est qu'ils dînaient à la campagne. Il suit de là que le repas de midi peut être moins copieux que les autres.

Quant aux pigeons de volière, à moins qu'ils aient tous à leur disposition des boîtes à grains, on les traitera comme ceux des pigeonniers.

On a cherché à chiffrer la quantité de grains que peuvent consommer dans l'année, à la volière ou au pigeonnier, un couple de pigeons et ses couvées, et l'on a dit 40 litres sans indiquer le nombre des couvées. L'indication manque donc de précision. Les variétés qui donnent dix couvées consomment plus que celles qui en font moins. Dans ce cas, un accroissement de consommation équivaut à un accroissement de profit. Il n'y a pas lieu de s'en plaindre.

Dans la variété des aliments qui lui sont agréables, le pigeon trouve toute facilité pour se nourrir. Il n'en pouvait être autrement. Etant données les mœurs qui lui sont propres, il n'aurait pu vivre s'il avait été condamné à ne se nourrir que de céréales, par exemple, ou que de graines oléagineuses, ou encore de graines légumineuses seulement, cultivées ou non, civilisées ou sauvages. Son alimentation n'est pas aussi restreinte, car il recherche volontiers, suivant le temps et les lieux, toutes ces graines et bien d'autres encore. Il aime les pépins de raisins et on l'en régale dans les contrées vinicoles où l'on fait sécher à son intention, au four ou au soleil, les marcs qui sortent du pressoir, pour les battre ensuite et les cribler ou les vanner. Les pépins de pomme et de groseille, après la fabrication du cidre et des confitures lui plaisent aussi et le nourrissent fort bien.

Toutes les criblures lui sont agréables, et aussi mille grenailles et les nombreuses graines fourragères ; il sait les chercher, les voir, les ramasser et s'en repaître. Il mange betteraves et pommes de terre cuites. On lui fait des pâtées en mêlant des pommes de terre écrasées à des farines ou à des recoupes ; on les complète en les additionnant d'orties, de salades, de diverses graminées fraîches, cuites ou crues, hachées et assaisonnées de sel ou de salpêtre. On va jusqu'à leur offrir de la viande d'animaux morts, cuite, légèrement séchée et saupoudrée d'un peu de sel.

Pour un granivore, ce n'est pas trop mal, je pense. On assure même qu'il se repaît volontiers de certains insectes ailés, de plusieurs coléoptères et d'autres victuailles qu'on ne nomme pas.

Beaucoup font observer qu'il ne faut pas trop prolonger

l'usage exclusif du blé ou de l'orge qui finissent par déterminer la diarrhée, et qu'aux jeunes oiseaux il ne faut pas servir en grande quantité l'avoine « graine pointue qui parfois perce le jabot des pigeonneaux. » Le chènevis convient spécialement aux couples tardifs et paresseux; il les stimule, il leur met l'amour en tête et les « fait travailler. » L'usage de cette graine est surtout recommandé en janvier et février, en la saison qui précède le renouveau, c'est-à dire l'époque du réveil assuré de la nature. Les pâtées, dont il ne faut pas donner plus d'une fois par jour, peuvent aider à traverser une partie de l'hiver; celle qu'on fait aux herbes est rafraîchissante et convient plus particulièrement en été aux pigeons de volière, à ceux qui s'écartent peu de la demeure ou qui ne la quittent jamais. Elle leur est plus utile encore pendant la crise de la mue, c'est-à-dire en août et en septembre. C'est une recommandation expresse de M. J. Pelletan qui en parle ainsi :

« A certaines époques, principalement celle de la mue, il sera utile d'employer la pâtée, mais jamais seule; à la dose de 1/20 à 1/5 du poids du grain, suivant le nombre des couvées, la difficulté des mues, l'état général de relâchement ou d'échauffement. Ainsi, pour 100 paires de pigeons et leurs couvées, on pourra donner par jour 5 kilogrammes de grain, et de 50 grammes à 1 kilogr. de pâtée. »

La liste des graines et autres substances recherchées par les pigeons, est longue et dit assez qu'à ces oiseaux la variété de l'aliment est comme une nécessité à laquelle il y a lieu d'obéir dans la composition du régime substitué au régime complétement libre. Sur ce point, écoutons encore M. J. Pelletan, qui a fort bien résumé l'enseignement transmis par nos devanciers dans la carrière où nous sommes entré après eux pour les rappeler et, tout en leur rendant hommage, pour les continuer et les compléter.

« La nourriture doit être variée; c'est ainsi que pendant un mois, une quinzaine ou une semaine, on pourra leur donner une graine pour en adopter une autre pendant une semblable période, et ainsi de suite, ou bien faire, une fois pour toutes, un mélange qu'on distribuera tous les jours...

« Enfin, si l'on veut tenir compte des préférences des pigeons en fait de nourriture, on pourra noter qu'ils préfèrent les graines rondes aux graines longues. Parmi les premières, d'abord le chènevis et les semences de crucifères oléagineuses (colza, navette, etc.). En second lieu, les légumineuses (pois, vesces, féveroles, lentilles, etc.). Enfin, le maïs, le sarrasin et les autres céréales; en dernier lieu, l'orge et l'avoine. — Il est vraisemblable que cette préférence pour les graines rondes tient à ce que la déglutition en est plus facile pour les pigeons qui avalent sans broyer.

« Les pigeons aiment le sel jusqu'à la passion. Ceux des pays proches de la mer vont quelquefois tous les jours chercher à plusieurs lieues, sur les plages, leur ration d'eau salée, et en font souvent abus, car le sel pris en trop grande quantité les échauffe considérablement et les fait maigrir. Des amateurs peu délicats se sont souvent servis du sel pour attirer et retenir chez eux les pigeons du voisin. On a l'habitude maintenant, pour fournir à ces oiseaux ce condiment qu'ils aiment tant, de suspendre dans leur domicile des morues sèches ou merluches, qu'ils déchiquètent à coups de bec, et dont ils ne laissent que l'arête. C'est cet amour des matières salines qui pousse les pigeons à dégrader les murs salpêtrés. Aussi doit-on s'empresser de réparer les constructions que l'on *voit se recouvrir de ces efflorescences nitreuses, car les pi-*geons les auraient bientôt ruinées.....

« Les tourteaux de terre et de vesces, parfumés au cumin, à l'anis, à la coriandre ou autres graines aromatiques, qu'on donne souvent aux pigeons, ne nous semblent pas très-utiles, et pourraient même leur être nuisibles si on en abusait, principalement en raison de la terre qu'ils contiennent. Car, si l'on trouve des matières terreuses dans l'estomac de tous les pigeons, ces matières sont surtout des grains de sable ingérés, sans doute, pour opérer une trituration intérieure des graines dures avalées, comme nous l'avons dit, toutes rondes. Ou bien ce sont des concrétions calcaires destinées à fournir à l'oiseau la chaux qui formera avec les phosphates alcalins des graines, le phosphate de chaux indispensable — et en grande quantité — à la santé du pigeon. Ou bien, enfin, ce sont des matières qui servaient de noyaux à des concrétions salines.

« Néanmoins, on se sert souvent de ces tourteaux, désignés par Olivier de Serres sous le nom de *pain de pigeonnier*. C'est qu'en effet ils forment une sorte de gangue dans laquelle on incorpore certaines matières agréables aux pigeons et capables de les retenir, par gourmandise, dans des pigeonniers auxquels ils ne sont pas habitués.

« On les prépare en pétrissant de la terre avec une eau qui a bouilli longtemps sur de la viande et en est devenue fortement gélatineuse. On préférait autrefois la viande de chèvre à cause de son odeur prononcée. On mêle à la pâte du sel, des vesces, des graines de cumin, du chènevis et du blé. Puis on en façonne de petits cônes qu'on met durcir au soleil et qu'on place dans le pigeonnier.

« Parmentier indique la composition suivante : 5 kilogr. de vesce moulue, 1 kil. de graine de cumin incorporés à de la terre franche, bien pétrie et mouillée avec une eau contenant 1 kil. de sel gris. Le mélange est séché au soleil sous forme de cônes et donné aux pigeons, en hiver, pendant les grandes pluies ou pendant les couvées. »

Cette longue citation m'a rendu facile une pénible traversée. J'aurais eu beaucoup de répugnance à endosser une part quelconque de responsabilité en tout ce qui a trait à la composition et à la fabrication de ces tourteaux salifiés ou de ces pains de pigeonnier, à la formule un peu empirique.

Que si je cherche à me rendre compte de l'effet utile ou de la bonne influence qu'ils peuvent avoir, voici où me conduit la pensée.

Le pigeon aime le sel; il n'aime et ne recherche cette substance que par besoin, un besoin permanent, il est dont nécessaire d'en mettre à sa portée, à dose plus ménagée que large cependant.

Dans la saison pluvieuse et pendant les fatigues de l'incubation auxquelles succède le travail, fatigant aussi, du nourrissage si l'alimentation n'est pas suffisante ou assez stimulante, l'oiseau s'affaiblit et éprouve le besoin de toniques ou d'excitants.

Là est la raison de la formule d'après laquelle on compose les pains de gigeonnier. Les graines d'anis, de cumin, de coriandre ont des propriétés excitantes très-prononcées ; le bouillon de viande, la farine de vesces sont aussi, quoique à un moindre degré, des excitants.

L'offre de ces diverses substances est donc tout à fait en situation dans les circonstances indiquées, mais toutes, hormis le sel, peuvent être remplacées par le régime ordinaire à la condition de l'approprier au temps et aux circonstances. Ainsi, dans nos climats, l'orge ne convient point en hiver, pendant la saison des pluies prolongées : ne conviennent davantage ni la graine de lin, ni le blé même, mais le chènevis, le sarrasin, la vesce, l'avoine, toutes graines aussi nourrissantes que tonifiantes et dont la dose prédominante dans le régime dispense d'avoir recours à l'emploi des condiments précédemment énumérés.

Il y a enfin, comme excipient de toutes ces substances, une *argile plus ou moins plastique et complétement* dépourvue de toute propriété utile et favorable. Introduite dans le jabot, elle y forme corps étranger et à ce titre ne peut que nuire.

De tout cela vraiment il n'y a que le sel à conserver. Mais sous quelle autre forme le présenter pour que l'oiseau n'en abuse pas ? Telle serait la difficulté à résoudre.

Aux pigeons de course, pendant l'entraînement et la saison des voyages, on donne de préférence à tout autre aliment de la vesce et de la féverole. Mais en temps ordinaire, il faut

varier leur régime de façon à leur faire connaître toutes les
graines. Sans cette précaution, ils trouveraient peut-être dif-
fiiclement à se nourrir pendant leurs voyage au longs cours
et subiraient nécessairement des privations qui leur seraient
préjudiciables.

LA SECONDE ÉDUCATION.

Il se fait temps d'aborder le côté purement économique du
sujet de ce livre. On n'a peuplé colombier, pigeonnier ou
volière, on n'en a nourri ou mis à même de se nourrir les
habitants que pour les voir s'appliquer à leur propre multiplication, que pour leur voir mener à bien, par conséquent,
les fruits de leurs amours.

Le premier élevage des petits regarde exclusivement les
père et mère à la condition que ceux-ci sauront trouver par
leur industrie, s'ils en sont capables, les éléments du nourrissage, ou que, échéant la situation contraire, on mettra à leur
portée, en qualité et en quantité suffisantes, les substances
alimentaires les plus appropriées à la circonstance.

J'ai parlé de ces choses en les amenant à l'heure juste où
les jeunes, convenablement renseignés sur les moyens de se
suffire à eux-mêmes, vont être abandonnés par les parents.
Quel va être à présent leur destinée?

Trois issues se présentent : l'une, la plus ordinaire à vrai
dire, conduit par une voie rapide à une fin prochaine ; la
seconde ouvre devant les privilégiés la carrière de la reproduction ; la troisième, exclusive aux races messagères, fait
admettre ses meilleurs ou ses mieux disposés à un enseignement supérieur qui en fera des voyageurs avisés et savants,
des messagers précautionneux et fidèles.

Étudions-les dans chacune de ces catégories.

I. — LES PIGEONNEAUX POUR L'ALIMENTATION.

Il n'y a qu'heur et malheur. Dans toutes les conditions donc et dans toutes les espèces, on trouve les favoris de la fortune et les prédestinés au sort contraire. Il en est ainsi chez les pigeons. Dès leur entrée dans la vie, le destin les touche. Les uns seront heureux par privilége spécial, les autres sont voués à toutes les misères à la fois. En premier lieu — ici le fait atteint des générations entières, — il y a ceux qui naissent sous une bonne étoile et, par opposition naturellement, ceux qui sont nés sous une mauvaise étoile. Pour nous ou contre nous, le ciel toujours ; cela du moins nous plaît à dire, et nous donne audace ou confiance, ou nous dépite, ou nous console, suivant notre tempérament.

Pour les pigeons, la bonne étoile, c'est de naître aux plus beaux jours du printemps, à l'heure de l'exaltation de l'amour universel et des forces vives de la nature entière. Entre toutes, les couvées de mai seront les plus heureuses ; tout contribuera à leur pleine réussite ; tout favorisera leur facile croissance et, parmi elles, se trouveront les élus, les couples destinés à remplir les vides de l'habitation, à remplacer ceux qui ne sont plus et ceux qui ne doivent plus être, à prendre le haut bout de la multiplication, à assurer la prospérité de la colonie.

La mauvaise étoile, c'est de naître aux temps extrêmes, lorsqu'il ne fait encore ou lorsqu'il ne fait plus ni tiède ni sec, mais humide et froid ou par trop chaud. Ici la culture forcée et les naissances tardives, tout en augmentant les profits de l'élevage intelligent et soigneux, n'ajouteront rien aux forces de l'espèce ; elles serviront toutefois les besoins de la consommation.

La bonne étoile donne à la jeunesse des parents énergiques, pleins de tendresse et de dévouement, dévouement facilité, au surplus, par les circonstances d'une saison favorable pendant laquelle tout va de soi et à souhait! la mauvaise étoile impose le soin de la famille à des parents plus ou moins usés, blasés ou refroidis, en des temps de tristesse et de découragement, dans des conditions d'hygiène déplorables qui doublent la fatigue, rendent toute charge plus lourde et toute difficulté quasi insurmontable. C'est elle qui fait les orphelins, de pauvres déshérités nécessairement voués à la souffrance. Alors naissent parfois aussi des actes d'un sentiment admirable. Tenez, voilà de vieux papas au cœur fort et vibrant; en ce coin de leur être, s'est concentré tout ce qui leur reste d'énergie, de volonté, de vie; ils aiment encore ceux-là, ils aimeront jusqu'à leur dernier souffle; mais leurs forces défaillantes ont trahi leur amour, et leurs femelles, tendrement sollicitées pourtant, refusent d'accepter leurs impuissantes caresses. Eh bien! regardez, observez, vous les verrez se charger paternellement de l'élevage des orphelins et s'acquitter de cette tâche assez rude avec un zèle ardent qui les rajeunit et les exalte. Souvent même, la façon dont ils agissent excite la compassion chez d'autres, et l'on voit des couples, pris de pitié pour de pauvres abandonnés, les adopter et les traiter en tout comme s'ils étaient les fils de leurs propres œuvres. Plus encore — ceci est de la vraie fraternité — on voit, imitant grands-pères et devançant les plus charitables, on voit de simples adolescents prendre charge d'orphelins — eux aussi — et fiers de savoir manger à présent sans l'aide d'autrui, faire gentiment et patiemment la leçon à plus petits et à moins savants qu'eux.

Quelques pigeonneaux, ainsi voués au pire destin, sont de la sorte sauvés et conservés à la vie pour grossir avant peu le nombre de ceux que l'éducation doit livrer à l'alimentation.

C'est du vingtième au trentième jour que tous on les déniche. Les variétés précoces, celles qu'une bonne hygiène a peu à peu conduites à une maturité plus hâtive et dont le rapide développement a été favorisé par des soins entendus, payent leur bienvenue en se donnant de cinq à dix jours plus tôt que ne sont prêts les produits des races tardives. Il n'y a point à médire de ces dernières. Elles ont des conditions d'existence utiles dont ne s'accommoderaient pas les autres; mais il est rationnel de profiter des aptitudes qu'on a su développer chez les précoces et de tirer bon parti des avantages qu'elles présentent.

En cueillant ainsi les pigeonneaux, on les examine, on les tâte, on les soupèse. Les plus lourds et les plus gras sont immédiatement remis à la cuisinière ou envoyés au marché. Ils sont bien en point et complétement emplumés; ils se tenaient au bord du nid, ils auraient peu tardé à s'envoler, car ils en ont presque fini déjà avec l'apprentissage. Les autres sont mis à part et destinés à être complétés par l'engraissement, une opération trop négligée puisque tout en augmentant le poids des sujets, elle donne à leur chair plus de saveur et des qualités plus nutritives, plus appréciables. Or, ce qui est vrai pour les tout jeunes est vrai aussi pour les adultes qu'on livre à tort à la consommation sans préparation d'aucune sorte. Autant que les volailles de la basse-cour, autant que tout autre animal alimentaire quelconque, le pigeon gagne à être convenablement engraissé. A n'être point amenés par un régime spécial à leur condition la meilleure et la plus lucrative, pigeons et pigeonneaux ne donnent satisfaction entière ni au producteur ni au consommateur. Si pourtant ils ne donnent pas tout ce qu'on peut en attendre, ce n'est pas leur faute à eux, mais celle de l'éducateur qui les néglige.

Quelle est donc la valeur alimentaire de la viande de ces oiseaux? Demandons-le à M. Toussenel. « La chair des pigeons, dit-il, vaut mieux en tous pays que sa réputation; elle est succulente, sapide, favorable à l'âge mûr ainsi qu'aux travailleurs; celle du pigeonneau surtout. L'autour et le faucon qui sont de fines bouches en font le plus grand cas; les vrais gourmands de notre espèce aussi, qui n'auraient pas assez de vénération pour elle, si son bas prix ne la mettait à la portée de toutes les bourses. On sait d'ailleurs que le pigeon se plaît dans la société des petits pois après sa mort comme pendant sa vie, qu'il se prête à tous les caprices de l'imagination culinaire, qu'il fait bien en pâté, en daube, à la crapaudine, qu'il est la providence des ménages modestes au printemps. Est-il donc besoin de plus de titres pour mériter la reconnaissance du peuple et les égards de l'administration. »

Aux pigeonneaux réservés au bénéfice de l'engraissement, autrefois on cassait les jambes afin de leur ôter la possibilité de quitter le nid et d'obliger les parents à les nourrir plus longtemps. Cette pratique barbare, aussi inutile que cruelle, ne pouvait qu'aboutir à mal. Les parents ne s'attardent point à des soins charitables ou stériles ; ils ont charge, au contraire, de produits vigoureux et bien venants. D'autant plus pressés donc par une ponte nouvelle et imminente, la femelle d'abord et peu après le mâle, trop tôt dans tous les cas, abandonnent ces malingreux, ou bien se partageant entre eux la future couvée, ils s'épuisent l'un et l'autre sans suffire à rien, et il en résulte un double dommage sans l'ombre de compensation.

On a, Dieu merci, renoncé à cette étrange méthode pour en adopter une plus rationnelle à tous égards et dont j'emprunte les détails assez précis à M. J. Pelletan qui ne veut pas qu'on retire trop précipitamment les petits aux parents.

« *Il vaut mieux prendre les pigeonneaux emplumés lorsqu'ils* commencent à monter sur le bord du nid, et les *abecquer* ou *emboquer* avec cinquante ou cent grains de maïs bouilli dans l'eau pendant 3 ou 4 heures, ou bien avec de la vesce ou du sarrasin. On les place dans un panier garni de paille et recouvert de grosse toile, pour les tenir dans une demi obscurité ; puis, à mesure qu'on les gorge en leur ouvrant le bec avec précaution, on les dépose dans un autre panier semblable. On nettoie le premier panier avec soin, et on le laisse

à l'air jusqu'au lendemain, pour que les élèves ne contrac-
tent pas le goût de fiente. On répète cette opération 3, 4 et
même 5 fois par jour et au bout de 5 à 6 jours l'engraissement est complet. Les pigeonneaux doivent, pendant tout ce
temps, être maintenus à une température douce, plutôt humide que sèche, dans un lieu aéré mais un peu obscur.

« On peut se servir aussi de deux casiers de bois. Les cases
sont séparées par de petites rigoles ou ruelles dans lesquelles
les pigeonneaux fientent à discrétion, car on ne peut se figu-
rer leur activité digestive. Le lendemain, en les gorgeant,
on les place dans le second casier et l'on nettoie le premier
avec un grattoir. On les gorge, comme précédemment, plusieurs fois par jour, notamment le matin de très-bonne heure
et le soir au coucher du soleil, mais il faut avoir soin de
procéder avec ordre et case par case, pour n'oublier aucun
nourrisson.

« Nous pensons qu'il y a avantage, principalement pour
la qualité de la chair, à substituer la pâtée aux graines. Ces
pâtées peuvent être faites avec du pain blanc, ou de la farine de maïs et du lait, et assez épaisses pour qu'on puisse
les réduire en boulettes ou *pâtons*. On peut aussi employer
les farines de millet ou les graines de plantes oléagineuses,
colza, choux, navettes, etc. On remplace souvent, et peut-être
avec avantage, le lait par l'huile de noix ou de navette, ou
bien on compose la pâtée avec une émulsion d'huile, de farine et d'eau. Pour l'injection de ces pâtées on peut se servir
d'un entonnoir dont le tube est recouvert d'un petit bout de
caoutchouc. On fait alors la pâtée plus claire.

« A l'aide de ces pâtées on peut obtenir des produits d'une
délicatesse de chair et d'un fumet exquis, en parfumant légèrement *une des pâtées* de la journée avec quelques graines
d'anis, de fenouil ou de coriandre bien broyées, ou bien avec
des baies de genévrier ou de jeunes feuilles de pin, ce qui donnera aux pigeonneaux un goût de venaison des plus agréables.

« De tels produits sont bientôt appréciés sur les marchés

et cette dépense insignifiante peut augmenter le prix de vente d'une manière considérable. On peut tenir pour assuré que partout où l'on pourra livrer à la consommation des produits remarquablement beaux et doués de qualités supérieures, on trouvera toujours à les placer, même à des prix qui n'ont plus rien de commun avec ceux des produits vulgaires, car ce ne sont pas les gourmets et les fins appréciateurs qui manquent, mais bien plutôt les éleveurs soigneux.

« Les bisets fuyards sont ceux de tous les pigeons qui s'engraissent le mieux, mais ils sont petits et de moins profitable défaite à la vente. »

Tout minutieux et compliqué que soit ce procédé, il est de beaucoup préférable au premier. Malgré cela, il ne me satisfait point ; il ne me paraît pas surtout de nature à pouvoir être appliqué à ces grandes éducations qui manquent et qu'il serait si important de multiplier dans l'intérêt de l'alimentation publique. Heureusement un autre moyen, plus pratique encore et susceptible d'être employé sur une large échelle, se présente aujourd'hui aux éducateurs sous le patronage et avec l'autorité de l'expérience.

On est parvenu à gorger, à gaver à la mécanique toutes les sortes de volailles de nos basses-cours. Or, le procédé, adopté avec un plein succès ici, est bien plus applicable au pigeon qu'à tous les autres. En effet, — ceci vraiment est une bonne fortune, — il emprunte quelque chose au procédé d'abecquement naturel de notre oiseau par ses père et mère, et *il est des plus expéditifs*, car une personne au courant de la besogne gave 400 volailles à l'heure.

La description du local et de la machine, les détails du travail à effectuer par le gaveur se trouvent par le menu dans mon livre — POULES ET ŒUFS — et une installation complète fonctionne depuis plusieurs années déjà à Vichy et au jardin d'acclimatation de Paris.

On fait ainsi des engraissements parfaits et rapides, à un prix de main-d'œuvre insignifiant. La viande des volailles engraissées par ce procédé, qui n'étonne plus dès qu'on le raisonne, est ferme, très-fine, et en termes du métier « bien fondue »; sans être trop abondante — ce qui n'est pas une qualité, — la graisse est blanche, très-ferme et largement suffisante pour donner à la chair une finesse et une saveur particulières.

Le procédé de gavage à la mécanique de nos oiseaux domestiqués est un progrès considérable sur toutes les méthodes d'engraissement pratiquées jusque-là, et il est parfaitement applicable au pigeon par qui il aurait pu commencer.

Il n'est pas sans intérêt de savoir ce qu'un maître ès art culinaire de la force d'un Chevet, pense du pigeon. En s'adressant à la Société d'acclimatation, à la suite de l'exposition universelle de 1867, M. Chevet aîné s'est exprimé ainsi : « Les pigeons biset, romain et de volière sont aujourd'hui ceux qui font l'ornement et les honneurs de nos tables : au lieu d'augmenter, nos ressources alimentaires diminuent cependant sous ce rapport. Nous n'avons plus le joli petit pigeon à *la Gautier*, qui était consommé comme garniture. A la vérité, c'était l'industrie d'une famille qui nourrissait ses pigeons à la bouche et les livrait à la consommation à peine âgés de sept ou huit jours. Ces pigeonneaux étaient d'une blancheur remarquable et cuits en quelques minutes : servis sur une sauce tomate ou aux truffes, ils faisaient un effet admirable. Le pigeon biset est le plus commun et le plus répandu ; le romain et celui de volière sont les plus recherchés ; mais le cuisinier ne fait pas de différence entre eux ; il choisit les plus gras et les plus en chair pour les préparer en rôtis et entrées. »

Je demande bien pardon au grand artiste, après lui j'oserai dire un mot. Toutes circonstances égales — âge et graisse — il n'est pas douteux que le biset ne l'emporte sur les autres ; mais ceux-ci ont une supériorité marquée sur le premier, s'ils sont jeunes et gras lorsque lui-même ne serait que jeune ou maigre ou que gras et âgé.

Je ne veux pas parler de la *stérilisation* des sexes comme moyen d'obtenir des oiseaux plus en chair et plus succulents. La chose ne me paraît ni pratique ni praticable, ni à conseiller, ni à réaliser par conséquent.

II. — LES PIGEONNEAUX ÉLEVÉS EN VUE DE LA REPRODUCTION.

En dépit des sages recommandations que la zootechnie attache en général et en particulier au choix des reproducteurs, l'homme — le maître — intervient peu dans les affaires qui la concernent, au moins dans les éducations en grand du colombier et du pigeonnier. Par contre, l'amateur bien souvent intervient trop dans sa volière où il paraît être à la poursuite incessante d'une variété nouvelle, variété fantaisiste bien entendu, un produit de hasard, le plus excentrique de tous, qu'on n'ait pas encore vu, une nouveauté enfin, quelque chose comme le dalhia bleu, par exemple. A cette recherche de l'inconnu, la science n'apporte ni règle ni conseil; chacun y a son libre arbitre, ses tâtonnements, ses espérances et son insatiable désir d'arriver à n'importe quoi. On se livre alors aux croisements les plus étranges, aux rapprochements les plus inattendus; mais là pourtant est l'enseignement qu'il faut retenir : — chaque fois que surgit un trait ou un caractère nouveau, une robe bizarre, une simple bigarrure qu'il plaise capricieusement de conserver, toujours on réussit à la fixer. En témoignant du pouvoir de l'éleveur sur ses *produits, ce simple fait suffit à excuser les essais et la constance* de la poursuite plus ou moins aveugle, de l'obstination plus stérile que féconde des amateurs. Mais ils sont bien libres d'en user à leur guise et nous n'avons rien à voir à ce qu'ils entreprennent. Ils s'amusent — leur amusement ne nuit à personne ni à quoi que ce soit.

Quelle est à présent la situation des colonies qui se multiplient et qui se renouvellent incessamment, librement, sans qu'on intervienne jamais ni directement ni indirectement dans

le fait de la reproduction plus ou moins active de leur population? On ne voit pas que cette dernière change d'une façon appréciable : elle ne perd pas, elle ne s'améliore pas; elle demeure
stationnaire. Elle ne s'améliore pas; c'est un fait constant,
elle ne s'améliore pas parce que aucune cause d'amélioration ne lui vient du dehors. Elle ne perd pas, ceci encore
est l'évidence. C'est donc aussi qu'aucune cause de perte ou
de déchéance ne pèse sur elle. C'est la condition de toutes
les espèces qui vivent en l'état d'indépendance, expression
bien impropre à cette place, car les populations qui vivent de
la sorte sont étroitement soumises à la toute-puissance d'influences contraires et restent dans leur dépendance la plus absolue. C'est là ce qui les préserve et les sauve. En effet, les
faibles, les incomplets, les insuffisants y succombent tous et
la propagation appartient aux forts seuls qui ont l'énergie
et le pouvoir de résister ou aux causes physiques de destruction, ou à la poursuite et aux ruses de l'ennemi qui sans re-
lâche les guette et les pourchasse pour en faire leur proie.
Là est l'épreuve imposée aux pigeons. En l'espèce, ne l'oublions pas, l'épreuve est la loi commune. Elle varie dans
toute la série des êtres, mais aucun n'en est exempt, tous
infailliblement la subissent.

Le fait de l'épreuve, qu'on ne s'y trompe pas, est œuvre
de sélection naturelle. En supprimant tous ceux qui ne sont
pas montés au titre le plus élevé, il laisse, il donne aux
autres tout pouvoir et toute autorité pour conserver intacte
la somme des qualités nécessaires, *par là même rendue indestructible* (1). Peu importe alors que la consanguinité ressor-
tisse à son plein effet si les alliances n'ont lieu qu'entre les
mieux doués et les mieux constitués, de ceux-ci inévitable-

(1) Parmentier disait : « Lorsqu'on veut obtenir des sujets forts et vigoureux, il est avantageux de recourir aux croisements des races. » En ce cas,
n'en doutez pas, la recommandation ne vise qu'un résultat, celui-ci : substituer à des reproducteurs plus ou moins affaiblis des sujets triés parmi les
plus forts et les plus capables.

ment naîtra la force, une force virtuelle et si, par aventure, apparaît la faiblesse, l'épreuve viendra qui emportera les faibles. Donc n'ayez crainte; dans ces conditions ni la population du colombier ni celle du pigeonnier ne peuvent péricliter. Elles perdront des individus; mais ces pertes qui affectent d'une manière sensible le chiffre des existences, ne touchent point la force même de la colonie.

L'intervention judicieuse de l'éleveur peut ici sauver maints sujets débiles ou insuffisants au profit même de l'éducation, mais elle ne doit pas leur permettre de concourir au repeuplement de l'habitation. A eux la vie large et abondante de l'engraissement, à eux de former les premiers lots destinés à l'alimentation.

Les reproducteurs ne doivent être choisis, dans le colombier et dans le pigeonnier, que parmi les oiseaux dits de première volée, ceux qui généralement sont nés pendant le mois de mars. Ceux-ci ont eu le temps voulu pour se développer au grand complet avant la venue des mauvais jours et des influences moins favorables de l'hiver. Au printemps suivant, ils sont adultes et robustes, présentables et capables; il n'y a plus qu'à leur souhaiter bonne chance.

Encore faut-il les prendre parmi les plus développés et les plus forts. On veut qu'ils aient l'œil vif, la démarche fière, le vol raide, c'est-à-dire l'aile vigoureuse, énergiquement retirée par l'oiseau lorsqu'on cherche à la lui prendre pour l'agiter. Ceux dont l'action est faible et molle sont à écarter. En leur état de liberté, ceux-ci succomberaient très-rapidement à la poursuite de l'ennemi. En les supprimant, on fait œuvre de sélection intelligente et bien entendue.

Dans la volière, on peut être moins exclusif et faire porter

De son côté, le frère Agoard me disait : Si la fécondité se ralentit parmi les habitants d'un pigeonnier, le croisement lui rendra toute son activité.

C'est que l'œuvre du croisement implique toujours le choix des meilleurs.

Dans les deux cas, la recommandation aboutit au même point et tend à remplacer le fait absent de la sélection naturelle.

ses choix tout à la fois sur les couvées de printemps et sur celles de l'été.

A l'âge d'un mois, après le premier élevage achevé, on les retire du nid pour les mettre dans un local séparé, dans l'appareilloir par exemple. Cette séparation qui équivaut au sevrage, rend la liberté aux parents. Tout aussitôt ils s'occupent d'une nouvelle couvée. Les variétés de volière vont vite, lorsqu'elles appartiennent à des races fécondes. Il faut éviter que les couples aient à se partager entre des occupations aussi différentes que celles-ci — fin d'une éducation et commencement d'incubation.

L'habitation de ces jeunes en sevrage, espoir de la race, sera toujours propre, assez grande pour le nombre d'oiseaux qu'on y enferme, garnie de bâtons, de perchoirs ou de tablettes, munie d'une trémie et d'un abreuvoir convenablement alimentés. Bien nourris et bien soignés, ils grandiront et prospéreront de façon à réaliser plus tard toutes les promesses d'une sélection éclairée.

On les laisse ensemble jusqu'aux premières manifestations sexuelles dont l'époque varie en raison de diverses circonstances et spécialement du dégré de précocité de la race, soit du troisième au sixième mois. Alors les mâles s'essayent aux roucoulements, doux langage, aux effets de gorge et aux courbettes qui parlent aux yeux tandis que le chant d'amour passe par l'ouïe pour arriver au cœur; et les femelles de répondre par ces fuites, ces refus, ces petites façons pudiques, *qui leur sont particulières et qui attirent ou encouragent* plus qu'elles ne repoussent ou désespèrent.

La contre-partie de l'élevage attentif des couples destinés à la reproduction, c'est la recherche et l'éloignement des couples trop âgés ou insuffisants. A ceci encore, on prête rarement une attention assez suivie. La chose touche de trop près à la prospérité des éducations pour ne pas appeler au moins une recommandation. Les propriétaires soigneux peu à peu renouvellent la population du colombier ou du pigeonnier à

mesure qu'ils y découvrent des malades, des cacochymes,
des dépareillés, des vagabonds, des négligents, des couples
dans le nid desquels il n'y a encore eu qu'un œuf à chaque
ponte, ou dont les œufs sont restés inféconds, ou dont les
pontes reviennent à des intervalles trop éloignés. De cette
façon les réformes atteignent en temps utile les incapables
et les insuffisants sans égard à l'âge, d'une manière absolue
tout au moins, plus arbitraire que rationnelle souvent. En
effet, l'expérience montre parfois certains jeunes couples
moins productifs que certains autres plus âgés et qu'on aurait écartés comme vieux. Évitons de réformer aveuglément
ou systématiquement; faisons en sorte, au contraire, que
toutes nos opérations soient rationnelles, et tout sera toujours
pour le mieux dans les éducations les mieux entendues des
populations les plus épurées.

III. — L'ENSEIGNEMENT SUPÉRIEUR. — ENTRAINEMENT DES PIGEONS VOYAGEURS.

En tout ce qui les concerne, les pigeons messagers appellent un traitement particulier. A diverses reprises déjà, aux
principales étapes déjà parcourues, ce point a été mis en évidence. Après le choix de la race — qui est chose capitale —
il faut à ces spécialistes une habitation appropriée avec ses
aménagements *ad hoc*, une nourriture toujours confortable
et une hygiène à part. Leur élevage doit être entouré d'at-
tentions en quelque sorte spécialisées et leur éducation n'est
complétée que par les travaux préparatoires et successifs
d'un entraînement en règle.

La première recommandation de l'élevage, ici, est un sacrifice à la force. Pour obtenir, dit-on, des sujets durs à la
fatigue et capables de voyages au long cours comme ceux
qui nécessiteraient pour nos pigeons la traversée de la Méditerranée, par exemple, le meilleur moyen, c'est de ne lais-

ser élever qu'un seul jeune à chaque couvée. C'est le système anglais ; il donne les voyageurs intrépides et forcenés dont il a été parlé, des oiseaux qui feraient volontiers le tour du monde avant de revenir au colombier, à leur pigeonnier. Mais nous n'avons que faire de pigeons de cette force et je crois que, pour nos besoins spéciaux, en mettant père et mère à même de bien nourrir leurs petits, on peut sans hésiter leur laisser ceux qu'ils font naître. On a soin d'ajouter, au surplus : « Un pigeon voyageur ne traversera pas la Méditerranée d'un seul trait ; il s'abattra sur les côtes de l'Espagne ou de l'Italie lorsqu'il se sentira en proie à la faim ou à la soif. » Cela ne veut pas dire assurément que, pour faire de pareils voyages, il ne faille entretenir, une race capable de supporter de grandes fatigues et des sujets vigoureux et résistants. Mais étant donnée la race la plus apte, c'est à l'entraînement à faire les individus énergiques et résistants.

Voilà donc nettement déterminé le but qu'on se propose d'atteindre en soumettant l'oiseau au régime de l'entraînement ; — augmenter sa vigueur en exaltant toutes ses facultés et toutes ses forces, ne lui laisser prendre aucun poids inutile, faire en sorte, au contraire, qu'il atteigne et conserve toute la légèreté compatible à la fois avec sa structure ou son développement normal et avec la dépense d'action ou la somme d'efforts qui pourra lui être demandée.

Les principaux moyens de l'entraînement se rencontrent dans une alimentation substantielle et dans le travail qu'imposent à *l'oiseau des voyages d'essai qui l'habituent à aller* et venir, en hiver comme en été. Pour le service militaire, il y aurait de plus à le familiariser avec le bruit de la fusillade et du canon.

« Les pigeons nés en mars, avril et mai, peuvent être soumis aux *premières* épreuves à partir du 15 août jusqu'à fin septembre ; mais ces voyages d'essai ne doivent pas excéder la distance extrême de 300 kilomètres à franchir en six étapes progressives : la première, de 10 kilom. ; la deuxième de 25 ;

la troisième de 50 ; la quatrième de 100 ; la cinquième de 200 ;
et finalement la sixième de 300 kilomètres.

« C'est tout ce qu'on doit exiger d'un jeune pigeon de première année.

« Au printemps suivant, lorsque le pigeon aura atteint plus
de développement, lorsqu'il aura les ailes plus vigoureuses et
bien conformées, il sera plus dur à la fatigue : alors on peut
reprendre son éducation, et le faire voyager par des étapes
progressives d'une extrémité de la France à l'autre.

« Les pigeons nés à l'arrière-saison ne doivent être soumis
aux épreuves du premier entraînement que l'année suivante,
au mois d'avril ; leur éducation peut être continuée et achevée
pendant l'année.

« Il est généralement reconnu que les pigeons qui ont été
surmenés pendant leur jeunesse, avant d'avoir atteint tout
leur développement, ne forment jamais de bons sujets, et dé-
clinent dès l'âge de cinq ans ; tandis que les pigeons qui ont
été ménagés les *deux premières années* durent au moins dix à
douze ans comme messagers ; et l'on cite même des exemples
de vingt campagnés.

« Les pigeons ne devraient jamais être lâchés par un temps
de pluie, de neige, de givre ou de brouillard ; mieux vaut retarder le lancer de quelques heures, de quelques jours même
si le mauvais temps persiste, que de s'exposer à perdre ses
pigeons. On ne doit pas exiger de ces charmants oiseaux plus
que leurs remarquables facultés ne leur permettent de faire ;
mais on doit les habituer à voyager pendant toutes les saisons,
quand il fait beau.

« On doit lâcher les pigeons le plus tôt possible le matin,
surtout pendant l'hiver, lorsque les jours sont courts ; ne jamais perdre de vue le nombre de kilomètres qu'ils ont à franchir et le temps qu'il leur faut pour accomplir leur course ;
ni oublier de leur servir à boire et à manger avant de les
lancer.

« En cas de guerre, on peut risquer des pigeons par tous

les temps avec des dépêches urgentes, sauf à en confier des copies à d'autres pigeons, le lendemain, quand rien n'entrave leur vol, pour s'assurer de leur arrivée à destination.

« Les vents du nord et de l'est sont aussi très-défavorables au vol des pigeons voyageurs : ils leur sèchent le gosier au point qu'ils sentent à chaque instant le besoin de s'arrêter, en proie à une soif ardente, pour aller boire ; et autant de haltes, autant de retards et de dangers. » (M. La Perre de Roo.)

Telle est dans toute sa simplicité la pratique de l'entraînement des pigeons de course. Elle ne diffère en rien de celle de l'entraînement des chevaux de pur sang qu'on destine aux luttes de l'hippodrome. Elle émane de besoins analogues, s'appuie aux mêmes principes, s'attache à réaliser un résultat égal et, comme elle — tant est grande la ressemblance, — elle peut avoir ses écarts où ses abus pareillement préjudiciables à l'animal qu'elle a la folle prétention de forcer dans ses moyens ou d'étreindre au-delà de ses facultés actuelles. C'est une faute, j'allais dire une bêtise, qui ne pardonne pas. En effet, on en porte toujours et sûrement la peine, car est proche, tout à fait prématurée, la ruine des sujets dont on a voulu jouir ainsi avant la lettre. On n'enfreint pas impunément les lois de la vie.

Je n'ai plus à dire l'utilité spéciale des pigeons messagers, puisque c'est chose faite. Etant donnée cette utilité, il n'y a pas non plus à justifier la nécessité d'entraîner ces oiseaux et de leur faire faire l'apprentissage des fonctions qu'ils seront appelés à remplir. Cette nécessité s'impose et met en évidence cette autre utilité, à savoir — l'existence des sociétés colombophiles s'occupant de la reproduction, de l'élevage et de la conservation intelligente des meilleures variétés de pigeons messagers que je ne veux plus appeler pigeons voyageurs.

IV. — LA POSTE PAR PIGEONS. — LES DÉPÊCHES. — LES SOCIÉTÉS COLOMBOPHILES.

Le pigeon messager, — c'est la possibilité d'établir ce que, dans tous les temps, on a nommé la poste par pigeons.

On est quelque peu surpris de voir que ce mode de transport des dépêches — presque aussi vieux que le monde — ait résisté à l'une des plus heureuses applications de l'électricité, à l'invention et à la généralisation du télégraphe électrique. Ce miracle est dû au plaisir que les sociétés colombophiles ont rencontré dans leurs divers agissements, et il n'a pas dépendu d'elles que leurs utiles oiseaux ne rendissent à la France — pendant les siéges de Paris et de Metz — les plus signalés services. Aucun de nos grands hommes d'Etat n'y avait songé, et beaucoup ont ri de la sublime bêtise de ceux qui — les premiers à Paris, alors qu'il était encore temps — ont proposé au gouvernement de la défense nationale de mettre ce petit atout dans leur jeu.

Cette histoire mérite d'être conservée à titre de renseignement et d'enseignement : je la résumerai en quelques mots après avoir brièvement rappelé la part qu'eurent les pigeons messagers à la délivrance de la ville de Leyde, assiégée en 1574 par les Espagnols. A trois cents ans de distance, avec un précédent fameux que nul homme de guerre ne devrait ignorer, nous avons été et moins bien *avisés et moins heureux.*

Quoi qu'il en soit, en 1574, Leyde, enfermée entre soixante-deux retranchements, en dépit d'une défense très-vaillante et très-acharnée, était condamnée à la famine par un ennemi qui n'avait pu davantage. Elle allait, en effet, succomber aux horreurs de la faim qu'étaient venus aggraver les ravages de la peste, deux fléaux qui vont bien de compagnie. Les habitants, très-énergiques jusque-là, perdant toute espérance et

la mort dans l'âme, commençaient à parler de capitulation.....
Mais — bonheur inattendu — des messagers ailés arrivent
porteurs de ces deux nouvelles : les digues de la Meuse et de
l'Issel, bientôt percées, livreront passage à des eaux qui viendront inonder les environs de la ville; une flottille de ba-
teaux plats, chargés de vivres, fait route pour Leyde.

En donnant aux assiégés l'assurance d'une prochaine délivrance, le bourgmestre offrit son corps en pâture aux capi-
tulards. Tant de résolution en imposa aux plus pressés; tous
voulurent attendre. Lorsque l'ennemi somma les habitants
de se rendre, il reçut cette fière et courageuse réponse :
Après avoir mangé le bras gauche, les habitants de Leyde
défendront encore leurs murs du bras droit.

Ils n'en vinrent pas tout à fait à cette terrible extrémité,
mais ils souffrirent plus qu'on ne peut dire et furent sauvés.
Après un siége qui avait duré cinq mois et, à l'heure mêm
où il croyait bien tenir le succès, l'ennemi fut chassé par
l'inondation.....

Sans les nouvelles apportées par pigeons, Leyde eût infailliblement succombé.

Assiégée par les Autrichiens en 1849, Venise fit aussi u
usage régulier de pigeons de course pour communiquer ave
le dehors.

Voyons comment les choses se sont passées en 1870-1871
à Paris.

Dès le 2 septembre 1870 et sur de fausses nouvelles éditées
inventées plutôt, et propagées par des journaux anglais, or
put croire que l'ennemi arrivait à marches forcées sur Pari.
et allait cerner la grand' ville de façon à couper toutes se.
communications avec le reste de la France.

Conseil alors fut donné au gouvernement :

De réquisitionner tous les pigeons de course appartenan
aux membres des sociétés colombophiles de Paris pour les e
faire sortir avant l'investissement;

De réquisitionner de même à Lille et à Roubaix et de fair

entrer à Paris, en temps utile, tous les pigeons messagers qu'on savait y exister aux mains des membres des sociétés colombophiles de ces deux villes.

L'avis était bon à suivre.

Au moyen des pigeons éloignés de Paris, on pourrait y recevoir des nouvelles du dehors. Au moyen des étrangers, on pouvait, au contraire, par Roubaix et Lille, communiquer avec la France entière.

On n'a pas fait sortir un pigeon de Paris avant son investissement ; mais il paraît que 800 pigeons, appartenant à diverses sociétés colombophiles du département du Nord, y sont entrés et ont été enfermés dans les volières du Muséum d'histoire naturelle. Qu'en a-t-on fait? quels services ont-ils rendus? que sont-ils devenus? je ne connais personne qui soit en mesure de répondre à l'un de ces points d'interrogation.

Cependant, voici la ville fermée. Entre elle et le pays, il n'existait plus une seule voie de communication ouverte. On avait raillé avec une désinvolture charmante; on avait accueilli avec une légèreté d'esprit vraiment coupable les propositions relatives aux pigeons messagers, et l'on se trouvait dans un cruel embarras.

On se ravisa pourtant. On imagina la poste par ballons et, par cette voie, on envoya au dehors un certain nombre de pigeons messagers, parisiens, dont beaucoup furent perdus et dont quelques-uns surent accomplir l'importante mission confiée à leur instinct et à leur fidélité. *Aucun autre messager*, soulignons le trait, ne réussit à pénétrer dans Paris pendant ce long investissement. Ce que les Allemands, partis en guerre, savent faire le mieux, eux qui pourtant savent faire de si belles choses, c'est de bloquer étroitement une ville et de la tenir solidement entourée d'un cercle de fer infranchissable. A ce métier ils excellent; mais l'ennemi dont on a appris à connaître les us et coutumes est à moitié déjoué, dans sa force et dans ses ruses, pour peu qu'on sache tirer parti de la connaissance. Donc à bon entendeur salut.....

Revenons à nos pigeons. Après les avoir dédaignés, on se prit de passion pour eux et on en attendait des merveilles. Mais il fallait que des prodiges se produisissent comme cela tout seuls, sans en préparer la venue, au hasard, sans rien faire pour mettre quelques bonnes chances du côté des malheureux oiseaux. On nomma, je ne ris pas en vous répétant cette sottise, on nomma des fonctionnaires préposés à la poste par pigeons. Les plus élevés en grade portaient le titre pompeux, l'un de colonel, l'autre de commandant de pigeons de course, et ils ont inauguré leur commandement en chef de l'armée des pigeons par un ordre pressant envoyé au tailleur qu'ils chargeaient de leur faire un brillant uniforme. C'est ainsi, — tout galonnés d'or — que chaque jour ils venaient de conserve donner de nouvelles preuves de leur crasse ignorance en matière colombophile.

C'est ainsi que, en dépit de tous les avis et toutes les remontrances, ils exigeaient qu'on lançât les pigeons à l'approche de la nuit, par des temps de pluie, de neige et de brouillards, furieux qu'on ait osé leur dire *coram populo :* les pigeons ne voient pas dans les ténèbres comme les oiseaux nocturnes; jamais ils ne voyagent la nuit : c'est les exposer à la destruction que de les obliger à prendre gîte en des endroits accessibles à ceux de leurs ennemis qui maraudent tandis qu'ils dorment. La pluie, mouillant leurs ailes, rend leur vol trop pénible pour qu'ils puissent alors entreprendre une longue course; et la neige et le brouillard sont de formidables obstacles à l'exercice de leur faculté d'orientation.

Faites-nous grâce, disaient-ils aux hommes compétents qui voulaient les éclairer, faites-nous grâce de toutes vos jérémiades et lâchez pigeons.

On ne résiste pas à des ordres donnés d'un ton aussi tranchant lorsqu'on est le subordonné de pareilles créatures. On obéit et on lâche pigeons, hélas! mais de ceux-ci que peut-il bien advenir?

Le fait suivant, cueilli à Mantes, répond. Il y en a eu bien d'autres ! *ab uno disce omnes.*

Après avoir inutilement bataillé contre ce chef insensé — le colonel des pigeons, — on fut obligé d'effectuer un lâcher à la gare du chemin de fer, sur la brune, par un temps de givre piquant et de brouillard intense. A la confusion de M. le colonel, mais aux éclats de rire de la foule — le moment était bien choisi pour rire, n'est-ce pas? — les oiseaux ne prirent leur vol que pour aller se poser sur la toiture de la gare.

Il ne pouvait y avoir pire endroit; le gîte n'avait rien de confortable par ce temps contraire. M. le colonel ne s'en préoccupa guère. Une partie de billard le sollicitait, il disparut. La nuit venue, un ami appliqua une échelle contre la corniche du toit, et reprit les malheureux messagers, transis et mouillés, et les porta en lieu sûr.

C'est ainsi que nombre de pigeons furent perdus. Mais à cette époque d'incapacité honteuse et folle, c'était à qui ferait le plus de mal au pays. Et plus on y réussissait, plus on acquérait de droits aux récompenses nationales. Colonel et commandant des pigeons savaient leur gouvernement de la défense sur le bout des doigts Ils sollicitèrent la croix de la Légion d'honneur et M. Gambetta, qui se connaît en services rendus à la patrie lorsqu'elle est en danger, sans sourciller les créa chevaliers de cet ordre.....

Pendant l'investissement de Paris, 363 pigeons furent mis à la disposition du gouvernement et envoyés par ballons en province; 73 seulement y sont rentrés avec des dépêches, officielles et privées, et des mandats de poste, savoir :

9 en septembre;	24 en novembre;	3 en janvier;
21 en octobre;	13 en décembre;	3 en février;

Toutefois, ce nombre de 73 arrivants n'indique pas 73 individualités distinctes ou différentes. Effectivement, l'un de ces oiseaux est rentré 6 fois; plusieurs autres comptent — chacun — pour 4, pour 3 ou pour 2 fois. En réalité, le nombre des rentrées ne donne pas exactement le nombre des oiseaux qui les ont effectuées.

De la comparaison du nombre des pigeons lâchés au nombre de ceux qui ont réussi à réintégrer leur volière, on a cru pouvoir inférer que, dans cette masse d'oiseaux offerts au gouvernement, il ne se trouvait qu'un nombre très-limité de bons messagers, issus de vraie race de course, et que ceux-là seulement ont rempli leur office.

Le raisonnement est un peu absolu. Je n'entends pas dire que les pigeons d'origine douteuse ou d'autres races que celle du pigeon de course vaillent celui-ci ou puissent se montrer ses égaux; mais je veux faire observer que les oiseaux les mieux stylés et de la race la plus sûre ne sont pas pour cela à l'abri des accidents nombreux et variés qui peuvent les atteindre en voyage, surtout lorsque les voyages s'effectuent dans des conditions aussi mauvaises. Nos malheureux messagers ont eu contre eux, ici, des courses en ballon, toutes les intempéries d'un hiver exceptionnellement rigoureux et l'ignorance de ceux qui, *ab hoc et ab hoc* sont venus s'ingérer dans les détails d'un service spécial qui veut avant tout de la compétence.

Malgré cela, l'emploi qui a été fait des pigeons au service des dépêches, pendant le siége de Paris, a ajouté aux connaissances qu'on possédait déjà. Il a prouvé, par exemple, que l'oiseau de vraie race, bien entraîné et sachant bien son métier, ne redoute pas — pour une distance de deux à trois cents kilomètres — un froid même assez intense et que l'orientation lui est facile quand il est appelé à parcourir plusieurs fois la même route à travers l'espace. Il a prouvé, jusqu'à l'évidence aussi, qu'il n'y a pas à compter sur des oiseaux qui n'ont point été préparés aux voyages par une éducation spéciale. Je ne saurais trop le redire, le pigeon de course n'est messager fidèle qu'autant qu'il a été soumis à un entraînement régulier dans sa jeunesse et qu'on lui a appris d'étape en étape à franchir des distances de plus en plus grandes. Il a prouvé enfin que, pour braver le bruit du canon et celui de la fusillade, le pigeon avait besoin de se familiariser avec eux, voire avec la fumée ou avec l'odeur de la poudre, sans quoi il rebrousse chemin et ne se livre à aucune tentative pour franchir la ligne d'investissement d'une place de guerre.

Un chiffre en passant. Les 73 pigeons qui sont rentrés à Paris — porteurs de dépêches — en ont transporté un total de 115,000 ! soit une moyenne de 1,575 environ par pigeon. Il s'agit seulement des dépêches originales ; la statistique n'a pas tenu compte des copies également apportées par les messagers ailés. Il ne faut pas craindre, en effet, de faire ici ni double ni triple emploi. C'est ainsi que, pendant le siége, le gouverneur de Paris a reçu cinq ou six copies de chacune des dépêches qui lui ont été adressées de Tours ou de Bordeaux par le gouvernement.

Les pigeons ne remplissent l'emploi de commissionnaires ou l'office de facteurs entre un point et un autre qu'après avoir été transportés de leur demeure habituelle en un autre lieu d'où on leur rend la liberté. De celle-ci ils n'usent que pour rentrer dans leurs chers pénates. Cela dit deux choses : 1° que leur habitation doit être aménagée et tenue de façon à leur plaire ; 2° qu'il y a lieu de les en éloigner lorsqu'on veut ensuite les y renvoyer. Comme en toutes circonstances analogues, il y a forcément l'aller et le retour. En allant, les oiseaux voyagent captifs ; pour revenir, ils sont libres. Captifs, ils s'accommodent de tous les moyens de transport ; ils *voyagent en voiture sur les routes de terre*, en wagon sur les voies ferrées et dans la nacelle des ballons à travers les airs.

Pour les transporter, on place les pigeons dans des loges ou paniers de voyage, confectionnés *ad hoc* et spécialement aménagés. L'oiseau doit y être à l'aise afin d'arriver frais et dispos, tout prêt à repartir, plein de force et de santé.

Les sociétés colombophiles ont sur ce point important

acquis une expérience qui ne laisse plus rien à désirer et qui les a conduites à adopter, comme type du panier de voyage, l'ustensile dont voici la description.

Et d'abord, il ne contiendra jamais plus de 30 oiseaux et, pour éviter querelles et batailles, les sexes seront toujours séparés : ici, les mâles ; de l'autre côté les dames, c'est de rigueur.

Pour loger convenablement nos 30 têtes, l'omnibus mesurera : en longueur, 1 m. 50 ; en largeur, 1 mètre ; en hauteur, 0^m 35. Il sera fait de bel osier ; à fond plein, garni de toile supportant une litière de tan bien sec, plein aussi dans tout son pourtour inférieur, habilement tressé sur une hauteur de 10 centimètres environ ; le reste des côtés à claire-voie laissant des jours de 3 centimètres carrés ou à peu près. Le couvercle est tressé un peu large et fixe, mais pourvu de deux portes mobiles par lesquelles on fait passer les oiseaux à enfermer ou à délivrer.

Un abreuvoir en zinc longe tout un côté du panier ; on répand la nourriture — des vesces le plus ordinairement — sur la couche de tan qui recouvre le fond. Cette dernière substance, absorbant très-vite l'humidité de la colombine, empêche que la fiente s'attache aux pattes des oiseaux. La précaution est bonne à tous égards, à raison surtout du besoin de propreté qu'en toute occasion manifeste ouvertement le pigeon.

On a soin de fermer les paniers par des ficelles plombées afin de se prémunir contre les susbtitutions dont on a eu parfois à se plaindre ; je dis parfois, d'autres ont dit souvent et assurent qu'ils accusent seulement la vérité. Un homme averti en vaut deux. Assurez-vous donc — puisque cela devient nécessaire — contre la fraude, la cupidité et le vol.

Les pigeons doivent être maniés avec douceur et ménagement. Un peu d'habitude n'est vraiment pas de trop. Attacher les dépêches, les détacher et pour cela commmencer par saisir l'oiseau pour le présenter sans le brusquer, le fatiguer ou lui nuire, à la personne qui doit fixer ou prendre la dépêche, ce sont là des actions qui demandent un petit apprentissage. Ne le négligeons pas sous peine d'insuccès. Nombre de pigeons peuvent perdre en route des dépêches mal attachées. Pour se soustraire à la poursuite d'un ennemi, ils peuvent avoir besoin de violenter leurs efforts. Assurez-vous donc, en fixant la dépêche, qu'elle résistera aux secousses les plus vives du vol.

Pour les mettre à l'abri de l'humidité, on commence par enfermer les dépêches dans un tuyau de plume d'oie. C'est ce tuyau qu'on attache à une plume caudale de l'oiseau, au moyen d'un fil de soie ciré, en ayant l'attention, à l'époque de la mue, de choisir une *plume nouvelle*, une vieille plume donnant la crainte qu'elle pourrait tomber pendant la course.

Il faut donc savoir distinguer cette plume de l'autre. Par comparaison, la chose est aisée. Les vieilles plumes se montrent ternes et fanées, d'apparence éteinte; les nouvelles ont l'éclat de la jeunesse; elles sont vives et fraîches de nuance; elles ont le ton chaud. Dès qu'on a intérêt à s'y connaître, l'étude est bientôt faite et l'on ne s'y trompe pas.

Le pigeon qu'on a transporté loin de sa demeure et auquel on rend la liberté emploie quelques instants à se recueillir. — Où suis-je? semble-t-il se dire. Soudain il s'élance et le voilà qui plane dans les airs, en tournoyant à des hauteurs de plus en plus considérables; et les cercles s'agrandissent à mesure que l'oiseau s'élève davantage. Tenez, le blanc de ses ailes se confond à présent avec l'azur des cieux, et puis.... et puis il sait où il va et nul ne le voit plus.

La vitesse et l'altitude de l'oiseau sont d'ailleurs variables suivant le temps, la direction et l'intensité du vent.

La vitesse ne dépasse guère en général 1 kilomètre à la minute; elle importe moins que la sûreté du vol : bonne direction et attention à se prémunir contre les divers accidents du voyage. Les pigeons expérimentés veillent avec sollicitude sur eux-mêmes et ne volent point à l'étourdie. Les voyages d'essai constituent le meilleur moyen à employer pour que, sous ce rapport, leur vienne par la pratique répétée tout le savoir utile qui leur est indispensable pour devenir des messagers fidèles.

Comme sur l'hippodrome, les amateurs sont ici tout à la vitesse. C'est à la fois une erreur et une faute.

Dans l'emploi du pigeon au transport des dépêches, la question essentielle, le point capital n'est pas qu'il arrive à tire-d'aile, mais qu'il arrive quand même, un peu plus tôt sera mieux, mais même un peu plus tard sera très-bien; l'important est qu'il sache se préserver de malechance et rentrer chez lui, dût-il expirer de fatigue après, ainsi qu'il est advenu quelquefois, ou mourir de la blessure reçue en chemin d'où qu'elle soit venue. L'un des pigeons du siége est rentré tout ensanglanté. Il avait reçu un coup de feu. Quel avait été l'ennemi? Un Prussien ou un Français!.... On ne l'a pas su.

Mais le pigeon messager qui a un très-long parcours à faire, alors même qu'il a bien bu et bien mangé avant de partir, s'arrêtera plusieurs fois en route pour étancher sa soif. Ces temps d'arrêt ne sont pas sans danger pendant la saison des chasses. Il arrive fréquemment, en effet, que des chasseurs peu scrupuleux, ou surexcités par la menace de la bredouille, déchargent sur lui leur fusil, l'abattent et, petite victoire, mince honneur, le jettent dans les tristes profondeurs du carnier. C'est, disons-le bien haut, une mauvaise chasse et une méchante action. Je le prouve.

Il était une fois, oh! mon Dieu, c'était l'an passé, une pauvre mère bien désolée, clouée dans son lit par une fluxion de poitrine des plus graves. Elle vivait à plus de cent lieues de Paris où son fils unique — toute sa joie et toutes ses espérances — achevait de brillantes études. Une lettre arrive qui appelle la mère au chevet du jeune homme dont les médecins désespéraient... Éloigné du télégraphe électrique, on dépêche un exprès par les voies rapides avec un panier de pigeons messagers, et l'ordre d'en envoyer deux chaque jour

jusqu'à ce que tout danger fût conjuré... Une crise terrible
avait été heureusement traversée, le malade était sauvé; un
pigeon en portait l'heureuse nouvelle à la tendre mère...
Un chasseur en mauvaise veine aperçoit l'oiseau qui se dé-
saltérait au bord d'un petit étang; il le met en joue, le coup
part et tue. Le pigeon ramassé et examiné livre sa dépêche...
saisi par le remords, le chasseur était aux abois; mais ne
voyant pas arriver le premier pigeon fiévreusement attendu,
la mère expira dans les suffocations avant l'arrivée du second
messager, porteur de la confirmation de la bonne nouvelle,
expédiée quelques heures plus tôt.

Il me reste à dire un mot touchant l'altitude à laquelle
s'élève le pigeon messager.

Comme tous les oiseaux migrateurs, celui-ci cherche dans
les couches de l'atmosphère, diversement agitées, celle qui, à
l'heure présente, sera le plus favorable à la rapidité ou à la
facilité du vol. La hauteur à laquelle il s'élève et se maintient dans les airs est donc réglée suivant l'état de l'atmosphère, ce qu'on appelle le temps : pluie, soleil, vent, température.

L'observation permet de dire, que par un ciel pur, en
temps calme, les pigeons messagers volent à une altitude de
800 à 1,000 mètres. Par un temps contraire, dans les jours de
brume ou de pluie, par un ciel chargé et couvert, ils se tiennent à des hauteurs moindres et souvent ne montent pas
au delà de 200 à 300 mètres.

En surveillant beaucoup ce point spécial, il ne serait peut-
être pas difficile d'obtenir une variété de pigeons plus aptes
à se maintenir, par les mauvais temps, à des altitudes moins
dangereuses pour les oiseaux. La tâche pourrait incomber
aux sociétés colombophiles à la condition de leur en faciliter
la réalisation au moyen de prix spéciaux dont le programme
mènerait insensiblement vers cet intéressant objectif.

De quel poids peut-on charger le petit messager? On ne le
dit pas; on ne le sait pas surtout. Il importerait cependant

d'être fixé sur ce point. Il est probable que le poids maximum à porter varierait avec la distance à parcourir. D'utiles expériences restent à faire suivant cette direction. Le problème à résoudre pourrait encore être étudié par les soins des sociétés colombophiles dont le programme a été vraiment par trop simple jusqu'à présent, car il ne s'est encore attaché qu'à la vitesse.

Un point est choisi et donne son nom au concours. Je m'explique : la société colombophile de Paris, je suppose, désigne ou Beaugency, ou Amboise, ou tel autre lieu comme point de départ d'un concours de pigeons. Celui-ci alors prend le nom de concours de Beaugency — distance de Paris, à vol d'oiseau : 137 kilomètres, ou le nom de concours d'Amboise — distance à vol d'oiseau : 200 kilomètres. On indique sûrement le nombre de prix offerts ; on spécifie le point précis où le lâcher aura lieu et l'heure à laquelle il s'effectuera.

Les préliminaires comprennent, je crois, l'envoi des concurrents au lieu indiqué après leur numérotage.

On sait donc le nombre d'oiseaux et tous ensemble on les lâche. L'heure est exactement notée, et aussi d'où vient le vent : les premiers arrivés remportent les prix, dans l'ordre même de leur rentrée dont l'heure est de même rigoureusement notée.

On fait alors le classement d'après les vitesses constatées, et de celles-ci on forme une échelle donnant la mesure des aptitudes de chacun des concurrents.

Pour les deux points spécifiés plus haut, par exemple, on trouve les indications suivantes :

11 août 1872. Lâcher de Beaugency — 258 pigeons — vitesse maxima, 72 kilom. 720 mèt. à l'heure, ou 1 k. 212 à la minute — vent d'ouest.

18 août 1872. Lâcher d'Amboise — 250 pigeons — vitesse maxima 43 kilom. à l'heure ; 717 mèt. à la minute — vent nord.

Pour la distance de 137 kilom., il y a eu entre le vainqueur du 1er prix et le gagnant du 27e prix, une différence de 33 minutes, et pour la distance de 200 kilom. entre le 1er et le dernier gagnant (le 20e arrivé) une différence de 1 heure 14 minutes (1).

Tout cela est exclusif à la vitesse. Rien ni sur l'altitude, ni sur le poids. Il y aurait ici des prix spéciaux à offrir et de nouvelles conditions à imposer. Les deux choses sont faciles à faire sans porter la moindre atteinte à l'aveuglement des amateurs. Ce ne serait les contrarier en rien, je pense, que de leur demander de mêler ici l'utile à l'agréable. Les éleveurs de chevaux de course s'y refusent obstinément : il n'est pas impossible de rencontrer en dehors d'eux ou plus de raison ou plus de patriotisme.

Le pigeon de course, répéterai-je, est du bois dont on fait le pigeon messager; mais ce n'est pas le messager lui-même, l'oiseau fidèle que doit être avant tout ce dernier.

Je reviens sur la question du poids parce qu'elle me paraît capitale et parce que je ne la trouve en aucune façon résolue par cette opinion préconçue, généralement acceptée sans plausible justification, que un gramme est le poids maximun dont on peut charger l'oiseau sans entraver la liberté de ses mouvements, ou sans ralentir peut-être la rapidité de son vol, sans nuire beaucoup à sa vitesse par conséquent. On est moins timoré et plus expérimenté en Chine où, d'après M. H. de la Blanchère, la poste aux pigeons est une institution régulière, où l'on voit très-peu d'oiseaux qui ne fassent

---

(1) Combien existe-t-il de sociétés colombophiles? On ne les a pas comptées. Nous savons seulement qu'elles sont plus nombreuses en Belgique qu'en France. Les concours qu'elles ouvrent se multiplient et les encouragements qu'elles offrent à l'éducation des pigeons de course prennent une certaine importance.

Pendant l'année 1874, dit la statistique — qui naturellement pousse à l'extension — il y a eu 1,348 concours dont 1,229 en Belgique. Il a été onné ou couru 30,520 prix d'une valeur de 732,480 fr. 244,160 pigeons, engagés, ont pris part à ces concours.

un bon et long service, où presque tous, au contraire, voyagent avec une rare certitude d'arrivée.

Ce brillant résultat tient à ces trois circonstances : la reproduction de la race est soigneusement réservée aux couples qui se sont montrés les serviteurs les plus fidèles ; tous les oiseaux sont soumis à une éducation menée jusqu'à la perfection ; tous enfin sont mis sous la protection efficace d'un singulier petit instrument dont l'objet est de les préserver des atteintes de l'ennemi.

Quel est donc ce précieux talisman ? Ecoutons M. de la Blanchère à la recherche de tout ce qui peut faire obstacle au retour du messager.

« ..... Au coin du bois veille l'autour, guette le faucon, dans la nue... Mauvaise rencontre ! Le messager nage vigoureusement ; mais déjà la fatigue alourdit son aile, tandis que le brigrand est frais et dispos ; la course n'est pas longue.

« Ainsi disparaissent la plupart des courriers enlevés : que l'on n'en doute pas ! Les Chinois le savent bien ; aussi ont-ils trouvé le remède, et certes, rien n'est plus ingénieux.

« Ils font choix de courts tubes de bambou d'une très-grande légèreté, fermés aux deux extrémités, et munis sur le côté d'une ouverture à bords tranchants comme celle d'un sifflet. Généralement, on assemble six de ces tubes de différentes longueurs. Ils sont laqués, afin que les intempéries n'aient pas d'action sur eux, et réunis en un petit paquet allongé, convexe en dessous, et embrassant parfaitement ainsi le croupion de l'animal. Cet instrument est fixé au moyen de courroies très-minces et de nœuds entrelacés autour des trois plumes centrales de la queue, près de leur point d'insertion dans la peau. On rabat par-dessus les couvertures, et l'oiseau est prêt à partir. Au premier coup d'aile, une mélodie sauvage, glapissante, bizarre, s'élève : c'est l'instrument qui fonctionne, et qui est construit d'une telle sensibilité que le plus léger souffle suffit pour le faire jouer. On comprend ce qu'il produit sous le vol sifflant, et par l'impulsion puissante du vol du messager! aucun oiseau de rapine ne veut et n'ose en approcher — cela se comprend — et la dépêche arrive en sûreté.

« D'une invention utile, les Chinois ont fait ensuite une amusette. Ils possèdent de nombreux pigeons dans les jardins de leurs maisons. Parmi ces pigeons, certaines espèces, analogues sans doute à nos culbutants, qui ne s'éloignent jamais, sont munies d'instruments analogues à celui que nous venons de décrire, mais alors doués de notes douces, et les petits commensaux du logis ne font pas un mouvement dans les airs sans donner concert à leur maître.

« Certains des sifflets de l'un et de l'autre genre portent jusqu'à huit tuyaux en éventail. Rien n'égale la légèreté de ces appareils, si ce n'est le soin avec lequel ils sont construits. Cependant, il faut convenir que les Chinois chargent leurs pigeons plus que nous. Nous estimons à 1 gramme le poids maximum dont on peut charger l'oiseau sans entraver la liberté de ses mouvements. En Chine, l'instrument pèse déjà plus que cela; et cependant, quoique l'oiseau en demeure presque toujours chargé, il n'a pas l'air d'en ressentir aucune fatigue...... Grâce à ce curieux moyen de préservation, très-peu de courriers manquent à l'appel. »

Renvoyé aux sociétés colombophiles le très-sérieux examen de cette chinoiserie. Pour si étrange qu'elle puisse paraître, il n'en résulte pas qu'on doive la jeter purement et simplement au panier après l'avoir vouée aux quolibets les plus gais ou les plus saugrenus.

LES PRODUITS.

J'éprouve un sérieux embarras à écrire ce chapitre. Colombiers, pigeonniers et volières donnent des pigeonneaux et de la colombine : on ne paraît pas faire état de la plume.

A quel prix reviennent ces produits ou que rendent-ils? Là gît une grosse difficulté. En cheminant à travers les diverses questions soulevées dans ce livre, j'ai bien indiqué une donnée; je ne l'ai pas oubliée. Elle s'élève au niveau d'un principe et je la résume en ces termes : les animaux de bonne race qu'on loge à leur convenance, qu'on nourrit en suffisance et qu'on entoure de soins intelligents sont ceux dont le rendement est le plus élevé ou dont les produits, plus abondants et meilleurs, reviennent comparativement au plus bas prix.

Voilà le fait général. L'expérience a démontré qu'il s'applique au pigeon autant qu'à tous les autres. Mais cela ne dit pas le prix de revient d'une éducation, et là précisément est le point cherché.

Établir en l'espèce des comptes de clerc à maître n'est pas chose aisée, surtout en présence des deux affirmations contraires qui étreignent le sujet. Sur ceux qui nient l'utilité du pigeon et qui en poursuivent l'extermination, le raisonnement n'a aucune prise : à ceux qui combattent en faveur de l'oiseau et attribuent à sa bonne éducation des bénéfices certains, on demande de montrer — preuves en main — si le décompte qu'ils apportent n'est point une fiction.

Dans ce genre de démonstration, tout paraît sujet à caution, car tout est matière à discussion. Il est si facile, en effet, lorsqu'on se met à poser des chiffres, d'exagérer en plus ou en moins, sans intention et de la meilleure foi du monde ! Les chiffres ont leur éloquence, dit-on, oui, mais une éloquence qui grise et souvent fait qu'on y voit double. On ne saurait donc trop se tenir en garde contre les résultats d'une comptabilité improvisée dont les détails sont fournis par la folle du logis ou puisés à la source d'une idée préconçue.

J'ai un exemple très-concluant à offrir à l'appui de la réserve qu'ici je recommande. Je le prends tout p rès, sans sortir de la basse-cour.

On avait érigé en axiome cette hérésie : le bétail est un mal nécessaire; par extension on ajoutait avec une égale conviction : la basse-cour est la ruine de la ferme. Voilà qui était paroles d'évangile, et les comptes du gros ou du menu bétail étaient tous présentés comme se soldant en perte. Les temps sont changés; l'axiome est retourné : on dit en ce moment : — le bétail fait la prospérité de la ferme; la basse-cour fait la richesse du ménage. On est donc revenu à la constatation des anciens — *a pecu pecunia*.

Lorsqu'on retirait peu du bétail, les détails de la comptabilité aggravaient la situation au point de la rendre plus mauvaise qu'elle n'était. Aujourd'hui qu'elle s'est relevée, on essaye de la faire théoriquement si prospère ou si haute que l'incrédulité s'accroche aux chiffres grossissants dont l'imagination fait les honneurs à de prétendues éducations-types.

Écrivons ces chiffres afin d'en donner une idée; car pour y croire, il faut les voir.

On suppose donc un troupeau de poules de 2,000 têtes, ayant coûté 3,000 francs.

Il y a cinq modes différents d'alimentation auxquels on peut soumettre ce troupeau; ils font ressortir son prix d'entretien annuel à l'un de ces cinq totaux suivants :

10,000 fr.— 8,500 fr.— 8,150 fr.— 3,650 fr.— 2,552 francs, et le bénéfice net annuel de la spéculation, correspondant à chacun d'eux, est l'un des suivants :

1,840 fr.—3,340 fr. —3,680 fr.— 8,190 fr. — 9,288 francs !

En toutes les combinaisons, il y a bénéfice; mais comment repousser l'idée d'exagération qui naît à la vue des plus gros de ces totaux?

Établir le bilan d'une éducation, c'est bien la chose la plus simple du monde; mais le résultat ne vaut que par l'exactitude des éléments qui servent à l'établir. Là est la difficulté.

On voit bien comment d'une recette brute s'élevant à 11,840 fr., si l'on retranche une dépense de 10,000 fr., il reste net 1,840 fr.

Et de même comment d'une recette brute totalisée à

11,840 fr., si l'on retranche pour la dépense 2,552 fr. seulement, le bénéfice net ressortit à 9,288 fr.;

Mais je doute fort qu'on se mette jamais d'accord sur les éléments mêmes de ce double compte.

L'élevage des poules n'a pas eu seul le privilége des chiffres. On a étendu préventivement les comptes de doit et avoir aux éducations du pigeon. C'est dans le livre de M. J. Pelletan —*Pigeons, Dindons*, etc., que le sujet a été traité avec le plus d'entente et de soin, en distinguant les éducations du colombier de celles de la volière.

Après avoir posé en principe que tout élevage bien mené est nécessairement productif, M. Pelletan raisonne ainsi leur compte de recettes et dépenses pour les deux ordres d'établissement.

I. — COMPTE DES RECETTES ET DÉPENSES DU COLOMBIER.

« Un colombier destiné à 200 paires, construit, aménagé, meublé dans les meilleures conditions possibles, pourra dans les campagnes être élevé à assez peu de frais. Cependant, pour rester toujours, dans les débours, au-dessus de la vérité, nous en porterons la dépense à 800 fr.

« Si l'on veut faire le peuplement d'emblée avec 200 paires, bisets, volants ou culbutants, on trouvera toujours facilement les premiers, en quantité, à 2 fr. la paire et les autres à 3 fr. en moyenne, c'est-à-dire que les 200 paires pourront toujours être acquises pour 500 fr..

« Les frais de nourriture sont beaucoup plus élevés depuis quelques années à cause de la cherté des grains, mais comme le prix des pigeonneaux s'est élevé à peu près dans la même proportion sur les marchés, l'équilibre est sensiblement rétabli. D'ailleurs, dans les campagnes, nous avons dit que les fermiers trouvent dans les déchets de grains, de tubercules, de racines, etc., des ressources considérables. Quant aux graines, on peut toujours, par des mélanges, en obtenir dont le prix maximum est de 15 francs l'hectolitre.

« 40 litres de graines suffisant pour la nourriture annuelle d'une paire et de ses couvées, les frais de nourriture s'élèveraient à 6 fr. en supposant qu'on n'ait pas la ressource des déchets, criblures, pâtées de racines, etc.

« Mais dans le colombier de haut vol on n'a guère à fournir de nourriture complète que pendant les jours de grands froids, les neiges, le temps de la réclusion légale, si elle est ordonnée, ce qui représente environ le quart de l'année. Ce serait donc 1 fr. 50 par paire seulement, ou 300 fr. pour les 200 paires à porter au compte des frais de nourriture. Portons néanmoins 400 fr.

« Quant aux soins qu'exige le colombier, il est évident que dans toute ferme, métairie, exploitation rurale quelconque, il se trouvera toujours un garçon de ferme, d'écurie, une fille de basse-cour qui pourra à ses fonctions ordinaires joindre le service très-peu fatigant du colombier. Aussi, ne devons-nous compter qu'une faible portion de ses gages comme afférente à cet emploi, par exemple. . . . . . 100 fr.

En résumé :   Frais :

Intérêts du capital d'établissement (800 fr.)   40
   »   du   »   de peuplement (500 fr.)   25
Nourriture 400
Supplément aux gages du garçon de ferme. . 100
Frais accessoires, commissions de vente, etc. . 100
                                        ———
                          Total. . . . . 665 fr.

« Avec les soins que nous avons indiqués, un colombier de 200 paires doit fournir 620 paires de pigeonneaux au moins. Sur ce chiffre, 20 paires seront conservées pour le renouvellement des couples vieillis. Dans le midi de la France, on peut compter sur 800 paires. C'est de 3 à 4 couvées par an.

« 600 paires vendues telles quelles, du 25e au 30e jour de

leur naissance, vaudront toujours plus de 1 fr. 50 la paire sur les marchés.

« Il est bon de noter que la valeur des pigeonneaux varie suivant les saisons, elle est plus élevée au printemps et en été qu'en automne et en hiver. Cette différence tient à la concurrence redoutable que leur fait le gibier dans ces dernières saisons. A l'époque des pois verts, la consommation des pigeonneaux devient énorme, surtout dans les grandes villes, ce qui amène une forte hausse. Tandis que le plus médiocre pigeon biset tout plumé et prêt à consommer se vend 1 fr. chez les marchands de volailles, pendant les mois de la chasse, — il vaut 1 fr. 25 à 1 fr. 50 d'avril à juillet. Les grosses espèces atteignent dans les mêmes conditions 1 fr. 50 à 2 fr. *la pièce.*

« On peut obtenir ces prix exceptionnels en se livrant à l'engraissement des pigeonneaux pendant 5 jours. Les bisets s'engraissent vite et bien, mais comme les races de colombier sont de petite taille, on ne leur applique pas, en général, les procédés d'engraissement que nous avons indiqués, ce qui est peut-être un tort.

« Ajoutons encore que les éleveurs qui voudraient vendre leurs produits sur le marché de Paris, marché de la Vallée, aujourd'hui transféré aux halles centrales, qui est le meilleur, n'auront qu'à adresser les pigeonneaux dans les paniers plats à claire-voie, à fond plus serré, garni d'un peu de paille, que tout le monde connaît, au nom d'un des facteurs du marché de la Vallée (1), en indiquant leur nom et leur adresse sur l'envoi. Les compagnies des chemins de fer se chargent du factage spécial et des formalités à l'octroi. Moyennant une *conduite,* les droits sont acquittés d'avance par le facteur, qui perçoit pour ses honoraires, frais de vente, d'entrée

(1) Il suffit que les envois arrivent à leur adresse la veille au soir, ou le matin, les jours de marché, qui sont lundi, mercredi, vendredi et samedi.

et autres, une commission de 10 pour 100. Les droits d'octroi, à Paris, s'élèvent à 0 fr. 34 par kilogramme de pigeonneaux. Or, comme le poids de la paire varie de 240 à 250 grammes, l'octroi frappe chaque paire d'une taxe de 7 centimes 1/2 à 8 centimes 1/2. Dans l'évaluation des prix de vente nous avons largement tenu compte de la commission du facteur, ainsi que des frais de transport pour un rayon de 80 kilomètres autour de Paris. Plus loin de ce centre, les prix de vente sont en général un peu moins élevés, mais les frais de nourriture sont aussi beaucoup moindres.

« Les 600 paires de pigeonneaux que nous pourrions, sans exagération aucune, porter à 800, puisque dans un colombier peuplé de bisets, de culbutants et de volants par portions égales, on peut, nous l'affirmons par expérience, compter sur 4 volées, en moyenne, ces 600 paires doivent rapporter 900 fr. déduction faite des droits d'octroi, si la vente en est faite à Paris.

« Quant à la part de frais à la vente qui est acquise au facteur et non plus à l'octroi, nous en avons tenu compte encore dans le dernier article du tableau des frais, ci-dessus détaillé.

« La colombine, dont nous avons rappelé la valeur, est un produit qu'on néglige et qu'on perd souvent en grande partie, à cause du peu de soins que les éleveurs apportent d'ordinaire au nettoyage du colombier. Mais dans l'exploitation que nous recommandons, l'enlèvement de cet engrais étant fréquent, comme nous l'avons indiqué, la récolte et l'emmagasinage s'en faisant avec soin, on en obtient une beaucoup plus grande quantité.

« On évaluait autrefois à 0 fr. 50 par an le produit en fiente de deux pigeons, ce qui fournirait 100 fr. pour les 200 paires ; mais pendant l'année, le colombier a logé en réalité non-seulement les 200 paires productrices, mais 600 paires de pigeonneaux qui, si leur vie est moins longue que celle de leurs parents, vivent en revanche toujours dans le colombier, tandis que les parents passent au dehors une partie de leur existence. Nous pouvons porter à 200 fr. le produit en engrais. D'autant plus que, dans ce temps où l'on va chercher jusqu'au Pérou des engrais moins puissants que la colombine, les cultivateurs ne regardent plus à faire des dépenses même considérables pour la fumure de leurs terres. Les cultures jardinière et maraîchère notamment, pour lesquelles une des meilleurs conditions de succès est la rapidité de développement des plantes et des légumes qu'elles produisent, n'ont pas de plus actif adjuvant que cet engrais, et la seule raison qui en rend, jusqu'à présent, l'usage très-restreint est précisément sa rareté.

« Que les maraîchers et les horticulteurs trouvent de la colombine en quantités suffisantes et assez facilement pour que les frais de transport ne soient pas par trop onéreux, ils l'emploieront plus et la payeront mieux que le guano, aussi bien que les agriculteurs. Car, d'après M. Payen, elle est plus puissante que le plus puissant guano et renferme 83 pour 1,000 d'azote, tandis que le fumier de ferme n'en contient que 4. — 500 kilogrammes de colombine équivalent donc à 10,000 kilogrammes de fumier de ferme. Nous ne pouvons citer ici tous les agriculteurs célèbres qui recommandent l'emploi de la colombine, nommons cependant Olivier de Serres, qui indique même les précautions dont on doit tenir compte dans l'usage de ce produit et la petite quantité qu'il en faut répandre à la fois « pour sa chaleur, qu'il a plus grande que nul autre, dont il est rendu propre à tout usage d'agriculture, de telle sorte que *peu* profite *beaucoup*. »

« Nous n'avons pas à entrer davantage dans ces détails spéciaux, mais nous pensons que les fermiers et les propriétaires de terres chez qui l'élevage des pigeons se ferait un peu en grand, auraient tout avantage à profiter les premiers de cet engrais fabriqué chez eux, quand cela ne serait que pour activer la production des légumineuses devant servir à nourrir les pigeons. D'après l'opinion d'hommes compétents, ces oiseaux peuvent ainsi donner à la récolte une plus-value suffisante à payer leur propre nourriture.

« Pour nous, nous considérons comme certain que 200 paires de pigeons de colombier peuvent au bout de l'année, eux et leurs petits, produire une quantité de colombine représentant, soit qu'on la vende, soit qu'on l'utilise, une valeur de plus de 200 fr.

« Néanmoins, nous la portons seulement pour 100 fr. au chapitre des produits :

Produits :

600 paires de pigeonneaux à 1 fr. 50
l'une. . . . . 900 fr.
Colombine vendue ou utilisée. . . 100

Total. . 1,000
A déduire pour frais. . 665

Bénéfice net. . . 335

« Nous ferons remarquer que nous avons supposé dans cet aperçu que tous les pigeonneaux sont livrés à la consommation, tandis que, dans la réalité, une grande partie peut être vendue pour la reproduction à laquelle ils seront aptes 2 ou 3 mois plus tard. Ils seront encore meilleurs à cette fin, quoiqu'un peu trop jeunes, que les couples de 5, 6 et 7 ans dont les marchés spéciaux sont souvent encombrés. Or, nous avons compté nos paires achetées pour le peuplement, à 2 fr. 50 c. en moyenne, et c'est en effet à ce prix qu'on peut les vendre, presque double de celui qu'on leur donnera pour la consommation. »

Ce qui frappe tout d'abord à la lecture de ce compte, c'est qu'il a été établi par un éleveur expérimenté Tous les éléments en sont raisonnés de façon à écarter toute pensée d'exagération.

Malgré cela, malgré tout, il donne prise à la controverse : en pareille matière, c'est inévitable.

J'y attacherai donc quelques observations. En premier lieu

je ne crois pas qu'on puisse établir aujourd'hui pour 800 fr.
un colombier convenablement aménagé pour 200 couples
de pigeons. Toute économie sur ce point conduit infailliblement à mal. L'habitation est chose si essentielle dans l'éducation de l'oiseau dont il s'agit qu'on doit lui accorder, suivant
le cas, la meilleure part ou de la réussite ou de l'insuccès.

Une fois bien établi, le colombier donne lieu à peu de frais
d'entretien : je suppose que M. Pelletan trouverait à y pourvoir de loin en loin, en empruntant à l'article du compte réservé aux dépenses accessoires.

40 litres de graines suffisent pour la nourriture annuelle
d'une paire et de ses couvées...... cela dépend assurément du
nombre des couvées. 600 paires de pigeonneaux mangeront
moins que 800 paires, et l'abondance de la nourriture n'est
pas étrangère, mais favorable à l'augmentation du croît. Dans
ce cas, tout accroissement de dépense correspond à une augmentation de produit.

Le décompte laisse en dehors, sur les couvées de l'année,
20 paires qui serviront au renouvellement annuel de la population normale du colombier. Sans faire état des couples
vieillis, on ferait trop large part, croyons-nous, à la mortalité des jeunes, aux diverses causes de destruction, si
on leur attribuait, en totalité, des pertes éventuelles s'élevant au dixième. De ce chef la recette éprouverait donc
une légère augmentation : mais on ne porte pas assez
haut le chiffre du renouvellement annuel ; il doit être
plus rapide. Plus il sera prompt, plus sera profitable l'exploitation. Entre les jeunes qu'on laisse à la reproduction et
les vieux qu'on livre à la consommation, il y a d'ailleurs
compensation, car s'il faut attendre les produits des premiers, ceux des autres vont toujours en diminuant. Tandis
que ceux-ci descendent, ceux-là montent et bientôt arrivent
à la période de fécondité la plus active, celle qui donne à
l'éducation ses plus larges profits.

On n'engraisse pas les pigeonneaux. C'est un tort, dit

M. Pelletan : sur ce point je lui donne deux fois raison. Ceux qui étayeront le conseil relatif à l'engraissement du petit prix de revient comparé au bénéfice qui peut résulter d'une rapide préparation, rendront un égal service à l'industrie de l'engraissement et à l'alimentation publique.

La colombine est-elle portée ici à sa véritable valeur ?

N'y aurait-il pas à introduire dans ce décompte, pour mémoire tout au moins, l'importance des services rendus à la culture des bonnes plantes par ces actifs ramasseurs de graines nuisibles dont la rapide végétation serait un si grand obstacle à la plus grande réussite de nos récoltes les plus précieuses ? Au prix actuel de la main-d'œuvre qu'on ne trouve même pas toujours en suffisance à l'heure de l'opportunité, il serait curieux de voir estimer le nombre de journées de sarclage qu'épargne au fermier le travail méconnu d'une bande de pigeons.

Ceci a plus d'envergure qu'on ne le suppose généralement et laisse bien loin de compte le préjudice que l'on croit être porté aux moissons par l'oiseau, préjudice restreint, dans tous les cas, aux semailles ; ne l'oublions pas.

II. — COMPTE DES RECETTES ET DÉPENSES DE LA VOLIÈRE.

« Nous avons en grande partie à répéter pour la volière ce que nous avons dit pour le colombier.

« Quoiqu'on puisse élever des volières renfermant un trèspetit nombre de paires, nous supposerons pour base de nos évaluations une volière de 100 paires. Tous les frais sont, en général, proportionnels au nombre de paires, excepté ceux qui incombent aux gages de la fille de basse-cour ou autre personne chargée du gros entretien, lesquels pourront être considérablement abaissés si la volière est peu peuplée. On pourra donc, dans tous les cas, apprécier d'avance le produit de la volière, quelle qu'elle soit.

« Bien que le local affecté à 100 pigeons puisse être plus

petit que celui où l'on veut en placer 2'0, comme la volière
exige des soins de construction et d'aménagement assez
minutieux, nous supposerons encore pour les frais d'établissement premier la somme de 800 fr., laquelle est, on le
comprend, très-exagérée.

« Quant à l'achat des couples reproducteurs destinés au
peuplement, il est beaucoup plus difficile de le fixer. Comme
nous avons supposé pour le colombier des races spécialement
dites de colombier, nous supposerons pour la volière aussi
des races spéciales qu'on enveloppe souvent sous le nom général de pigeons mondains.

« Mais c'est ici que les prix varient dans des proportions
extrêmement larges. On peut avoir des mondains communs,
féconds, à 3 fr. la paire. Mais aussi il est des pigeons de volière
dont le prix s'élève jusqu'à 100 francs. Est-il besoin d'ajouter
que ces pigeons de luxe, d'*amateur*, comme on dit, ne sont
point faits pour être mangés, et que leurs pigeonneaux trouveront leur placement pour la reproduction à des chiffres qui
n'ont plus rien de commun avec la valeur des variétés ordinaires.

« On voit donc que la volière, même fort petite, pourra,
sous ce point de vue, être pour un producteur amateur, de
fort grand rapport. Car, en admettant même que les jeunes
de ces races de luxe se vendent moins cher que les parents,
parce qu'ils deviendront de moins en moins rares, comme elles
sont presque toutes très-fécondes et, qu'après tout, elles ne
coûtent pas plus à nourrir que d'autres, il y aura encore de
magnifiques produits.

« Supposons d'abord la volière peuplée d'espèces ordinaires
à 5 fr. la paire en moyenne, mondains, nonnains, cravatés,
paons, volants, culbutants, etc. Ci pour les 100 paires. 500 fr.

« Pour la nourriture, en supposant toujours le cas
le plus défavorable et qu'on n'ait pas d'autres ressources que les graines épurées à 13 fr. l'hectolitre en
moyenne, 40 litres par paire donneront. . . . . . 600 fr.

« Les soins qu'exige la volière sont plus nombreux que ceux du colombier. Nous porterons donc à la fille de basse-cour un supplément de gages de 150 fr. et nous aurons :

Frais :

Intérêt du capital d'établissement (800 fr.).   40 fr.
  »   »   de peuplement (500)   25
Nourriture.   600
Gages de la fille de basse-cour (supplé-
  ment)   150
Frais imprévus, commissions, etc. . .   100
                     Total. .   .   .   915

« Quant aux produits, ils sont les mêmes que dans le colombier, sauf que l'on pourra compter sur un minimum de 7 couvées. On en obtient très-souvent 8, 10 et même 12, pour certaines races, en volière fermée. Le prix minimum des pigeonneaux de volière sur les marchés est de 2 fr. la paire, il dépasse souvent 3 fr. 50. De plus on pourra livrer, pour la reproduction, des mondains, pattus, nonnains, cravatés, tambours, culbutants, paons, qui se vendent beaucoup et fort bien. Leur prix dans ces conditions est au moins de 6 fr. la paire. Admettons néanmoins 700 paires à 2 fr. comme produit, les couvées supplémentaires étant réservées pour le repeuplement. Ci.- .   .   .   .   1,400 fr.

« Les pigeons de volière restent beaucoup plus chez eux que ceux de colombier et produisent par conséquent beaucoup plus de colombine, d'autant qu'ils fournissent aussi beaucoup plus de couvées. Admettons néanmoins que la colombine produite par les 800 paires, tant vieilles que jeunes qui habitent la volière pendant l'année; ne vaille que 100 fr. Nous aurons :

Produits :

700 paires de pigeonneaux à 2 fr.   1,400 fr.
Colombine.   100
                              ───────
         Total.   .   .   1,500
A déduire pour les frais.   915
                              ───────
         Bénéfice net.   .   585 fr.

« Si l'on voulait se borner à l'élevage de quelques races d'élite dans le but d'obtenir surtout des couples à vendre pour la reproduction, on pourrait avoir un produit porportionnellement plus considérable, mais alors il faudrait des soins plus attentifs.

« Pour 25 paires à 10 fr., en moyenne, on pourra construire une volière qui ne coûtera pas plus de 100 fr. On aura alors :

Frais :

Intérêt du capital d'établissement et de peuplement.	17 fr. 50
Nourriture à 7 fr. par paire. . .	175
Frais accessoires et entretien. . .	100
Total. . . .	292 fr. 50

« Ces pigeons fourniront certainement au moins 7 couvées, en supposant qu'ils ne pondent pas pendant l'hiver et à l'époque de la mue. Nous aurons dont 175 paires, lesquelles vaudront de 5 à 10 francs comme couples reproducteurs, et vaudraient naturellement autant que leurs parents, lesquels ont été payés par nous 10 fr., en moyenne. Il y aura aussi, sans aucun doute, sur ce nombre, des couples d'élite qui prendront une valeur bien plus considérable. Ceux, au contraire, qui paraîtraient défectueux ou trop communs, sans compter tous ceux de la couvée de septembre qu'il faut en général réformer, pourront être engraissés pendant 6 jours, dépense que tous les éleveurs évaluent à 0 fr. 10 par paire, mais que nous porterons à 0 fr. 15 en raison des perfectionnements que nous avons proposés. Ces produits hors ligne se vendront bien plus cher que les communs sur les marchés. Nous supposerons néanmoins que tous ces couples, tant pour la reproduction que pour la consommation, n'atteignent que le prix *moyen* de 4 francs, nous aurons pour les 175 paires 700 fr. Et en supposant 25 fr. seulement pour la colombine, nous pourrons poser le tableau suivant :

Produits :

175 paires à 5 fr. . . . . 700 fr.
Colombine. 25

Total. . . . 725
A déduire pour frais. . 292,50

Bénéfice net. 432 fr. 50

« On voit combien le produit dans cette exploitation en petit, mais portant sur des espèces choisies, est plus fructueux. Ajoutons aussi qu'elle demande des soins plus assidus, s'ils ne sont ni longs ni difficiles, et que l'œil du maître doit souvent les vérifier.

« Si l'on voulait adopter la volière fermée et y élever des espèces d'amateur fécondes, on pourrait obtenir facilement 12 couvées par an, et, si l'on avait affaire à des variétés précieuses, on réaliserait de fort jolis bénéfices.

« Nous connaissons dans Paris même, et aux environs, des petits employés, ouvriers et même des gens aisés, qui se font chaque année un petit revenu très-net et très-facile, grâce à cette industrie commode, récréative et intéressante.

« Il en est de même dans les campagnes où l'on emploie surtout cette disposition à la fois volière et colombier dans laquelle on élève indifféremment les unes et les autres races disséminées un peu partout, dans les greniers, les remises, les hangars, les recoins, ce qui dispense de constructions plus coûteuses et permet d'avoir néanmoins un nombre assez considérable de paires. C'est ainsi que, dans le rayon d'approvisionnement des grandes villes surtout, de petits cultivateurs entreprennent sur une échelle assez vaste l'élevage des pigeons qui fournit, d'abord, à leur ménage une ressource importante, et leur rapporte sans grandes peines, un produit sûr et certain d'une douzaine de cents francs, ce qui est le plus clair de leur revenu. »

A l'occasion de la volière, M. Pelletan dit qu'il trouve exagérée son évaluation des frais de construction et d'amé-

16.

nagement du colombier. Ce n'est pas mon avis : et je persiste dans l'observation que j'ai faite à cet égard.

Je maintiens de même la remarque attachée à la consommation moyenne annuelle de 40 litres de graines par u$_{ne}^{e}$ paire et ses couples. Je la maintiens d'autant plus qu'ici les couvées sont plus nombreuses de 8 à 12, au lieu de 3 à 5 et que les oiseaux vivent moins ou ne vivent pas du tout au dehors.

Ces réflexions ne viennent pas en vue d'atténuer l'idée de profit assuré que fait naître le fait d'éducations de pigeons bien entendues et convenablement dirigées ; mais seulement pour montrer aux esprits positifs qu'une pareille proposition, très-légitimement avancée, n'est pas précisément facile à défendre mathématiquement dans tous ses détails et dans chacun de ses chiffres.

Les éducations de pigeons, loin d'être nuisibles ou onéreuses, sont utiles et lucratives. Voilà le fait certain qui se dégage de l'expérience acquise. Or, il est vraiment capital et peut suffire à l'économie rurale non moins qu'à l'économie sociale.

Des données les plus approximatives on peut supposer qu'en ce moment l'espèce compte de 36 à 40 millions de paires en France. C'est une population à doubler.

Dans ces proportions, elle remplira tout son effet utile et pendant sa vie et après sa mort, comme travailleur nécessaire et comme oiseau alimentaire.

Dans un livre qui m'est remis à l'instant même — *Traité des oiseaux de basse-cour*, par M. le professeur A. Gobin, je trouve un autre compte dont il me semble bon d'insérer ici les éléments et le résultat.

M. Gobin opère sur un colombier peuplé de 300 paires, donnant une moyenne annuelle de 900 couples de pigeonneaux.

Il en réserve 75 qui serviront au renouvellement annuel, par quart, de la population normale, et il en livre 825 paires à la consommation, dès l'âge d'un mois.

Il établit donc comme ci-après le décompte des éducations que voit se renouveler chaque année :

Recettes :

Vente à l'âge de 1 mois de 825 paires de pigeonneaux, à 1 fr. 30 l'une. . . . . . . 1,072 fr. 50

Prix de 75 paires d'adultes réformés et engraissés à 1 fr. 75. . . . . 131 25

600 kilogrammes de colombine, évalués en bloc à . . . . 100 »

Total. . . . . 1,303 fr. 75

Dépenses :

Intérêt ou loyer, entretien et amortissement du colombier, dont les frais de construction et d'ameublement peuvent être évalués à 1,200 fr., à raison de 10 pour 100 l'an. 120 fr. »

Intérêt à 5 pour 100 de 750 fr., capital d'acquisition de 300 paires de pigeons. 37 50

Nourriture des 300 paires d'adultes et de leurs couvées, à raison de 70 litres de grain par paire, valant 12 fr. 50. . . . . 375 » 1,124 fr. »

Engraissement de 875 paires de pigeonneaux et de 75 paires d'adultes, nourriture consommée, ensemble. 133 5

Moitié du salaire et de la nourriture annuelle d'une femme chargée de la surveillance et des soins. . . 333 »

Frais accessoires, commissions de vente, paniers, mobilier, transports, etc. . . . . 125 »

Bénéfice net. . . . . 179 fr. 75

C'est-à-dire 17 pour 100 du capital employé.

M. Gobin croit avoir compté largement les dépenses et porté les recettes au plus bas. Des éventualités, fort rares en somme dans des éducations bien conduites, seules pourraient, d'après lui, atténuer ce brillant résultat.

En ce qui touche les pigeons d'agrément, il s'abstient, à raison des prix que la fantaisie attache ou aux reproducteurs ou aux produits.

Je laisse au lecteur le soin de comparer entre eux les éléments divers des comptabilités mis sous ses yeux. Les chiffres peuvent être modifiés tantôt en plus, tantôt en moins, et hausser ou baisser celui du bénéfice net sans que, dans aucun cas, je le crois, une éducation judicieusement menée, se solde jamais en perte.

Si cette assertion résulte de faits bien observés et constants, la cause du pigeon n'est plus discutable.

L'oiseau doit rentrer en grâce, reprendre faveur, et bientôt ressortir à sa pleine et entière utilité.

III. — A PROPOS DE LA COLOMBINE.

« Le premier et meilleur de tous les fumiers desquels on puisse faire estat, est celui du *colombier*, pour sa chaleur, qu'il a plus grande que nul autre, dont il est rendu propre à tout usage d'agriculture, de telle sorte, que peu profite beaucoup ; mais c'est à condition que l'eau intervienne tost après pour corriger sa force, autrement il nuirait plutost qu'il ne profiterait, attendu que seul, sans être tempéré d'humidité, brusle ce qu'il touche. C'est pourquoi autre saison n'y a-t-il pour son application que l'automne et l'hiver, le printemps étant suspect pour sa proximité de l'été.

« Avec discrétion sera distribué le fient du *colombier*, de peur que par trop grande quantité la semence ne fut bruslée ; pourquoi on la sème par la terre à la façon du blé, et presqu'aussi rarement. »

C'est le père de l'agriculture française, notre vieil Olivier de Serres, qui a tenu ce langage, tant de fois répété après lui, sans qu'on ait su s'y attacher, sans qu'on ait accordé à la colombine l'attention qu'elle commande. Elle n'a fait que partager, au surplus, le sort commun à toutes les substances fertilisantes du sol. En effet, l'engrais — matière première de toute production agricole, — est bien ce dont jusqu'ici les masses, sauf quelques exceptions, ont eu le moins de souci, le moins de soin ou le plus de dégoût. Ce n'est pourtant pas l'enseignement qui sur ce point a manqué. Mais le paysan à qui l'on aurait la prétention d'apprendre la valeur de l'engrais hausserait de pitié les épaules et penserait à Gros-Jean qui voulait en remontrer à son curé. Et sa pensée s'égarerait, sans qu'on réussît jamais à l'en convaincre. Si empiriquement, si par expérience, il ne méconnaît pas précisément toute la valeur de l'engrais en général, il ne s'applique assez ni à en accroître la quantité, ni à en parfaire la qualité. Sur ce point, il faudrait qu'il le sût bien, Gros-Jean pourrait en remontrer même à son curé.

Dans le monde, parmi tous ceux qu'on range sous cette ambitieuse ou prétentieuse qualification, l'engrais — mot et chose — n'a jamais été ni en faveur ni en odeur :

> — Va-t'en d'ici, tu sens mauvais,
> Disaient d'un ton sec à l'engrais,
> De jeunes roses indiscrètes.
> — La chose est bien possible, mais
> Vous qui me contez ces sornettes,
> Dites-le-moi, pauvres coquettes,
> Que seriez-vous sans mes bienfaits?

Bien répondu, tout vient de la terre, a-t-on souvent écrit et professé. Il eût été plus juste de s'écrier à tout propos : rien sans engrais, tout vient de l'engrais sans lequel la terre, simple excipient, n'a plus ni puissance ni valeur.

> Doublez votre fumier, vous doublez votre champ.

C'est parler d'or, cher poëte; mais à ce précepte, trop

facilement oublié, je trouve une contre-partie et je la formule ainsi :

Diminuer son fumier, c'est diminuer sa terre.

Ceci est plus grave. Or, on diminue la masse de ses engrais lorsqu'on ne les recueille pas en totalité, lorsqu'on en perd une partie, souvent la meilleure ou la plus active, lorsqu'on n'entretient pas sur le domaine agricole tout le bétail qu'il peut nourrir à charge de revanche.

. . . .

La houille — s'est écrié, un jour, un industriel bien inspiré, la houille est le pain de l'industrie. Le mot est juste, l'expression a fait fortune, elle est restée ; elle est dans la conviction et sur la langue du monde entier. C'est bien.

A l'engrais qu'on n'a point défini avec le même bonheur, on n'a su que faire en termes choisis ce joli compliment rappelé plus haut : — Va-t'en d'ici, tu sens mauvais !

A ces délicats pourtant et à ces dédaigneuses qui si délicieusement se parfument, il faut dire ce qu'est cette matière qui, à leur avis, « sent mauvais. »

Pour en parler, toutefois, prenons nos précautions : soyons rasé de près ; faisons soigneusement notre raie au milieu, du front à la nuque ; habillons-nous élégamment ; ayons à la fine chemise de batiste jabot de malines, et aux poignets manchettes en points d'Alençon. Un suave parfum s'exhale du beau mouchoir blanc qu'avant de commencer nous passons négligemment sur nos lèvres auxquelles nous faisons redire l'explication donnée de ses succès par un grand amateur *d'engrais, considéré jadis comme sorcier, par des voisins qui* ne l'étaient guère. Il s'était donc exprimé ainsi :

Tout à l'heure, en passant, j'ai parlé du fumier,
J'y reviens. J'aurais dû le nommer le premier,
Dans l'arsenal vivant de nos sorcelleries.
Je lui dois mes blés drus, mes bêtes bien nourries.
Savez-vous ce qu'il est? De la vie et du sang !
J'en connais parmi vous, — Combien? — peut-être cent,

> Qui méprisent beaucoup ce sang et cette vie.
> Ils jettent le fumier dans la cour où la pluie
> Le pénètre et dissout tous les sels fécondants,
> Où le soleil sur lui darde ses feux ardents,
> Et du plus riche engrais fait des pailles inertes.
> A quoi bon consentir à de semblables pertes,
> Livrer, de gaîté d'âme, aux ruisseaux du chemin
> Le purin, ce trésor que l'on a sous la main,
> C'est-à-dire du foin, du trèfle, de la viande,
> Du pain, de l'or sonnant? Ma foi, je vous demande
> Mille pardons, voisin; vous êtes l'insensé
> Qui prend l'or dans sa poche et le jette au fossé.
> Les petits enfants même en rougiraient de honte.
> Vos motifs, quels sont-ils? La routine? on la dompte,
> Et l'on retient ce jus par qui l'homme est nourri,
> Dans une fosse étanche et sous un bon abri.
> J'affirme qu'un tel soin passe avant toute chose.
> Quand on a des engrais, on a tout; là repose
> Le secret de la ferme....... (1)

Voilà qui dit très-bien l'histoire de la colombine. De ce premier, de ce meilleur de tous les fumiers desquels on puisse faire estat, comme écrivait le bon seigneur du Pradel, on ne tire de son emploi qu'un très-mince parti. Sous prétexte qu'il brûlerait les plantes par une action trop énergique. — La mariée est trop belle.

> On prend l'or dans sa poche et le jette au fossé.

J'avais raison plus haut : diminuer son fumier, c'est diminuer sa terre. A l'avenir soyons plus judicieux, mieux avisés ou moins maladroits. En nous enrichissant, nous enrichissons la nation. Vive l'engrais, foin de ceux qui en détournent les regards; et honneur à cet autre poëte (2) qui a frappé ce vers :

> Oui, même le fumier, tout est beau, tout est grand.

Dans le passé, on faisait plus grand cas de la colombine.

(1) *Légende du chantier rural*, par J.-B. Goux.
(2) *Le Poëme des champs*, par Ch. Calemard de Lafayette.

En ce qui la concerne même, on était arrivé à de singulières exagérations. La thérapeutique lui avait trouvé des emplois divers et la pharmacie s'en occupait à sa propre satisfaction, pour son plus grand avantage. A leur honneur, pharmaciens et médecins ont renoncé à ce vieux « médicament. » Il n'y a lieu à regret, mais une curiosité rétrospective peut s'attacher à l'usage qu'on a fait jadis de cette substance dans la médecine de l'homme et dans celle des animaux.

Il n'y aura rien ici de mon cru. Je copie ce qui suit dans le *Dictionnaire raisonné universel d'histoire naturelle* de Valmont-Bomare, M.DCC.XCI, article PIGEON.

« .. .. Sa fiente, appelée colombine, est nitreuse, résolutive et apéritive : on la prend toute calcinée ou en tisane ou en bol ; on a des exemples que si cette fiente fraîche tombe dans les yeux, l'on peut en devenir aveugle, tant elle contient de parties caustiques. C'est par cette raison que la peau rougit à l'endroit où l'on met pendant un certain temps de la fiente de pigeon. On en mêle quelquefois dans les vésicatoires, ou avec les cataplasmes farineux, pour résoudre les tumeurs œdémateuses. La fiente de pigeon, pulvérisée et cuite avec le lait, fait un cataplasme excellent pour les maux de gorge pituiteux : il faut avoir soin de la renouveler et de la réchauffer toutes les heures. Cette fiente, dit M. Bourgeois, est encore un excellent remède pour la toux des chevaux. ... Dès qu'on s'aperçoit qu'un cheval tousse, il faut prendre quatre poignées de fiente de pigeon qu'on pulvérise grossièrement, et on la met infuser dans une demi-bouteille de vieux vin blanc pendant une nuit ; le matin on passe le mélange par un linge, et on le fait avaler pendant trois jours de suite au malade. »

Vieille médecine, vieux remède tout à fait démodés et abandonnés sans retour. Combien d'autres — qui n'étaient ni plus propres, ni plus sales, ni mieux trouvés, ont été appliqués ou administrés aux plus jeunes, aux plus délicates, aux plus grandes dames de ces temps-là ! A personne aujourd'hui je ne conseillerais de revenir à cette droguerie que n'accepteraient d'ailleurs ni les petites dames ni les grandes maîtresses du jour. J'ai perdu les bonnes grâces d'une très-jolie fille pour l'avoir engagée à prendre, contre une très-désagréable indisposition, trois ou quatre doses de thériaque. Ayant au préalable consulté mon propre dictionnaire — sois à jamais maudit, affreux bouquin ! — elle avait vu que, dans la composition de cet électuaire polypharmaque, bien autrement compliqué que le fameux thé de madame Gibou, il doit entrer 12 parties *de vipère sèche*.

A cette vilaine bête j'ai dû ma disgrâce, ô vipère, ce sont bien là de tes coups ! Le serpent sera-t-il donc toujours fatal à l'homme ?

Non, oncques ne vis colère pareille ; si j'avais osé — mais je n'osai pas — j'aurais essayé contre ce violent accès de fureur, de cet autre moyen du même temps et de la même école, fort en vogue alors.

« Pour guérir la frénésie, prenez un pigeon nouvellement tué, ouvrez-le par le dos et appliquez-le tout chaud sur la tête ou à la plante des pieds du frénétique. »

Je le répète, en cette grave occurrence, j'ai fléchi ; je n'ai pas eu le courage de mon opinion. Or, voyez jusqu'où peut aller parfois la pusillanimité ; si c'était à recommencer, je sens que je manquerais encore de la hardiesse nécessaire. Il y a — comme cela — des jours et des circonstances où les plus fermes et les plus résolus n'ont pas plus de force qu'une puce.

LES MALADIES.

Toute médaille a un revers. Le revers de la santé, c'est la maladie, un état de souffrance, une condition particulière dont tout être qui respire peut être atteint sous des formes très-diverses et à des degrés très-variables, depuis le simple malaise, indisposition légère que surmontent facilement les forces de la vie, jusqu'à la situation la plus douloureuse et la plus grave, jusqu'à la mort.

C'est contre la maladie qu'a été élevée la médecine, une science plus ou moins sûre en ses découvertes, plus ou moins heureuse en ses applications aux grandes espèces, mais d'une impuissance notoire devant les quelques affections morbides qui peuvent saisir les plus petites espèces et particulièrement celles qui appartiennent au monde des oiseaux. C'est le cas du pigeon.

En l'état d'indépendance absolue, ni les faibles ni les valétudinaires ne peuvent vivre; ils appartiennent à la destruction et facilement deviennent la proie de ceux qu'on a plus ou moins judicieusement surnommés les tyrans de l'air. Ici, le rôle de ces derniers semble être tout à la fois de mettre un terme prochain à la douleur et de supprimer tous les incomplets dont n'a que faire une espèce, qui, avant toute autre qualité, a besoin pour se soutenir ou se maintenir à son rang de la rusticité la plus grande.

Donc ni médecine ni médecins parmi les indépendants et les forts de l'état de nature; mais aussi très-peu de maladies, grâce à la suppression rapide et violente de ceux qui ne pourraient vivre de l'existence active de l'espèce.

Il pourrait en être de même en la condition de semi-domesticité où se tiennent à leur gré, ceux qui acceptent l'habitation du colombier ou du pigeonnier; mais ici les domiciliés payent tribut à ce fait — l'agglomération des individus dans un local plus ou moins spacieux et clos. La vie en commun a des avantages; elle a aussi des inconvénients. Les inconvénients qui se présentent ici résultent principalement des causes de viciation incessante de l'air. J'ai dit précédemment comment on peut prévenir les effets de cette viciation que combattent très-efficacement les moyens de l'hygiène ressortissant presque tous à la bonne tenue, à la propreté de l'habitation.

La malpropreté favorise la pullulation de la vermine, et celle-ci vit d'autant mieux aux dépens des jeunes, ses victimes privilégiées, que, sous l'influence d'un air empoisonné ou peu vivifiant, elle les trouve moins rustiques, plus faibles, moins résistants. Qu'on laisse prédominer l'action de ces deux causes — elles vont de compagnie — et l'habitation se dépeuplera tout à la fois par la mortalité sévissant sur les couvées et par la fuite des adultes. Ni médecine ni médecins ici encore; mais ce qui vaut mieux et coûte moins, tout en étant beaucoup plus efficace, les utiles, faciles et préventives applications de l'hygiène, une science à la portée de tous, dont les bons conseils rapportent toujours à ceux qui savent s'en imprégner et les suivre. La chose a d'autant plus d'importance que l'habitation contient un plus grand nombre d'oiseaux. S'exerçant d'une façon générale, la mauvaise influence atteint la masse de la population et l'éducateur se voit aux prises avec un mal général, avec une véritable épizootie qui emporte le succès des éducations. Après une grande mortalité, le colombier peut se repeupler, plus ou moins lentement sans doute, mais il se repeuple à la fin pour revoir le même désastre, si, négligeant encore les soins de propreté, on laisse accumuler de nouveau la colombine abandonnée à tous les effets d'une fermentation active qui répand dans l'atmosphère intérieure des gaz irrespirables ou délétères.

Le pigeon libre ne connaît pas cette cause de destruction puisqu'il vit au grand air et constamment respire de l'air neuf. Par contre le pigeon domicilié, moins que l'autre, est exposé à la destruction qui résulte de la chasse plus ou moins fructueuse que lui donnent toujours les oiseaux de proie. Il en meurt donc un certain nombre dans le colombier, d'où ils n'aiment plus à sortir lorsqu'ils ne sentent plus en eux la plénitude des forces nécessaires à une fuite rapide, toute défensive, ou à la recherche de la victuaille. Le fait n'échappe

point aux commensaux du même logis, qui dès lors obser_
vent les pauvres affligés, non pour les secourir, les sustenter
ou les consoler, mais pour les achever. S'il ne faut qu'un
coup d'aile pour leur faire abandonner le nid et les précipiter
sur l'aire, le petit effort arrive à point et voilà le moribond à
terre. Il n'y demeurera pas longtemps en vie. Les camarades
en ont pitié, se jettent sur lui et de l'aile ou du bec l'exécutent.
Il n'est pas frappé à la façon du *Lion devenu vieux* de la fable,
mais dans un tout autre sentiment et pour abréger les lenteurs de l'agonie. Ceux qui en tout autre circonstance
fussent devenus la proie de l'ennemi, meurent sous les coups
de leurs commensaux ou de leurs amis.

Plus étroitement enfermés ou confinés, plus exclusivement
soumis à la main de l'homme qui les nourrit et les panse à sa
guise, les oiseaux de volière sont sujets à des accidents d'autre
sorte, à des affections tout à fait inconnues aux autres. C'est
une loi générale. La domestication — ma plume voulait
écrire la civilisation — en développant de plus grands et de
nouveaux besoins, en donnant plus de prépondérance à
certaines facultés ou aptitudes, élargit de même le cadre
des causes de maladie et accroît le nombre de ces dernières.
Au pigeon complétement domestique, il a donc fallu une médecine et des médecins, — la médecine et les médecins du
pigeon. L'oiseau se trouverait encore mieux d'une hygiène
attentive et soigneuse : nous le verrons en étudiant, au pas
de course, la pathologie spéciale du pigeon.

Elle intéresse plus particulièrement les variétés d'amateur,
celles auxquelles la fantaisie donne un prix plus ou moins
considérable et quelquefois insensé. Elle intéresserait plus
vivement encore et à bien juste titre les habitants des colombiers militaires si allait se réaliser le projet d'en établir
dans nos principales forteresses. Arrivons donc au fait en
vidant au préalable la question des colombiers d'État.

M. La Perre de Roo, qui en a traité si pertinemment, a
retourné la pensée aphoristique des médecins dentistes, il

dit et il croit qu'il vaut mieux arracher qu'essayer de guérir.
Avec les vétérinaires en face de la peste allemande, il écrit :
« tuer les malades est le seul moyen de tuer la maladie, »
seulement il étend le cas spécial du typhus des ruminants à
toutes les affections qui peuvent menacer la vie de l'oiseau.
Écoutez-le.

« Le pigeon a si peu de valeur qu'il ne vaut guère la peine
d'être soigné lorsqu'il est malade. Je suis donc d'avis que,
du moment qu'un oiseau montre des symptômes de maladie,
est triste, laisse traîner les ailes et ne mange plus, on doive
le supprimer immédiatement, car on ne sait jamais s'il ne
recélerait pas les germes d'une maladie contagieuse, et l'on
ne peut jamais agir avec trop de promptitude.

« Quant aux pigeons qui font mal leur mue, ils se supprimeront eux-mêmes en restant en route lorsqu'on les fera
voyager. Mais il ne convient en aucun cas de créer des infir-
meries ou des foyers de contagion dans les forteresses pour
essayer de guérir un oiseau malade, au risque d'en perdre
des centaines. »

Voilà donc toute la médecine conseillée par M. La Perre
de Roo. Je la trouve des plus sommaires et tout à fait expé-
ditive. C'est bien celle-là, si je ne me trompe, qu'on peut
qualifier — la médecine sans médecin.. Il me paraît un peu
bien radical de supprimer, au premier signe d'altération de
la santé, un beau messager de l'air, un fils de famille ayant
les plus belles performances. On peut, ce semble, le retirer
du colombier, le séparer de façon à ce que, échéant le cas
d'une maladie contagieuse, il ne puisse nuire à aucun autre,
à ce que échéant le cas, au contraire, d'une simple indisposition ou d'une maladie non contagieuse, on puisse le soigner, le guérir, le conserver à ses utiles fonctions. Soyons plus
que cela ménagers de nos serviteurs. Il n'y a pas lieu de les
sacrifier à la légère, et n'oublions pas que ceux à qui nous
imposons certains travaux et une existence un peu factice —
c'est bien le cas de nos pigeons messagers — sont plus que

d'autres exposés à des malaises plus ou moins graves, sans qu'ils doivent fatalement aboutir à la contagion et à la mort.

Contre ces atteintes plus ou moins obscures, quant à leurs suites, mais qui peuvent aussi n'être que des indispositions passagères, on conseille la chaleur et l'administration de quelques gouttes de vin chaud. En séparant ce pauvre malade de ses compagnons habituels pour le placer chaudement, administrez-lui donc ce simple remède, facile à trouver, à préparer et à faire accepter. Ne craignez-pas d'ajouter un peu de sucre — le sucre est digestif. Or, il arrive parfois, sous l'influence d'un refroidissement, que l'activité digestive soit suspendue. L'oiseau en souffre et l'attitude qui vient d'être définie, est l'expression même de la souffrance. Alors le jabot est plein — plein de grains, ingérés très-secs, ceux-ci ont gonflé outre mesure et l'oiseau se trouve sous une menace d'asphyxie. Donnez le petit breuvage, il ranimera la fonction digestive et l'équilibre peu à peu se rétablira.

Absolument rien de contagieux dans tout cela, n'est-ce pas?

I. — LA MUE.

Vous savez ce qu'on nomme ainsi, un état physiologique particulier, une crise pendant laquelle l'oiseau perd ses vieilles plumes et en fait de nouvelles. L'œuvre est assez grosse : elle fatigue à ce point la machine que les fonctions de la vie, spécialement concentrées sur l'opération en cours, semblent à peu près suspendues sur tous les autres points. De là un malaise général et profond, très-voisin de la maladie et en prenant la gravité chez les sujets qui n'ont pas toute la résistance voulue. Dans tous les cas, la mue est une épreuve. Elle comporte des soins d'hygiène qui en facilitent la traversée d'ailleurs assez longue, car commençant en août dans les colombiers, elle n'est guère terminée qu'en octobre;

bien que sa durée ne dépasse guère un mois pour chacun de ses habitants, pris isolément.

Dans sa première mue, l'oiseau revêt son plumage définitif; c'est la robe virile. Elle se fait, peu à peu et en général sans atteinte grave, sans menace pour la santé; celle qui se renouvellera, chaque année, aura plus de violence et plus fortement éprouvera le sujet. Admirez comment les choses ont été réglées ici. L'intensité de l'épreuve, la violence de la crise, a été ménagée aux jeunes; largement imposée aux adultes, au contraire : à chacun suivant ses forces, telle semble avoir été ici l'équitable répartition d'une exigence nécessaire. Faute de résistance, les jeunes eussent pu succomber jusqu'au dernier; cela ne se pouvait. Parmi les adultes, il ne doit rester que les plus forts et les plus rustiques; la faiblesse et la chétiveté n'auraient pu, sans d'immenses inconvénients, faire ici élection de domicile. On le voit, tout a été convenablement ordonné et tout se passe au mieux des intérêts de l'espèce. Il fallait expliquer la condamnation un peu sévère prononcée par M. La Perre de Roo, et dont je répète les termes accentués : « Quant aux pigeons qui font mal leur mue, ils se supprimeront eux-mêmes en restant en route lorsqu'on les fera voyager. » Il en est ainsi des variétés de colombier. Ces oiseaux, trop faibles pour résister à la crise, sont une prise facile pour ceux qui les guettent au passage. Ceux-là restent en route lorsqu'ils vont à la picorée; ils ne rentrent pas; on ne les voit plus. Et le peu de surveillance qu'on exerce dans la demeure, supprimant toute constatation relative à ce fait, donne à penser que les variétés libres du colombier et du pigeonnier traversent la crise presque sans encombre, tandis que chez les espèces confinées elle revêt toujours un caractère d'extrême gravité. La vérité est qu'on voit bien ce qui se passe dans les volières, surtout dans les volières fermées, et que très-rarement on se rend compte de ce qui advient ou de ce qui est advenu là où les populations sont plus libres qu'assujetties.

L'état d'affaiblissement et de langueur que détermine la mue frappe tous les appareils d'organes et toutes les fonctions de l'économie. Assez généralement alors la ponte donne des œufs clairs; souvent aussi, au plus fort de la crise, prises de lassitude et succombant à la fatigue, certaines femelles poussent l'indifférence pour le mâle jusqu'à l'abandon, jusqu'au découplement; et le mâle ne se montre guère ni plus épris ni mieux disposé. C'est absolument comme dans *les Animaux malades de la peste.*

> Ils ne mouraient pas tous, mais tous étaient frappés :
> On n'en voyait pas d'occupés
> A chercher le soutien d'une mourante vie ;
> Nul mets n'excitait leur envie ;
> . . . .
> . . . .
> Les tourterelles se fuyaient ;
> Plus d'amour, partant plus de joie.

Et maintenant si le lecteur veut bien se rappeler ce qui a été dit à l'occasion du peuplement de l'habitation, à savoir qu'il ne faut point choisir les couples destinés à la reproduction parmi les couvées du mois de septembre, il trouvera dans le fait de la mue l'explication rationnelle qui s'attache à la recommandation précédemment insérée à sa place.

Quoi qu'il en soit, cependant, la mue est une crise naturelle; rien ne peut la prévenir; il n'y a pas à songer à l'entraver, mais il est possible d'aider l'oiseau à en supporter la fatigue. La médecine, toutefois, n'a rien à y voir, mais seulement l'hygiène, en dépit de l'attitude malheureuse des patients et de quelques symptômes d'une certaine gravité. Ainsi, l'oiseau est paresseux, hérissé; il tient sous l'aile sa tête à l'œil terne, au regard attristé, et il ne lui donne une autre position que pour becqueter ses plumes avec impatience. Il montre ainsi que là est le siége de ses souffrances. Malgré tout il agit avec précaution. S'il détache quelques plumes, il ne hâte que la chute de celles qui peuvent être enlevées sans inconvénient;

il n'en arrache aucune avec violence. Au paroxysme de la crise, il a la langue visqueuse et jaunâtre; souvent aussi la respiration est pénible.

Quelles attentions commande une situation pareille? La première, pour les oiseaux auxquels on laisse leur libre arbitre, est de les empêcher de sortir pendant les jours de pluie et de froid. La seconde de leur distribuer une nourriture tonique, fournie par les graines de vesces, de lentilles, de lupin, de fénugrec, chènevis, etc., alternant avec des pâtées salées, voire aromatisées par quelques graines de cumin, de fenouil, d'anis, etc., et pour boisson de l'eau pure, fraîche et très-légèrement salée.

Dans la dentition, qui a bien quelque chose de comparable à la mue, les grosses souffrances viennent des grosses dents plus que des autres. Je ne serais point embarrassé de donner une très-satisfaisante explication du fait, mais *non est hic locus*, non vraiment ce n'est pas ici le lieu. Eh bien, il en est ainsi, dans la mue de l'oiseau. Les grandes souffrances lui viennent, de la chute plus mal aisée, plus douloureuse conséquemment, des trois ou quatre plus grandes plumes de l'aile. Avec un peu d'habitude, un amateur finit par reconnaître le moment où il peut intervenir opportunément et efficacement. Il prend l'oiseau avec douceur et, en plusieurs fois, s'il y a lieu, mais à intervalles assez rapprochés, il arrache habilement ces pennes, c'est-à-dire par un mouvement court — sans brusquerie ni violence — de peur de les rompre ou de léser, de déchirer les parties adhérentes. Cette petite opération a parfois sauvé des oiseaux de grand prix qu'on voyait manifestement succomber aux souffrances de la mue.

Est-il besoin d'ajouter enfin qu'à la meilleure qualité des graines à donner aux oiseaux pendant la crise dont il s'agit, il faut ajouter la recherche d'une propreté minutieuse de l'habitation sans que les soins aient rien qui jette le trouble ou l'agitation parmi les malades ou les souffreteux.

II. — LES AFFECTIONS DU JABOT.

Ce n'est pas toujours impunément qu'on fait jabot. Cela peut mal tourner et prêter à rire, non chez les pigeons, toutefois, dont la chose n'a rien de plaisant. On sait de près ou de loin à quelles douloureuses affections des mamelles sont exposées les bonnes mères qui, se conformant au vœu de la nature et fidèles à leurs devoirs, savent tendrement allaiter leurs enfants.

J'ai dit avec quelle douce sollicitude, avec quelle amoureuse activité sont abecqués en naissant les petits des pigeons, et j'ai insisté sur le mode de préparation préalable que doit spécialement subir, dans le jabot de la nourrice, la nourriture avant d'être offerte aux nourrissons pendant les premiers jours tout au moins.

Le jabot n'est apte à préparer l'aliment des nouveau-nés que sous l'influence d'une excitation *sui generis*, et cette excitation ne s'apaise que dans les limites mêmes des besoins auxquels elle correspond. Aussi longtemps qu'elle est nécessaire elle dure et accomplit son œuvre.

Mais de même que le lait n'est pas sécrété dans la mamelle pour y demeurer, de même faut-il que l'aliment préparé dans et par le jabot n'y soit pas laissé, sous peine d'y devenir corps étranger et de provoquer un état maladif dont la gravité peut aller jusqu'à occasionner la mort de l'oiseau.

Lors donc que ses petits sont enlevés à la mère par une cause quelconque, avant que n'ait cessé naturellement l'excitation spéciale de la membrane muqueuse, produite par les exigences du premier abecquement, l'aliment préparé pour les nouveau-nés restant dans le jabot, celui-ci s'irrite et l'inflammation dont il devient le siége se termine souvent par la suppuration, une suppuration qui exerce des ravages locaux et finit, je le répète, par amener la cessation de la vie après des souffrances prolongées dont on peut bien se faire une idée. L'état de suppuration, dernière phase du mal, lui a fait donner le nom très-prosaïque, mais aussi très-caractéristique, de *pourriture du jabot*. Il ne s'arrête pas toujours à l'estomac, il franchit cet organe et, revêtant la forme de l'abcès, il apparaît ici ou là, mais plus particulièrement sous les ailes.

Cette forme particulière a été comparée à l'accident que, chez la femme, le vulgaire nomme — lait répandu. Elle fait donner à la pigeonne la qualification de *ladre*.

On assure qu'on peut guérir ce vilain mal en ouvrant les abcès et en lavant les plaies avec de l'acool camphré, soit.

Je ne sais trop ce qu'on peut attendre d'un pigeon qui a été éprouvé de la sorte. Aussi, à moins de raisons particulières, j'opinerais pour le sacrifice plus prochain de l'oiseau afin de le soustraire à toutes les souffrances qu'on lui ménage sans utilité aucune lorsqu'on le laisse traîner ainsi la vie en proie au mal dont il s'agit. Mais il est aisé de prévenir son développement, et le moyen à employer pour cela est vraiment des plus simples.

Aux petits qui ne sont plus, aux nourrissons qui manquent à cette bonne nourrice, substituez-en d'autres du même âge à qui ferait défaut la mère, au contraire, ou bien dépareillez un couple de nouveau-nés et donnez-en un pour le moins à la nourrice qui n'a plus les siens.

L'attention est légère, mais elle suffit à prévenir une affreuse maladie sans nuire en rien à la bonne venue, à la complète réussite du pigeonneau confié à une autre nourrice que sa mère. Loin de là, il n'en viendra que mieux, car il sera *choyé, nourri, soigné, caressé pour deux.*

Voilà qui dit fort bien encore à quel point il faut savoir surveiller les couvées.

L'affection ne se montre pas toujours avec cette gravité. Plus a duré déjà l'excitation, naturelle mais passagère du jabot, moins elle est forte et plus elle est près de s'éteindre. La privation très-rapprochée des petits laisse le jabot dans son état d'exaltation la plus haute ; la perte plus tardive des jeunes trouve en partie apaisée l'irritation physiologique de l'organe. Dans ce dernier cas, celui-ci a moins à souffrir et le mal qu'il éprouve est facilement combattu. Se présentant sous forme d'une digestion pénible due à une altération commençante de la membrane interne de l'estomac, il cède à ces quelques soins faciles : de la chaleur, administration dans une boisson un peu salée ou tout autre excitant léger de l'estomac d'un purgatif qui peut être de l'aloës — à la dose de 20 grammes — dissous dans un peu d'eau-de-vie. Le médicament provoque l'évacuation de la matière contenue dans le jabot et le vide. Pendant quelques jours, on nourrit l'oiseau avec de l'orge cuite et, pour boisson, on lui offre de l'eau tenant un peu de salpêtre en dissolution.

Comme tous les animaux qui ont été trop longtemps sans prendre de nourriture, le pigeon qui, après avoir jeûné, se retrouve en face de l'abondance, mange avec une extrême avidité et se gorge outre mesure. C'est dire qu'il connaît l'*indigestion*. Manger, c'est bien, car c'est le nécessaire ; digérer, c'est mieux, car c'est l'indispensable. Or, ceux qui se sont indigestionnés sont ceux qui, ayant trop mangé, n'ont pu digérer.

Le pigeon qui est dans ce cas conserve dans son jabot des aliments qui ne doivent y faire qu'un séjour de courte durée. Alors ils fermentent, se corrompent et infligent à l'estomac des douleurs qui ont un pénible retentissement sur toutes les parties de la machine. L'oiseau ne saurait demeurer en cet état. Il y a hâte de venir à son secours et de lui administrer quelque boisson capable de stimuler l'action digestive du jabot, un peu de vin chaud dans lequel aura bouilli de la cannelle ou tout autre excitant et sucré. Il faut nécessairement l'isoler, le tenir à la diète et mettre à sa portée de l'eau légèrement salée ou salpêtrée.

Sous la signature de Parmentier, je trouve dans le *Nouveau dictionnaire d'histoire naturelle* de Deterville (1803) un singulier traitement de l'indigestion chez les pigeons. Par curiosité, je copie : « Quelques pigeons sont tellement avides qu'ils se gorgent d'aliments au point que, ne pouvant pas être digérés, ils restent dans le jabot, s'y corrompent et font mourir l'animal. Cela arrive souvent lorsqu'ils ont été trop longtemps sans manger. Dans ce cas, on les enferme dans un bas qu'on attache à un clou, de manière qu'ils aient les pieds inférieurement, et dans cette position on ne leur donne qu'un peu d'eau de temps en temps. Mais ce procédé manque quelquefois : alors on est obligé de fendre le jabot avec une paire de ciseaux bien pointus, ou un canif : on en retire l'aliment corrompu, on le lave, et ensuite on le recoud. »

Tout ceci est de la vieille médecine, une médecine dont les moyens sont quelque peu tombés en désuétude. Le pigeon inséré dans un bas, et mis au clou, est un oiseau auquel on ôte toute possibilité d'aller manger avant guérison ; à supposer que le bas soit en laine, le malade qu'il enveloppe se trouve chaudement en sa pénitence. La diète et la chaleur, tels étaient ici les moyens dont on attendait les bons effets. L'eau fraîche était encore indiquée à petites doses répétées. Cette médication était de tous points rationnelle. Quant à l'incision du jabot pour extraire une masse qui a perdu toutes propriétés alimentaires et sur laquelle ne peut plus rien l'action digestive, elle n'est ni plus insolite ni plus difficile que l'œsophagotomie, une opération qui consiste à ouvrir l'œsophage, c'est-à-dire le conduit qui transmet les aliments de l'arrière-bouche à l'estomac.

Le traitement de l'indigestion me paraît bien plus applicable aux oiseaux du colombier et du pigeonnier qu'aux habitants de la volière ; à ceux-ci, en effet, on sert régulièrement leurs repas ; leur régime habituel est en général assez bien ordonné pour qu'ils n'aient jamais à souffrir de la faim de façon à pouvoir ensuite manger avec une avidité nuisible ou dangereuse. Des autres il n'est plus de même. On s'est avisé qu'ils doivent rapporter sans rien coûter, et suivant

cette belle visée — en tout temps si contraire au précepte :
bien nourrir est le but, on ne leur donne guère, si on leur
donne, même aux époques de réclusion réglementaire.

Voilà bien la cause assignée à l'indigestion. Les oiseaux
ont été renfermés ou pendant les semailles ou pendant la
moisson; ils ont été privés, ils ont jeûné, et lorsqu'on leur
rend la liberté, pressés par le besoin, si les hasards de la
recherche les favorisent, ils prennent avidement, copieuse-
ment, à la soûlée, plus que de raison, au-delà des forces
actuelles de l'appareil digestif. En vain la satiété est venue,
a conseillé de s'arrêter; on n'y a pris garde, on a passé outre,
dût-on en souffrir.

> Hélas ! ventre affamé n'écoute rien ; j'ajoute :
> Ventre affamé travaille encor moins qu'il n'écoute.

Prévenir l'indigestion en ne lui donnant pas l'occasion de
naître est encore le plus sûr moyen. Faites donc que les habitants du colombier ne se trouvent jamais aux prises avec
la famine. Donnez-leur en suffisance toujours, peu, plus ou
davantage, suivant les ressources de la saison, et tout en en
tirant plus de profit — de plus nombreuses couvées et de
meilleure viande — vous n'aurez point à subir les pertes
qu'amène infailliblement une mauvaise hygiène.

> Soigne ton serviteur, tu seras bien servi.

III. — FLUX DE VENTRE.

Un même symptôme — la diarrhée — trahit le trouble apporté
aux fonctions digestives par des causes diverses, dont la
source néanmoins vient toujours d'un régime défectueux ou
d'incurie, et comme la même condition étreint à la fois tous
les habitants d'une même demeure, l'affection revêt nécessairement un caractère épizootique. Elle ne frappe plus iso-

lément, elle atteint le grand nombre. De là sa gravité à raison des pertes que fatalement elle entraîne.

Les soins mal entendus et plus encore l'absence de soins, l'abandon du pigeonnier à l'insalubrité, l'insuffisance de la nourriture ou la mauvaise qualité des aliments, parfois aussi un régime excitant par trop prolongé, telles sont les causes spéciales du trouble fonctionnel que décèle la diarrhée. Celle-ci résulte donc ou d'un affaiblissement général de la machine ou d'un état d'exaltation, de surexcitation des intestins.

La diarrhée qui vient de l'appauvrissement de la constitution de l'oiseau ne réclame en réalité aucun traitement. Il est plus court de remplacer la population entière d'un pigeonnier ou d'une volière aussi mal habitée maintenant, que de chercher à en ramener les habitants à une situation convenable, à la plénitude des actes de la vie sous l'influence seule de laquelle l'oiseau peut fonctionner à grand résultat et donner satisfaction à l'éducateur. On n'a jamais intérêt ni à tenir ni à retenir de pareils animaux ; mais ne descendent point à ce degré de dépérissement ceux qu'on nourrit en suffisance et qu'on loge sainement.

Il y a une forme de diarrhée à laquelle en applique l'épithète vermineuse parce qu'elle dénonce l'envahissement de l'intestin par des vers. Si elle se montrait sur des sujets énergiques et résistants, elle serait facilement et très-efficacement combattue en mettant à la portée des oiseaux des biscuits vermifuges comme ceux qu'on donne aux enfants, et par ailleurs encore une alimentation très-réparatrice. Autant les pigeons sont friands de ce remède qu'ils s'administrent eux-même, autant il est fatal aux vers qu'il tue promptement et infailliblement Un autre moyen se présente encore, celui-ci : faites macérer pendant huit ou dix heures des vesces dans une décoction refroidie de feuilles d'absinthe et donnez-en un repas par jour. L'effet ne se fera pas longtemps attendre.

Mais les pigeons bien soignés et robustes sont rarement la proie d'une invasion aussi formidable de parasites. Je l'ai dit précédemment, les parasites ne prospèrent à ce point que sur les natures débiles. Ils rencontrent seulement les conditions favorables à leur développement dans les tissus de ceux que le manque d'air pur et de lumière, une atmosphère viciée, humide et chaude, un régime débilitant par trop exclusif — pâtées de pomme de terre ou de betteraves — a rendus cachectiques. Faciles à reconnaître ceux-ci : on les voit mous, languissants, mangeant peu et sans appétit, les plumes ternes et soulevées à la manière du poil qui se hérisse, les ailes et la queue traînantes et souillées, les pennes cassées par le bout. Une diarrhée grisâtre et persistante les maigrit et rapidement les épuise. La mort est certaine et désormais prochaine.

Telles sont les conséquences forcées de l'incurie.

A l'autopsie, on trouve, très-maltraitée, la membrane interne de l'intestin rempli d'une mucosité abondante dans laquelle grouillent des myriades de vers. Rien à faire ici, je le répète, que d'approprier la demeure insalubre, d'y introduire une nouvelle colonie, et de la traiter de façon à prévenir tout résultat contraire à l'intérêt bien compris de l'éducateur.

La diarrhée qui apparaît sous l'influence d'un régime temporairement trop débilitant se combat avec efficacité par les contraires. Les médecins disent très-savamment cette chose en latin. — *Contraria contrariis sanantur.*

La diarrhée peut être causée aussi par l'usage de graines avariées ou moisies. Dans ce cas, le traitement est appelé à apaiser une irritation de la muqueuse intestinale de la nature de celle que provoque l'ingestion de certaines substances toxiques ou malfaisantes. Commencez par supprimer l'aliment nuisible; *sublata causa tollitur effectus*, ce sont encore les docteurs en *us* qui, de père en fils, s'expriment de la sorte. Toutefois la suppression opérée, vous n'êtes encore qu'à mi-côte; achevez donc la besogne et très-sûrement vous arriverez à la guérison — à la guérison rapide qui est ici le point culminant de la question. Alors faites cuire de belle orge et, la mêlant à des pommes de terre de bonne qualité, non germées au moins, cuites avec des feuilles de bette bien vertes, faites-en de bonnes pâtées adoucissantes qui rétabliront à souhait les oiseaux à demi empoisonnés par une très-mauvaise alimentation, imprudemment administrée.

D'autres fois, par suite des excès de température — ce qu'on appelle dans les écoles une constitution atmosphérique humide et chaude — les pigeons ne trouvent guère dans les champs que des graines germées. Trop prolongé, l'usage de celles-ci paraît aussi déterminer sur l'intestin une irritation spéciale, dont il y a lieu d'arrêter la marche dès que son symptôme le plus apparent s'accuse — la diarrhée. Le remède était facile à trouver. On nourrit avec de bonnes graines les oiseaux chez eux, et on ne leur donne que quelques heures de liberté dans la soirée, après les avoir bien repus de chènevis, vesce, colza, eau salée.

IV. — APOPLEXIE. — ÉPILEPSIE. — ESQUINANCIE. — ETISIE OU
HECTISIE.

Voilà un titre qui sent à plein nez certaine tirade de Molière. Vous ne vous attendiez guère à rencontrer ce grand homme en cette affaire. Puisqu'elle y est pourtant la kyrielle, traversons-la au pas de charge.

a. Là où il y a un cerveau, il peut y avoir une congestion sanguine, c'est-à-dire apoplexie. L'observation est intéressante en cela que là où les cerveaux sont en grand nombre, le mal peut sévir brusquement sur beaucoup et diminuer d'une manière aussi rapide que fâcheuse une population plus ou moins considérable, entretenue à d'autres fins. Lors donc qu'un pigeon est foudroyé par l'apoplexie, c'est moins celui-là qui doit préoccuper que tous ses commensaux.

Chez cet oiseau, l'apoplexie se montre ou complète et foudroyante, ou seulement partielle et moins immédiatement mortelle. Ce sont deux formes ou deux degrés du même mal.

Gravement ou complétement atteint, le pigeon tombe subitement frappé. S'il n'est pas mort instantanément, une saignée peut le sauver. On la pratique sous l'aile, à la veine brachiale, ou bien à la veine du cou, après avoir enlevé quelques plumes sur le trajet de la jugulaire. Mais opérez vite, il n'y a pas une seconde à perdre. L'opération achevée, on verse abondamment sur la tête de l'eau très-froide, additionnée de sel et de vinaigre. On va jusqu'à ordonner des bains de pieds à l'eau chaude. C'est peut-être plus rationnel que pratique; pourtant la recommandation y est et vraiment je la laisse.

Partiellement atteint, l'oiseau n'est congestionné qu'à moitié; un côté seul du cerveau est affecté. Dans ce cas, la tête est portée comme pendant les douleurs du torticolis, et difficilement elle remue ou se déplace. Même traitement que dans le premier cas avec tout autant de chances de succès, je suppose.

Considérez un premier pigeon frappé comme un avertissement. Là est le fait important en ceci. L'apoplexie, très-rare en dehors de l'été, reconnaît pour cause déterminante un peu trop d'ardeur en amour et, sous l'influence d'une insolation trop vive, un régime trop abondant et trop excitant. Cela étant, au premier touché, encore une fois, alerte ! Prenez vos précautions et modifiez le régime en le rendant momentanément et plus rafraîchissant et moins riche. La chose est facile. Le dicton est vrai : qui peut le plus peut le moins, et un homme averti en vaut deux.

b. A *l'épilepsie* à présent. Où diable ce vilain mal va-t-il se nicher? Eh quoi ! il ne respecte pas même nos gentilles colombes? Non, il s'en empare, il les étreint, et c'est pitié alors de voir comme il les traite, en quel état il les met.

Pauvres oiseaux! dans le trouble général qu'il apporte dans tout le système nerveux, trouble subit, dont les manifestations violentes se répètent à plusieurs reprises, ce mal jette brusquement à terre les plus puissants voiliers et les tord dans d'affreuses convulsions suivies d'une atonie assez prolongée.

L'expérience a appris que, chez les pigeons, l'épilepsie reconnaît le plus souvent pour cause l'existence d'entozoaires ou vers intestinaux. Dans ce cas, les vermifuges sont indiqués et leur emploi réussit, assure-t-on. Renvoyé au paragraphe 3 — article concernant la diarrhée vermineuse.

c. Autre est l'*esquinancie*, simple mal de gorge dont la gravité s'élève, toutefois, lorsque l'inflammation qui la caractérise et qui a son siége dans la gorge s'étend de proche en proche de façon à envahir jusqu'aux bronches. Il n'en sera pas ainsi, on en arrêtera les progrès si, au début, on offre aux oiseaux atteints des pâtées d'oseille cuite additionnée de lait, et pour boisson une sorte d'oxymel de facile préparation — eau miellée légèrement vinaigrée.

Le pigeon en proie à cette maladie, lorsqu'elle a quelque intensité, ouvre fréquemment le bec et râle plus ou moins fort, on conseille alors la saignée sous l'aile.

C'est bien comme traitement à appliquer à quelques oiseaux isolément; ce n'est plus praticable quand il s'agit de sujets nombreux, et quoique l'on s'accorde sur ce point que l'esquinancie n'est point une affection contagieuse, du moment où je la constaterais chez quelques-uns, je n'hésiterais pas à offrir le remède à lui opposer à tous les habitants du lieu... Il est au moins de ceux qui, en aucune circonstance, ne peuvent nuire. S'il est facile de se rendre compte qu'il soulage, on ne voit pas comment il ferait le mal. Donc, à bon entendeur salut.

Si l'esquinancie peut s'étendre en arrière et arriver jusqu'aux profondeurs des bronches, elle peut aussi s'avancer en sens opposé et se compliquer de *rhume* ou catarrhe nasal. Ce dernier, au surplus, peut exister seul. On en reconnaît l'existence à l'écoulement plus ou moins abondant de mucus par les narines. En s'épaississant au contact de l'air, le fluide finit par obstruer les ouvertures du nez et la respiration s'en trouve plus ou moins gênée.

Ceux qui font de la médecine individuelle enlèvent cette matière deux ou trois fois par jour à l'aide d'un linge fin trempé dans l'eau tiède, et tiennent les oiseaux chaudement. La précaution est particulièrement indiquée ici.

Je ne parle que pour mémoire de ce complément d'ordonnance : administration de deux jours l'un d'un petit pois d'aloës succotrin en France, et d'aloës de la Barbade outre-Manche. Personnellement, je prescris moins de purgations que cela, même aux pigeons.

d. L'étisie! C'est la consomption, un état étrange qui ferait croire que l'oiseau a passé au laminoir. Ceci est une condition exclusive à la captivité étroite, à la réclusion absolue. Le pigeon libre qui en éprouverait les commencements n'irait pas loin dans la vie ; sa faiblesse le désignerait promptement aux grands chasseurs des airs. L'étisie est donc une maladie spéciale aux habitants de la volière, et règne sur eux plus communément qu'on ne voudrait. Elle fait rapidement dépérir ceux dont elle s'empare et, bien qu'ils ne cessent pas de manger, ils deviennent si maigres, ils se dessèchent à tel point qu'après la mort la putréfaction ne trouve même plus où s'établir. On suppose qu'elle est due à une tuberculisation pulmonaire.

Mais d'où viendrait celle-ci ? — de la malpropreté de la demeure dans laquelle on laisse s'accumuler la colombine de laquelle se dégage beaucoup d'ammoniaque et dans laquelle pullule si agréablement toute cette vermine dont il a été parlé dans l'un des précédents chapitres de ce livre.

Cette maladie a-t-elle un remède? Non, elle est incurable; mais il est si aisé de la prévenir! Voyons donc.

Dès que, dans une volière, un seul cas se présente, empressez-vous d'en retirer les habitants; nettoyez à fond, minutieusement, les cases, les nids, les ustensiles; attaquez-vous aux murs, à l'air, au plafond; n'oubliez ni angles, ni coins, ni recoins; passez et repassez plusieurs fois aux endroits les plus difficiles ou les moins accessibles; grattez et regrattez avec soin; refaites attentivement les enduits; badigeonnez tout, partout, au lait de chaux, une fois, mieux encore deux fois; améliorez et complétez les moyens d'aération, et puis repeuplez d'animaux sains et vigoureux que plus vous n'exposerez à tous les inconvénients, oh! il faut dire à tous les dangers de la malpropreté, à toutes les misères de l'incurie.

L'observance des règles faciles de l'hygiène, là est toute la science de la santé, là est le grand secret de la vie dans toute sa puissance et dans toute sa fécondité.

V. — LES APHTHES.

Cette dénomination a été attachée à de petites ulcérations superficielles qui ont leur siége sur la membrane de la bouche et on en a fait une maladie qu'on a désignée aussi sous le nom de *chancre* lorsque, par sa durée, elle a revêtu un caractère d'évidente gravité. Pour moi, je crois bien que les aphthes ne sont qu'une expression symptomatique, qu'une manifestation saisissable d'une affection plus générale et plus profonde.

Ceci, cela ou autre pourtant, les aphthes ne semblent guère comporter à cette place d'autre étude que la suivante empruntée à M. J. Pelletan. Il dit ainsi :

« Les pigeons sont aussi sujets à des *aphthes* ou à des ulcérations du bec qui envahissent quelquefois les bronches, l'œsophage, la trachée-artère.

« Cette maladie, qui apparaît surtout pendant les grandes chaleurs, semble due à l'usage d'eau échauffée, corrompue, ou bien au manque d'eau, privation après laquelle les pigeons boivent immodérément.

« L'oiseau est abattu, sa tête est chaude, son bec ouvert, sa respiration difficile et sibilante, si la maladie envahit les voies aériennes. On voit souvent les ulcérations à la commissure du bec qui laisse écouler une mucosité visqueuse.

« Il faut, dans ce cas, se hâter de séquestrer le pigeon affecté, car la maladie est contagieuse, et soumettre les autres à un régime préservatif. Pour cela on leur donne pour unique boisson, de l'eau fraîche acidulée avec 4 grammes de sulfate de fer par litre. On ne devra pas s'étonner de voir alors aux pigeons, la langue et le bec jaunes ; cette coloration est due à l'oxyde de fer.

« Quant au malade, on lui badigeonne deux ou trois fois par jour les parties affectées avec un oxymel composé de deux parties de miel blanc pour une de vinaigre. — On donne en même temps pour nourriture des pâtées acidulées avec de l'oseille cuite, et pour boisson, de l'eau sulfatée.

« Souvent la maladie ne revêt pas la forme ulcéreuse, mais reste à l'état d'inflammation sèche. Elle n'est point contagieuse, dans ce cas. On la guérit avec les pâtées à l'oseille et au lait, l'eau miellée pour boisson. Quelquefois il est nécessaire de pratiquer une saignée sous l'aile. »

VI. — L'AVALURE.

Ni les livres de science ni les dictionnaires n'ont encore donné droit de bourgeoisie à ce mot dans la signification qu'il a reçue de ceux qui ont pratiqué l'élevage du pigeon ou qui en ont parlé.

Qu'est-ce qu'une avalure ? Une marche en aval, une descente. Appliquée à un organe, l'expression indique qu'il n'est plus dans sa position normale, qu'il s'est déplacé en descendant. Il a fait comme une chute. C'est ce que les médecins nomment un *prolapsus*.

Parmi ceux qui s'occupent du pigeon, l'avalure est une descente de l'*oviducte*, un déplacement de cet organe qui appartient à l'appareil producteur de l'œuf. Elle constitue donc un accident qui met obstacle à la production des œufs; elle est conséquemment une cause de stérilité, soit un cas de réforme immédiate, car il n'y a lieu de conserver des bouches inutiles ni au colombier ni dans la volière.

Sortant, un jour, du cabinet d'un médecin consultant — n'est-ce pas consulté qu'il faudrait dire? — une jeune femme me dit avec une naïveté touchante et un profond découragement : « Le docteur vient de prononcer ma sentence. Il a découvert que j'ai la matrice. C'est un bien mauvais mal, allez; mon grand-père en est mort, et comme lui j'en mourrai. »

Moins extrême dans ses suites, l'avalure ne met la vie de la pigeonne en danger que parce qu'elle doit la conduire à une prompte réforme. L'accident est sans remède et ne se guérit pas tout seul. Il apparaît ou mieux on le constate au toucher sous la forme d'une grosseur qui fait hernie. Son existence, au reste, ne semble pas altérer sensiblement la santé. A tort cependant, on a dit qu'il ne diminue pas la fécondité; mais cette déclaration est en opposition formelle avec cette autre que la pigeonne atteinte d'avalure pond particulièrement des œufs clairs. Elle ne pond guère, si elle pond, et sa fécondité est absolument éteinte; voilà le fait. Les approches du mâle demeureraient sans résultat; mais celui qui a pour compagne une femelle affligée de la sorte la quitte *et porte ses hommages ailleurs.*

Maintenant, à quoi attribuer « ce vilain mal, » cette infirmité plutôt? On suppose que les excès amoureux peuvent y conduire, que la ponte, trop fréquemment renouvelée chez les jeunes femelles ardentes et passionnées, y prédispose, et qu'elle devient presque immanquablement alors une maladie de vieillesse.

Mais peu importe ici la cause. Quand le mal existe, il doit

nécessairement emporter la suppression de l'oiseau qui en est atteint.

ECOLES DE TIR.

En France, et de très-bonne foi, volontiers nous nous disons le peuple le plus spirituel de la terre. C'est une justice que nous aimons à nous rendre dans un pays où la loi très-expressément défend de se faire justice à soi-même. Un trait d'esprit, qui n'en effacerait aucun mais qui surpasserait tous les autres, serait de nous montrer en tout aussi habiles et aussi sensés que nous sommes parfois gracieux, aimables, fins, prompts, légers, mordants. Une qualité de plus ne nous nuirait pas et par surcroît nous servirait. En beaucoup de choses par trop facilement nous nous arrêtons au futile : ceci est gentil et nous amuse. Nous avons même bâti là-dessus une manière d'aphorisme des plus commodes : — chacun prend son plaisir où il le trouve. Ne rejetons pas ce joli côté; il a son agrément; il nous rend avenants et charmants; gardons-le. Mais à l'agréable sachons joindre l'utile. A cela nous trouverons de nouveaux avantages et nous n'en vaudrons que mieux.

Tous les sports ont leur utilité, leur indispensabilité même, à une condition pourtant, c'est que d'aucun on ne néglige le fond, on ne répudie le principal, pour en exploiter seulement l'accessoire ou les méchants côtés. Voyez ce que les spéculateurs et les joueurs forcenés du turf ont fait de la course de vitesse — double critérium de force et de puissance, — de force nerveuse, de puissance structurale — et, par son exagération, de l'athlétique cheval de pur sang du siècle précédent. Voyez aussi ce que les hommes de loisir et de facile dépense font du tir aux pigeons. Sans cesse de trouver dans ces deux sports *di primo cartello* tout le divertissement qu'ils comportent, pourquoi les avoir si minutieusement ou si exclusivement organisés à l'envers, de façon non plus seulement à en supprimer les avantages spéciaux, bien définis, mais à les rendre ou nuisibles ou futiles, de façon à leur enlever les sympathies les mieux justifiées, et mieux encore à leur attirer les critiques les plus acerbes. C'est le cas particulier des courses de chevaux — une institution complétement détournée de sa voie, et du tir aux pigeons, resté un simple amusement lorsqu'il devrait être depuis longtemps une institution utile et bien assise.

Au point de vue de la chasse, apprendre à manier, comme il convient, une arme à feu est un point nécessaire; la sécurité du chasseur et le succès dans la poursuite intelligente du gibier dépendant en partie de cette connaissance tout élementaire en l'espèce. Au point de vue national, c'est plus; c'est affaire d'ordre et d'intérêt supérieur, une question de salut et d'indépendance. Aux élèves des lycées on donne un commencement d'instruction militaire; aux adultes, ménagez un moyen de faire ample provision de savoir spécial en tout ce qui touche aux armes à feu, et toutes facilités de se perfectionner dans la pratique du tir.

Voilà des écoles faciles à créer. Sur un mot d'ordre intelligent, il en sortirait de terre une par commune et le colombier communal en deviendrait en temps et lieu le pourvoyeur intéressé.

La commune devrait être l'école primaire du tir et, à tour de rôle, chacun des cantons d'un même arrondissement pourrait *devenir le siége d'un concours général*, donnant plus sûrement et de plus haut la mesure de l'habileté acquise.

Il y a quelque chose de cela en Espagne où le tir aux pigeons, fort en honneur, occupe une bonne place dans le programme des fêtes et des réjouissances publiques qu'on prépare si volontiers dans les villes, grandes et petites, voire dans les villages ou *pueblos*.

Je laisse raconter la chose à l'un des collaborateurs de *la Chasse illustrée*, qui, à la page 396 de son volume de 1873 et sous les initiales L. C., s'exprime en ces termes :

« Dans chaque municipalité (*ayuntamiento*) existe une liste de ceux qui peuvent concourir à ce jeu d'adresse, encouragé par les autorités locales. Ne peuvent être tireurs de pigeons (*palumberos*) que ceux qui sont chasseurs de renom, qui connaissent le maniement du fusil et qui passent pour être d'habiles *escopeteros*. Ceux-là, au nombre de dix, quinze ou vingt, selon le chiffre de la population, peuvent seuls concourir au tir des palombes.

« Dans chaque ville importante, l'enceinte de ce tir se trouve tracée en dedans de la cité, lorsqu'elle s'étend sur un vaste espace du côté de la campagne, entre les murs et les arbres des promenades, comme à Pampelune, ou bien en dehors de la cité, sur un terrain limité, d'un côté par des bois, et de l'autre par les remparts de la ville, comme à Saragosse, Vitoria, etc. Quelquefois cette enceinte est établie au milieu des vastes ruines de quelque ancien couvent entouré de forêts, comme à Tafalla.

« Le jour où la fête du *tir aux pigeons* doit être célébrée, tous les concurrents, armés chacun d'un fusil, se rendent au palais de l'ayuntamiento (hôtel de ville). Là, escorté par les autorités, l'alcade en tête, et précédé de la musique, le cortége se dirige, au milieu des *vivat* de la population, sur le lieu de l'enceinte. Une double barrière sépare les *palumberos* du public. Dans l'enceinte réservée aux tireurs s'élève une estrade sur laquelle se placent les membres de la municipalité, revêtus de leurs costumes officiels. Au bas de l'estrade se trouve une table devant laquelle prend place le *scribano* (greffier). A la droite de la municipalité, dans la direction du bois, est un espace au milieu duquel on apporte trois immenses paniers, renfermant chacun une vingtaine de pigeons sauvages. A la gauche des autorités et en face du bois se placent les tireurs par numéro d'ordre et sur trois rangs.

«Au signal donné par l'alcade, un employé de l'ayuntamiento laisse échapper aussitôt, de chaque panier, les pigeons un à un, par intervalle de quatre secondes. A mesure
que le pigeon voltige dans l'espace, le premier concurrent le
tire. S'il l'abat, il continue son tir sur le second pigeon, le
troisième, etc. S'il manque son tir, le second concurrent le
remplace, et il exécute successivement la même manœuvre
jusqu'à ce qu'il ait manqué son coup. Le tour des autres
concurrents vient ensuite, jusqu'au dernier d'entre eux. Les
assistants, comme on le pense bien, ne manquent pas de ma-
nifester, par leurs acclamations, la joie ou le blâme que les
concurrents s'attirent par leur adresse ou leur inhabileté.

« Pendant que le tir s'effectue dans ces conditions, le *scribano* tient note du nombre des pigeons que chaque concurrent vient d'abattre, et celui qui en a tiré le plus grand
nombre est le vainqueur de la fête. L'alcade lui remet aussitôt une carabine d'honneur damasquinée, et le cortége, musique en tête, revient ensuite à l'hôtel de ville, suivi de la
foule qui acclame le vainqueur sur tout le chemin.

« Les danses terminent ordinairement la fête du *tir aux
pigeons*, qui se prolonge jusqu'à une heure très-avancée de
la nuit. L'adroit tireur qui a remporté le prix devient alors
un grand personnage que chacun s'empresse de féliciter à
l'envi. Quant à la carabine, elle reste dans sa famille comme
un glorieux trophée, et se transmet de la sorte de génération en génération. Nous avons vu, chez un des plus riches
habitants de Pampelune, une carabine d'honneur qu'un de
ses trisaïeuls avait gagnée à un *tir aux pigeons* de l'époque;
il ne s'en serait point dessaisi, nous disait-il, pour tout l'or
du Pérou. »

On ne trouverait pas, en Espagne, un seul critique de ces
concours, exclusivement ouverts ou réservés aux *escopeteros*
les plus exercés ou les plus renommés. Ils font office d'enseignement supérieur; ils sont une manière de couronnement
de l'adresse acquise, d'une habileté déjà constatée et qui vient

se faire consacrer dans une épreuve publique au résultat indiscutable.

Il n'en est plus ainsi ni en Angleterre où le tir aux pigeons est pratiqué de vieille date, ni en France où il est de récente importation. Des deux côtés de la Manche, les détracteurs ne manquent pas; ils s'y montrent ardents et passionnés, et volontiers anathématiseraient et le tir et les tireurs. Les partisans très-vigoureusement ripostent, chaleureusement défendent les tireurs — sont-ils toujours intéressants? — et le tir que, pour ma part, je ne crains pas d'innocenter si on veut bien lui faire rendre les véritables services qu'il porte si largement en soi; mais la condition est *sine quâ non*. En dehors d'elle, je me joins aux adversaires et, bien loin de repousser leurs philippiques, j'en ris au passage et les laisse aller en libre pratique.

Je possède — entre autres, Dieu merci! — un ami plein d'aménité, observateur bienveillant et spirituel que deux séances à un tir aux pigeons ont tellement écœuré qu'il en est devenu un détracteur incurable. A titre de simple échantillon, je rapporte ici l'une de ces petites diatribes qu'il commet à chaque occasion favorable et qu'il débite avec un calme égal à sa conviction. C'est lui qui parle à présent et nous sommes quelques-uns à l'écouter.

Après un court préambule, bien senti, il dous dit :

« Tenez, la partie commence. M. le marquis de Boisflotté et le vicomte de Faucolcassé, accompagnés de quelques très-chers *ejusdem farinæ*, tous plus crevés les uns que les autres, viennent tirer douze pigeons, comme on fait une impériale en douze points. Les témoins assistent en sirotant leur *absinthe gommée*.

« Les victimes sont là, M. le marquis s'est placé au point voulu ; on lui remet un fusil chargé. Il l'arme ; commande : *pull!* une boîte s'ouvre ; un pigeon s'en échappe ; pan, M. le marquis a tiré.

« Les douze oiseaux ont subi — en fuyant, les lâches! — le

feu de M. le marquis. D'autres vont, à présent, subir le feu de M. le vicomte.

« Cela peut durer des heures sans cesser d'être aussi amusant. Voilà le jeu. Quelle puissante intelligence il a fallu à l'inventeur pour nous doter de cette institution. L'Europe nous l'envie, gardez-vous d'en douter.

« Le soir, au club, on cause d'un coup de Boisflotté, ou d'un autre; c'est un sujet inéluctable de conversation pour ces messieurs. O saint Crétin, sois fier de cette génération que tu inspires et patronnes !...

« En vérité je vous le dis, mes bons amis, voilà le tir aux pigeons; passe-temps cruel et absurde auquel à ma honte, je l'avoue, par deux fois je me suis livré. A la première les pigeons étaient vigoureux et partaient sans hésitation, je fus mis en goût; j'y retournai. Alors *les pauvres bestioles*, tenues à demi-ration ou condamnées à une abstinence plus complète s'envolaient difficilement. Autant de coups de fusil autant d'assassinats; je fus pour toujours dégoûté. Et aujourd'hui, après la guerre, je trouve qu'il y a indignité de notre part à continuer ces tueries d'innocents oiseaux.

« Il y a environ 25 ans, un armurier spéculateur avait acheté de grands terrains en un lieu que vous connaissez tous, longeant un chemin de fer que je ne nommerai pas. Pour tirer parti de ces terrains, en attendant la hausse qui devait se produire, il eut l'idée de créer un tir aux pigeons. On venait là se faire la main et le coup d'œil avant l'ouverture de la chasse. Ce genre de passe-temps eut un certain succès parmi les désœuvrés. Bientôt il devint le prétexte de paris énormes. On y a joué des sommes folles en 12 ou 15 pigeons. Je pourrais vous dire les noms, prénoms et qualités d'un pigeonneau ou d'un oison héritier d'une grande fortune, qui y ébrécha fortement sa légitime. Ne croyez pas que je m'en afflige. Cependant des plaintes fréquentes furent portées par les voyageurs de la ligne ferrée à qui arrivaient souvent au passage les plombs égarés..... Il fallut déguerpir. Sur un autre point, on installa

la chose en lui donnant une constitution plus large. Aux premiers associés se joignirent d'autres adhérents et voici où
l'institution s'éleva à une véritable splendeur.

« On avait créé quelque part, une autre fois je vous dirai
où, un cercle de patineurs pour les gens du *hygh Life*. — C'est
là qu'on transporta le tir aux pigeons. Il n'y fut pas mal
placé. On fit un règlement, cela va de soi, mais quiconque
n'était pas cocodès, crevé, gommeux, désœuvré, vainement
essayait de se faire admettre : *iste non dignus intrare*, se disait-
on, et le postulant — impitoyablement blackboulé, demeurait
à la porte de ce paradis perdu.

« En celui-ci fut déployé tout le luxe imaginable. L'endroit
devait être digne des hauts personnages qui avaient consenti
à le patronner et voulaient le hanter.

« Ce nouveau tir, où le *profanum vulgus* n'était pas admis,
devint le rendez-vous de ce que la nation peut montrer à l'é-
tranger de plus élégant et de plus futile. *Ni hommes, ni
femmes, tous cocodès et cocodettes.* Celles-ci et les autres venaient,
là, prendre langue et nouvelles en assistant à un pari dont
les pauvres pigeons nécessairement avaient à faire les frais.

« On dit qu'à certains jours mémorables, secouant le poids
des affaires, des personnages augustes purent se mêler à ces
braves et prendre ici leur part de plaisir — histoire de s'entretenir la main en assassinant quelques oiseaux... On a même
parlé du coup d'une originale princesse — vraie ou fausse —
je ne sais à bien dire, dont les excentricités sont restées
comme le type perfectionné du genre.

« Tout cela peut-il être encore de mise aujourd'hui? Je déclare que non, car cela me semble tout simplement odieux.
Depuis 1870, le pigeon devrait être sacré pour quiconque a
du sang français dans les veines. Rappelez-vous nos émotions
lorsqu'un de ces braves et jolis oiseaux, échappés à mille
dangers, mourant de faim, succombant à la fatigue et au
froid, nous apportait des nouvelles de la Patrie broyée par
l'invasion des hordes germaines.

« Est-ce un retour à la barbarie? Non. Ceux que nous sommes convenus d'appeler barbares ont toujours vénéré les animaux dont ils avaient pu apprécier les services. Qui ne connaît le culte des anciens Égyptiens pour l'ibis, pour l'ichneumon, pour tant d'autres? — Est-il nécessaire de parler des Romains, un peuple qui ne se piquait pas de faire du sentiment, celuilà? Et cependant jamais il n'oublia que les oies du Capitole avaient sauvé Rome en éventant les soldats gaulois, qui espéraient surprendre la ville endormie. Ces prosaïques oiseaux dont les cris avaient éveillé Manlius et permis de repousser l'ennemi, étaient, depuis cette époque et en mémoire de cet événement, promenés solennellement tous les ans dans la ville et personne ne le trouvait ridicule.

« Aujourd'hui chez les Chinois, chez les Indiens, chez tous les peuples, enfin, où la sainte démoralisation n'a pas pénétré, nous trouvons le même respect des animaux qui aident ou ont aidé l'homme.

« On ne peut donc pas dire que c'est un retour à la barbarie qui fait prendre plaisir à ces stupides massacres. Du reste, la classe qui se livre à ce passe-temps cruel est assez peu nombreuse, et on pourrait peut-être en trouver une explication dans l'état de décomposition où tombe partie de la haute société.

« A côté d'elle, nos classes dirigeantes se composent de beaucoup de sceptiques, mais surtout de sceptiques *par pose*, pardonnez-moi le mot. Ceux-ci trouvent bête tout ce que l'on respecte, stupide de se faire tuer pour les autres, préférant de beaucoup voir les autres se faire tuer pour eux. Tout le monde connaît ce M. de Pochepercée, *qui, réfugié à Londres* pendant la guerre, trouvait souverainement *idiot* de la part de Trochu de laisser bombarder Paris au risque de faire abîmer les bibelots qu'il n'avait pu emporter.

« Eh bien, ces gens-là forment le fond des populations du tir aux pigeons. »

Je n'ai pas présenté l'orateur comme un chaleureux partisan du tir aux pigeons. Son petit discours qui me donne raison, ne montre pas non plus un grand amour pour ceux qu'il y a rencontrés et dont, par malheur, il connaissait et la vie et les mœurs. Mais tous ceux qui peuvent avoir en goût ce genre de sport ne sauraient être compris dans un blâme semblable. Il y a donc tireurs et tireurs. — « Soit, reprend-il, mais il n'y a qu'un tir et celui-là, je n'en démords pas, est un assassinat. Et, ajoute-t-il, ce n'est par sensiblerie, équivoque ou deplacée, que je plaide ainsi la cause de l'oiseau, plût à Dieu qu'il pût mourir de vieillesse sans profit. Cela ne se peut; je le sais, mais puisqu'il doit subir la fatale loi d'alimentation, ne faisons pas de sa mort un passe-temps cruel et inutile, car il n'est même plus mangeable lorsqu'il est adulte.

« On a dit : le tir aux pigeons forme le coup d'œil du chasseur. Je le nie.

« En effet, quel rapport peut-il exister entre le vol doux et silencieux du pigeon et le vol de n'importe quel gibier? Le chasseur est-il surpris par ce vol comme il peut l'être par le vol strident, court et bruyant de la perdrix? Le chasseur est-il toujours commodément placé à la chasse comme il l'est au tir? connaît-il toujours exactement la distance comme ici? Sait-il si son chien arrête un oiseau qui va s'envoler, ou un lièvre qui va filer sans crier gare? Est-ce que le chasseur qui manque son coup de fusil est certain qu'il retrouvera pareille aubaine? Non, il ne faut pas faire de comparaison; rien ne peut servir d'excuses à ces hécatombes.

« Le pigeon a depuis longtemps fait sa soumission à l'homme, son plus vif désir est de vivre en bonne intelligence avec nous, en nous payant comme il peut la nourriture et le couvert que nous lui laissons prendre. Notre destinée est-elle donc de nous servir toujours de notre raison pour descendre au-dessous de la bête? »

Et mon cher aristarque alors fait appel à l'éloquence persuasive du plus noble ami des bêtes, de M. A. Toussenel. Ne

pouvant plus le suivre sur ce terrain, j'ai hâte de revenir à
la question du tir considéré à son point de vue utilitaire.

Cependant, qui n'entend qu'une cloche n'entend qu'un son.
Pour faire parvenir le son de deux cloches aux oreilles du
lecteur, je mettrai au-dessous de l'attaque, insérée plus haut,
un passage d'une réponse faite par un journal anglais, le
Fields, à une attaque non moins vive aux tireurs de pigeons
de Hurlingham. « Si les oiseaux pouvaient paraître à la
barre, comme parties intéressées, commence par dire leur
défenseur, croyez bien qu'ils protesteraient contre l'aide prétendue d'amis qui ont ruiné leur cause en prenant une position insoutenable... » Cet argument — est-ce un argument?
— est bien anglais; mais poursuivons.

« Quand on nous dit que le tireur de pigeons se rend coupable de torturer des créatures inoffensives; et quand on
nous assure, en même temps, que le tir de la perdrix et du
faisan est un sport innocent, nous nous demandons naturellement où gît la différence, pour ce qui concerne la cruauté.
Sûrement, un faisan ou un lièvre est aussi inoffensif qu'un
pigeon, et, malheureusement, en ces jours de « battues » le
faisan n'a guère plus chance d'échapper que le dernier. A
moins que tout le gibier ne soit compris dans la même catégorie, il tombe à terre cet argument qu'il est inexcusable de
poursuivre avec le fusil des animaux qui peuvent être détruits
par des moyens plus faciles, car il est peu de personnes familières avec les choses du sport qui soutiendraient que les
faisans et les lièvres d'un parc bien gardé, ne pourraient être
apportés sur la table, avec beaucoup plus de facilité, en faisant
usage des filets ou autres engins, qu'en se servant du fusil.

« Mais ceux qui ont eu l'occasion de comparer l'extinction
instantanée de la vie déterminée par un coup de feu bien di-
rigé, avec la mort lente qu'on fait souvent souffrir à la volaille, ceux-là conviendront que l'humanité gagnerait peu au
change. S'il est impardonnable de tuer un pigeon qui sort
d'une trappe, il doit être également impardonnable de tuer

des faisans que la main de leur gardien a nourris et qui ont acquis toute la familiarité des volailles domestiques...

« Il serait besoin de beaucoup plus de place que nous n'en pouvons disposer pour indiquer les avantages immenses qui découlent de la chasse et du tir, même considérés au seul point de vue matériel. Mais, comme l'accusation dont il s'agit se borne à la soi-disant cruauté du tir au pigeon, comparé avec les autres tirs, nous répondrons que nous sommes tout préparé à combattre cette accusation.

« Tout sport est cruel et l'instinct qui presse l'homme de poursuivre les animaux est cruel aussi.

« Revenons pourtant au grand principe que les créatures inférieures ont été placées dans la main de l'homme, non point pour être torturées, mais pour servir à des jouissances rationnelles, mentales ou corporelles ; et, en considérant les bénéfices moraux et physiques que l'ardent amour du sport a donné aux Anglais, nous nous hasardons à exprimer l'espoir que cet amour de sport, avec toutes les mâles vertus qu'il engendre, se montre plus fort que le faux humanitarisme du jour ! »

Et le directeur en chef de *la Chasse illustrée*, M. H. Émile Chevalier, à cette réfutation a joint les observations suivantes qui élèvent encore le débat.

« Que signifie, s'écrie-t-il, cette tendresse pleurnicheuse pour tel ou tel animal, pour tel ou tel fait, et cette insensibilité bien marquée pour tel autre absolument identique ? Est-ce que le chasseur tue toujours son gibier sur le coup ? Ne le fait-il pas, plus d'une fois, involontairement souffrir ? Faut-il pour cela interdire la chasse ? Le pêcheur est-il responsable des tortures qu'il fait subir au poisson ? Le premier devra-t-il ne se servir d'un fusil que quand il sera sûr de foudroyer toute pièce qu'il visera ? Et le second, qu'en ferez-vous ? De quel instrument l'armerez-vous pour qu'il anéantisse instantanément la vie chez le poisson qu'il sort de son élément propre ?

« Ces prétentions ultra-ridicules me rappellent la naïveté
d'une bonne maman qui, de peur que son fils ne se noyât, ne
voulait pas qu'il prît un bain, avant de savoir nager.

« Les cœurs les plus sensibles, les estomacs les plus délicats s'abstiennent-ils de crustacés et de mollusques, parce
qu'il a fallu martyriser les pauvres écrevisses ou les pauvres
huîtres pour les traîner vivantes, loin, bien loin du liquide
hors duquel l'agonie les étreint?

« Mais si l'on voulait examiner de près les conséquences de
tels principes on serait effrayé de la voie où elles engageraient
notre espèce. Pourquoi alors vivre de chair animale, pourquoi vivre de substance végétale? Est-ce que l'une et l'autre
ne pâtissent pas quand on les détruit pour quelque cause que
ce soit? Mais est-ce qu'aussi ce n'est pas là une loi naturelle,
imprescriptible? Si vous voulez que les animaux de chasse
souffrent le moins, ayez le plus de meilleurs tireurs ; si vous
voulez avoir le plus de meilleurs tireurs, apprenez vos élèves
à tirer sur le vif, par conséquent, multipliez le tir aux pigeons
au lieu de le condamner.

« C'est élémentaire. »

Ce petit côté de l'affaire effleure à peine mon ami qui accepte comme une nécessité — *dura lex* — la loi de l'alimentation. Il veut bien qu'on mange les pigeons et que, pour les
manger, on les fasse passer de vie à trépas; mais il se ré-
volte à la pensée que, de gaieté de cœur, pour le bon plaisir
de quelques désœuvrés, on les assassine froidement, sans
utilité aucune. Or, pour démontrer qu'il voit juste ici et raisonne droit, il pose en fait que le tir aux pigeons — pauvre
école de tir — n'apporte aucun moyen sérieux d'instruction
au chasseur. Ce n'est pas l'avis du vicomte de Dax, une autorité en la matière et l'un des favoris du grand saint Hubert
qu'il a glorifié tout à la fois et par ses actes et dans ses écrits
très-répandus.

Mais dans l'enseignement que seraient appelées à généra-
liser les écoles de tir, telles que je les conçois, il y a autre

chose que le tueur heureux ou adroit du gibier, il y a surtout, avant tout, la connaissance théorique et pratique de
l'arme à feu, bien plus utile à vulgariser que le savoir plus
spécial du tireur proprement dit.

Eh bien, ce point a été mis en grande lumière par le vicomte de Dax dans l'article suivant, extrait de *la Chasse illustrée*, dont il a eu la direction pendant quelques années.

« Mettant de côté, dit-il, toute sensiblerie, et tant de dithy-
rambes en faveur des volatiles assassinés en vue seule d'un
plaisir, ainsi que nous l'avons souvent entendu répéter au
sujet du tir aux pigeons, plaçons en parallèle les effets utiles,
et la balance penchera bien vite sous leur nombre.

« Nul exercice, en effet, ne peut développer plus rapidement
et plus parfaitement les qualités que doit posséder un bon
chasseur.

« Pour bien tirer il faut : l'habitude de manier une arme
avec précision et prudence ; se bien posséder, c'est-à-dire
joindre l'action à la rapidité des mouvements, à la justesse du
coup d'œil, le sang-froid sans lequel rien n'est possible, savoir
se bien camper sur les jambes ; choisir instinctivement et du
premier coup, la pose la plus favorable pour que les bras et
le haut du buste combinent librement leurs mouvements tout
en laissant le corps en parfait équilibre ; habituer le regard
à embrasser un large rayon sans que la tête pivote, et que
rien ne puisse se mouvoir, courir ou voler dans cet espace,
sans que l'œil ne se fixe immédiatement sur le point exact,
ne juge, et ne détermine sur-le-champ s'il y a lieu d'agir, ou
s'il fau attendre.

« Cette action de l'intelligence doit pouvoir être secondée
par les facultés physiques avec une entente parfaite, une précision mathématique, et surtout sans précipitation.

« Le chasseur n'arrive que progressivement à cet ensemble
qu'une longue pratique peut seule lui donner ; le tir aux pigeons lui permet d'atteindre le but avant que l'âge n'ait blanchi
ses cheveux et que les rhumatismes ne l'aient ankylosé.

« Il est pourtant des natures récalcitrantes, des aptitudes spéciales qui ne peuvent être modifiées, et j'ai connu un chasseur, tirant admirablement le lièvre et le lapin, qui n'avait jamais pu se faire au tiré de la perdrix, de la caille, de la bécasse, et qui eût donné tous les lapins du monde, tous les animaux à quatre pattes, pour pouvoir orner son chapeau de quelques plumes légitimement conquises. Le tir aux pigeons eût peut-être réalisé son rêve ; aussi, comme il peut se trouver des chasseurs dans le même cas, je vais leur faire connaître comment est organisé celui du bois de Boulogne. Ils pourront se convaincre de la facilité qu'ils auront à en établir de semblables, ou à les modifier en les simplifiant, car il n'est pas un château, une ferme, où l'on ne puisse se livrer à cet utile exercice, qui ne demande que peu de frais d'installation. La difficulté de se procurer des milliers de pigeons, ainsi que l'exige un tir modèle aussi fréquenté que celui de Paris, disparaît pour le propriétaire qui peut trouver chez lui, ou dans les colombiers voisins, les pigeons qui lui sont nécessaires.

« Le nombre de boîtes peut être diminué ; les règlements, indispensables lorsqu'il y a un certain nombre de tireurs peuvent être réduits suivant la volonté de chacun, mais il est bon cependant de connaître de quelle base on doit partir

« Un vaste espace complétement libre de tout obstacle, où la vue puisse s'étendre, est la première chose que l'on doive chercher pour l'établissement d'un tir, afin d'éviter les accidents, et c'est le cercle des Patineurs, au bois de Boulogne, qui a été choisi comme l'emplacement le plus favorable.

« Une chaussée bâtie sur pilotis, part de devant les constructions du cercle, et traversant le lac dans une longueur d'environ quarante mètres, aboutit à une plate-forme, aussi sur pilotis, où sont placées à distances égales et sur une seule ligne cinq boîtes dont je donnerai plus loin la description. La chaussée est divisée de mètre en mètre par des lignes tracées sur le plancher et porte à droite le nombre de mètres correspondant à la distance de chaque ligne aux boîtes

inscrits sur une planchette, de un à trente-neuf, en prenant
la boîte du centre pour l'unité ; c'est sur l'une de ces lignes
que le tireur doit poser le pied d'après les conventions con-
venues d'avance.

« Les cinq boîtes portent un numéro ; celle placée à la gauche
du tireur porte un, celle située à l'extrême droite, cinq. Une
corde attachée à chacune d'elles, passant dans une série d'an-
neaux et de poulies, vient correspondre sur un chevalet
placé à l'entrée de la chaussée à un numéro identique et se
termine par une poignée à hauteur de bras. A côté du chevalet est un cadran ou tourniquet sur lequel les numéros un,
deux, trois, quatre et cinq sont plusieurs fois répétés. Une
ouverture pratiquée dans le haut du châssis du tourniquet
ne laisse lire qu'un seul numéro à la fois, lorsque le tourniquet s'arrête.

« La limite du tir, c'est-à-dire l'enceinte dans laquelle les
pigeons doivent tomber après avoir été tirés, est un arc de
cercle d'un rayon de quatre-vingts mètres, dont le centre est
au quai de tir ; la distance de la boîte centrale à la circonfé-
rence est de cinquante mètres. L'enceinte en arc est indiquée
par une barrière légère ; et la corde de l'arc par une série de
poteaux où sont fixés sur des cordelettes des petits drapeaux.

« Au delà de l'enceinte marquée, s'étend un énorme espace
en prairies complantées d'arbres et séparant les terrains af-
fectés au tir, du reste du bois de Boulogne, par de hautes
barrières qui empêchent le public d'y pénétrer.

« Un personnel nombreux et un armurier sont attachés à
l'établissement, où nul n'a le droit de pénétrer que les membres du cercle. Cependant les personnes étrangères peuvent
obtenir une carte d'entrée valable pour un jour, sur la demande et sous la responsabilité expresse d'un membre du
cercle qui la signera ainsi que l'un des membres du comité.

« Deux hommes sont spécialement chargés de la manœuvre
des boîtes, et lorsque le tir est engagé, ils ont fort à faire

pour qu'il ne se ralentisse pas; mais avant d'aller plus loin, il me faut indiquer comment ces boîtes sont établies.

« On a renoncé à celles en bois, qui, enterrées jusqu'au raz du couvercle, s'ouvraient en tabatière, car il arrivait, encore plus fréquemment qu'avec les nouvelles, que le pigeon prisonnier ou ne s'envolait pas, ou s'envolait au moment où, en le plaçant dans la boîte, on ne refermait pas assez vite le couvercle. Celles dont on se sert maintenant sont en tôle mince. Lorsqu'elles sont fermées, elles présentent un cube d'environ un pied sur toutes les faces. La partie inférieure, qui doit reposer sur le sol, est portée sur deux demi-rouleaux en tôle et percée, sur le bord qui doit faire face au tireur, d'un trou au travers duquel passe un écrou qui se visse sur le plancher et permet à la boîte entière de jouer sur un axe. La partie supérieure porte une ouverture qui se ferme et s'ouvre à coulisse, par laquelle on fait pénétrer le pigeon, et, sur le bord faisant face au tireur, un fort anneau soudé auquel est attachée la corde dont l'extrémité est, ainsi que je l'ai dit, garnie d'une poignée en bois qui pend à hauteur de bras sur le chevalet. Par un mécanisme des plus simples et qui repose en entier sur des charnières et des morceaux de tôle faisant ressort, lorsque l'on tire la corde la boîte s'ouvre en entier; les portions formant couvercle viennent en avant, les parties des côtés tombent à la fois et le pigeon se trouve complétement en liberté. Pour la refermer on relève les parois, on ramène les parties du couvercle et d'un seul mouvement, tout se retrouve en place. Si dans la manœuvre l'orientation de la boîte a été dérangée, la traction de la corde faisant tourner la boîte sur l'écrou, la rétablit au moment voulu.

« Ces boîtes sont solidement établies, et sortent des ateliers de M. Martin, plombier, qui les fait payer trente-cinq francs, tandis que nous en avons vu de pareilles, qui coûtaient ailleurs soixante et quatre-vingts francs. La question d'argent est, dit-on, secondaire, mais pour ceux qui voudraient essayer du tir aux pigeons en province, il me semble qu'elle doit avoir son importance.

« L'armurier du cercle tient à la disposition des tireurs des fusils de tous systèmes, des munitions, au prix de vingt-cinq centimes par coup de fusil, mais toute liberté est laissée à ceux qui veulent apporter leurs armes et leurs munitions.

« Le calibre 10 est le plus gros calibre autorisé; sept grammes cinquante de poudre la plus forte charge, le plomb n° 5 le plus gros plomb permis.

« Un article des règlements dit que : Les cartouches grillées, ainsi que toutes les cartouches fabriquées d'une façon spéciale pour en augmenter la portée, sont par mesure de sûreté formellement interdites.

« Cette interdiction est excellente, et devra être imitée, car il est impossible autrement de prévenir les accidents qui ne manqueraient pas de se produire avec des cartouches qui font balle fort souvent et à des distances énormes.

« Je parlerai de divers calibres adoptés pour telle ou telle partie de tir engagée et des divers avantages qui leur sont accordés, mais avant il faut dire un mot des pigeons.

« Les grosses espèces ne valent rien, les races de luxe sont en général composées d'oiseaux dont le vol est lourd et trop régulier, aussi ne recherche-t-on que le pigeon ordinaire, connu sous le nom de biset ou de fuyard, et que l'on trouve dans les colombiers de toutes les fermes. De petite taille, peu chargé de chair, il a l'aile bien développée, le vol rapide et assez imprévu, surtout lorsqu'il n'est pas trop jeune; il s'enlève sans hésitation au moment où la boîte s'ouvre, toutes qualités qui, jointes au bon marché du prix d'achat, doivent le faire préférer, mais ce qui sera facile en province est une des questions ardues pour un établissement très fréquenté et qui doit se procurer journellement des pigeons par centaines, en prenant les bons comme les médiocres.

« A présent que nous connaissons l'organisation matérielle du tir aux pigeons, je passe aux règlements qui doivent être observés.

« Chaque tireur a son nom inscrit sur le livre de tir et la distance à laquelle il doit se placer pour tirer est mentionnée à la suite de son nom. Cette distance peut être modifiée suivant les conventions admises par les tireurs, et les parties peuvent être librement organisées de 10 heures du matin à 2 heures; mais à partir de cette heure jusqu'à 6 heures du soir, le tir est exclusivement réservé aux poules.

« En outre de l'entrée, qui est ordinairement de 20 francs, le tireur paye chaque pigeon qu'il tire 1 fr. 50 c. avec défalcation de 0 fr. 25 c. par pigeon tué et compté *bon* pour le *tir*.

« Laissant de côté les handicaps, paris, matchs et tirs, où le calibre du fusil, la charge et les distances dépendent des conventions adoptées par les tireurs, je passe à la partie la plus importante, la poule, qui est régie par des règles fixes.

« L'unité du calibre, adoptée pour les poules à un louis et au-dessus, est le calibre 12.

« Les calibres 11 sont distancés d'un demi-mètre; les calibres 10 d'un mètre.

« Par contre, les calibres 14 avancent d'un demi-mètre et les calibres 16 d'un mètre.

« Les calibres au-dessous de 10 sont interdits; aucun avantage n'est fait aux calibres au-dessus de 16.

« La plus grande distance réglementaire pour les poules est de 30 mètres, mais — afin de régulariser les chances entre les tireurs — le juge peut l'augmenter exceptionnellement dans le cas d'une supériorité de tir reconnue.

« Tout tireur convaincu d'avoir tiré à une distance moindre que celle qui lui est imposée perd tous droits à la poule ou aux paris engagés.

« Le gagnant d'une poule de dix louis, nets de tous droits — 5 pour 100 sur toutes les poules — son entrée comprise, recule de 2 mètres; si le prix est moindre, de 1 mètre : cette distance lui est imposée pour la journée seulement.

« Le même tireur ne peut être reculé de plus de trois mètres dans la même journée, quand bien même il viendrait à gagner plusieurs poules.

« Si le gagnant d'une poule de dix louis, son entrée comprise,

est déjà à trente mètres, il reste à sa place et les autres tireurs avancent de deux mètres; d'un mètre seulement, si le
prix est moindre. Cette règle est facultative et le tireur peut
reculer jusqu'à trente-deux mètres.

« Ainsi que nous l'avons dit, la distance est comptée du quai
de tir où sont placés le tourniquet et le chevalet, à la boîte
centrale, qui est elle-même à cinquante mètres de la circon-
férence dans laquelle les pigeons doivent tomber pour être
jugés *bons*.

« Les boîtes, au nombre de cinq, sont espacées de cinq
mètres.

« Deux garçons de tir sont chargés : l'un de manœuvrer le
tourniquet et la corde qui fait cuvrir la boîte dont le numéro
correspond à celui indiqué par le sort; l'autre de refermer la
boîte ouverte et d'y mettre un nouveau pigeon.

« A l'appel de son nom, le tireur doit se placer à la distance
exacte qui lui est imposée. — Ses pieds ne doivent pas dépasser la ligne tracée pour marquer les divisions. — Le fusil
ne doit pas être épaulé. — La crosse doit être plus basse que
l'épaule du tireur. Si les choses se passent autrement, le juge
peut annuler le coup ou le déclarer mauvais.

« Le tireur étant en place et prêt à tirer, se trouve en avant
du tourniquet qu'il ne peut voir qu'en se retournant, ce qui
est formellement interdit; il ne peut donc savoir d'avance laquelle des cinq boîtes va s'ouvrir. Le garçon de tir fait tourner le cadran du tourniquet, lit le numéro qui apparaît dans
l'ouverture que j'ai décrite et prend la poignée de bois qui,
sur le chevalet, pend au bout de la corde qui doit faire ouvrir la boîte portant le numéro indiqué. Le tireur prononce à
haute voix :

« — Êtes-vous prêt?

« — Oui, monsieur.

« — *Pull!* (Tirez!)

« L'une des boîtes s'ouvre et s'abat complétement. Si le pigeon ne s'envole pas, le tireur peut, à son gré, le refuser ou

l'accepter ; s'il tue le pigeon à terre avant qu'il ne s'enlève, le coup ne compte pas. S'il attend que le pigeon s'enlève et qu'il tire ensuite, le pigeon lui est acquis. Dans ce dernier cas seulement, le fusil peut rester épaulé, mais il est bien entendu que pour être compté *bon* le pigeon aura été tué au vol.

« Si la boîte s'ouvre avant que le tireur ait prononcé le mot *pull*, il a le droit de prendre ou de refuser le pigeon. S'il tire, le pigeon lui est acquis.

« Lorsqu'un pigeon aura été tiré avant d'avoir quitté la boîte, qu'il soit manqué ou tué, qu'il ait été tiré d'un coup ou de deux coups de fusil, il est, dans tous les cas, compté nul au tireur qui doit en retirer un autre.

« Le tireur a droit à un autre pigeon si son fusil rate par défaut d'explosion de la capsule ou si la cartouche ne part pas : mais le pigeon est perdu pour lui, si son fusil ne part pas par sa faute, c'est-à-dire s'il n'a pas armé les marteaux ; s'il a oublié de charger, de mettre des capsules ou des cartouches.

« Si le premier coup rate et que le tireur tire le second, il perd son droit à un autre pigeon, à moins que le second coup n'ait raté également.

« Si le second coup rate, le tireur ayant manqué de son premier coup, peut réclamer un autre pigeon ; dans ce cas, les deux coups doivent être chargés *également* et tirés, le premier à poudre seulement, et il est bien entendu que le premier coup ne pourra être tiré qu'après la boîte ouverte et le pigeon parti.

« Il est interdit de presser les deux gâchettes à la fois.

« Si le tireur est gêné par son adversaire ou par un spectateur, ou si un accident quelconque vient le déranger, le juge peut lui permettre un autre pigeon.

« Suivant les conventions faites entre les tireurs, préalablement au tir, ce dernier peut être simple, ou double. Il est simple lorsqu'un seul pigeon doit sortir d'une seule boîte. Il est double lorsque deux boîtes s'ouvrant en même temps, il part un pigeon de chacune d'elles.

« Quand le tir est simple et qu'il part plus d'un pigeon à la fois, le tireur peut crier : *Coup nul !* — et demander un autre pigeon. Mais s'il tire, il doit en subir les conséquences.

« Quand le tir est double, et que plus de deux boîtes s'ouvrent à la fois, le tireur peut crier : — *Coup nul !* et réclamer d'autres pigeons. Mais s'il tire, il en subit les conséquences.

« Le pigeon doit être tué au vol pour être compté *bon*, excepté le cas où le tireur l'achève du second coup.

« Une personne seule doit ramasser le pigeon tombé ; elle ne peut employer aucun instrument à cet usage.

« Le pigeon pour être compté *bon*, doit tomber en dedans dès ¹ mites ; s'il tombe en dehors, il est perdu et compté *mauvais*. Les limites en dedans desquelles le pigeon doit tomber et être ramassé, sont, ainsi que je l'ai dit en commençant, indiquées par des barrières formant arc de cercle, et par des banderolles flottant sur des cordelettes ou fils de fer attachés à des poteaux, formant la corde de l'arc.

« Tout pigeon déclaré *douteux*, c'est-à-dire auquel on peut supposer encore assez de force pour se renvoler, quoique blessé dans les limites, doit, si un des tireurs intéressés l'exige, être pris immédiatement pour pouvoir être déclaré *bon*.

« Un pigeon déclaré *bon* sera acquis et maintenu *bon*, quand bien même il viendrait à repartir *avant* que le tireur suivant ait tiré ; dans le cas où le tireur qui l'aura abattu de son premier coup n'aurait pas été mis en demeure par le ou les tireurs intéressés, ou par le juge, de l'achever de son second coup. Mais si les deux coups ont été tirés, il rentre dans le cas où :

« Tout pigeon tiré qui se pose sur un arbre, un poteau, un fil de fer, dans l'enceinte du tir ou sur la barrière-limite, est compté *mauvais*, à moins qu'il ne tombe mort *avant* que le tireur suivant ait tiré son premier coup de feu.

« Dès que la poule est engagée, les tireurs doivent se succéder sur la plate-forme sans interruption et à l'appel de leur nom, sauf le cas d'accident, soumis à l'appréciation du juge.

« Afin d'éviter tout dérangement pour les tireurs, et prévenir les chances d'accidents qui deviendraient terribles, des règlements sévères ont été prescrits et des amendes imposées. aux tireurs qui seraient tentés de les enfreindre. Ainsi :

« Amende de cent francs, si un tireur fait feu sur un pigeon ou tout autre oiseau de passage.

« Amende de vingt francs, si un tireur tire un coup de fusil en dehors des lignes de drapeaux diagonales, auquel cas le pigeon sera toujours compté *mauvais*.

« Amende de vingt francs, si un tireur a un fusil à la main, en dehors de son tour, sans avoir été appelé à tirer.

« Amende de dix francs, si le tireur revient sous la tente son fusil armé.

« Amende de dix francs, si le tireur se rend à la plate-forme son fusil armé.

« Ces mesures de précaution sont des plus sages et devront servir de règle à tous ceux qui voudront établir en province des tirs publics ou particuliers.

« Les membres du cercle du bois de Boulogne ont nommé un comité pour le tir aux pigeons. Il est chargé de veiller à l'observation des règlements, de juger les cas douteux, et les membres de ce comité font choix d'un ou de plusieurs arbitres dont les décisions sont sans appel. Ils sont chargés des handicaps et fixent à chaque tireur sa distance. Ils peuvent désigner, pour faire un handicap, une ou plusieurs personnes étrangères au comité. Ils peuvent, s'ils le jugent convenable, vérifier le calibre des fusils, la charge, ou les cartouches; prononcer leur jugement dans les discussions qui pourraient s'élever, enfin faire exécuter dans tout leur ensemble les règles et les prescriptions énumérées plus haut.

« Il serait à souhaiter que les tirs publics, qui pourraient être fondés dans les grandes villes de France suivissent les règlements du Cercle du bois de Boulogne, tout en y retranchant, ou modifiant ce qui ne conviendrait pas aux habitudes des tireurs de chaque province, et si j'insiste fortement, c'est que notre pays laisse beaucoup à désirer au point de vue du tir quel qu'il soit.

« En dehors de la chasse et de quelques tirs à la carabine ou au pistolet, fort peu de jeunes gens s'occupent de cet utile exercice, je voudrais donc voir se fonder dans chaque commune des sociétés de tireurs et là où l'établissement d'un tir aux pigeons serait difficile ou impossible, on devrait le remplacer par le tir à la cible ou à l'oiseau, ainsi qu'il existe dans certains départements du nord et du centre. Ce qu'un particulier pourrait faire, une société l'obtiendrait plus facilement encore en ne se remboursant que de ses frais par une cotisation minime imposée à chacun de ses membres, et en abaissant autant que possible le prix fixé pour chaque coup de feu.

« J'ai vu fonctionner des sociétés semblables dans les plus petits et les plus pauvres villages de l'Istrie, de la Carniole, de la Dalmatie. Les paysans, les bourgeois et les nobles s'y réunissaient, luttaient d'adresse, et les cabaretiers seuls se plaignaient du temps que l'on y consacrait le dimanche.

« Les questions morales et politiques ne pourraient qu'y gagner en France, et là où la somme nécessaire à un grand établissement de tir viendrait à faire défaut rien n'empêcherait de procéder avec une simplicité qui, d'ailleurs, est bien en situation ici. »

Voilà, bien exprimée et convenablement développée, mon idée sur l'institution généralisée du tir aux pigeons. Inutile d'insister. D'une organisation type il est aisé de descendre jusqu'aux installations les plus simples. Il y a loin de l'enseignement primaire à l'enseignement supérieur, mais nul n'oserait dire qu'en fait le premier ne rend pas au pays les services les plus considérables. Je ne veux toucher en rien aux grands établissements de tir, malgré tous les reproches qu'on pourrait leur adresser, par cette considération déterminante, à mon avis, qu'ils ne demandent rien à personne. On peut critiquer leurs agissements ; il n'y a pas de raison d'attenter à leur liberté. Mais d'une bonne idée, si la volonté de quelques-uns suffit à ne réaliser que le mauvais côté ou le côté futile, rien n'empêche le grand nombre de la reprendre et de la rendre à toute son utilité effective. Dans le cas particulier dont il s'agit, les sociétés communales de tir soit aux pigeons, soit à la cible, soit à l'oiseau, donneraient un moyen sûr de s'acheminer — toutes voiles dehors — vers le résultat cherché — familiariser toute la population mâle avec les armes à feu et lui apprendre à s'en servir utilement — ou à la chasse — ou à la guerre.

Les tirs actuels, richement dotés, appellent les joueurs et les attirent : ceux qui restent à créer n'ont d'excitation à offrir à aucune passion malsaine. Qu'ils donnent un aliment à la nécessité du savoir particulier à l'homme d'armes, leur but sera atteint.

Un dernier mot et je termine. Il aura trait aux précautions à prendre pour s'emparer des pigeons de tir.

Un panier et l'un de ces petits engins de pêche qu'on nomme épuisettes, tels sont les deux instruments nécessaires aux personnes qui se chargent de la capture en plein colombier. Le panier, de forme carrée et à claire-voie, peut être recouvert d'un simple filet laissant, en un point, juste la place pour passer la main en le soulevant. La nuit venue, toutes les ouvertures de la demeure fermées, on pénètre sans brusquerie chez les oiseaux, armé d'une lanterne qui projette une lumière, d'une épuisette et du panier ou de la corbeille dûment préparés.

Surpris, effrayés, je le crains, par la vivacité de la lumière, les pigeons se précipitent un peu tumultueusement vers leur sortie habituelle. Alors l'épuisette de remplir son office, Cueillis par deux souvent, pris au vol ou contre les murailles, les oiseaux sont ensuite saisis à la main avec toute sorte de ménagements et introduits de même sous le filet dont on a

couvert le panier. Avec un peu d'habileté, en évitant tout
brouhaha inutile, on a bientôt fait de nombreux prisonniers,
parmi lesquels très-peu de femelles ou de couveuses qui, la
nuit, n'abandonnent le nid qu'à la dernière extrémité. Or,
ceci même est à considérer, car il faut prévenir le dépeuple-
ment du colombier.

Les pigeons ainsi pris d'avance, et plus ou moins étroitement serrés dans une corbeille, seront au moins déposés en
un lieu frais, aéré et obscur. On évitera de la sorte qu'ils se
tracassent par trop dès la naissance du jour, qu'ils se fatiguent
en pure perte ou qu'ils se blessent.

Il est bon de pouvoir les offrir aux tireurs — frais et dispos,
énergiques et décidés.

Post-scriptum. — Si parfois les morts vont vite, parfois
aussi les livres vont lentement. Bien peu savent quelle distance souvent sépare la dernière ligne d'un manuscrit de sa
première ligne imprimée. Il n'y a pas plus loin de la coupe
aux lèvres.....

Ceci revient à dire que depuis l'achèvement de cet ouvrage,
il a passé beaucoup d'eau sous le pont.....

Eh bien, depuis que ce dernier chapitre a été écrit, les
faits ont marché. En plusieurs lieux ont été installés des tirs
aux pigeons. Pour la plupart ils sollicitent des tireurs habiles
et bien sûrs d'eux. Comme exemple, c'est bien ; il y a pourtant mieux à faire. C'est surtout aux apprentis qu'il importe
à la France de voir ouvrir de bonnes écoles de maniement
d'armes à feu et de tir.

Au commencement de 1874, Paris a établi des concours de
tir dont l'initiative a été prise par une société centrale du tir.
Ici, le pigeon n'est pour rien, mais l'habileté des tireurs n'en
est ni moins heureusement exercée ni moins facilement constatée. J'ajoute qu'elle est très-judicieusement encouragée par
l'État qui a offert des prix réservés aux lycéens et aux pen-
sionnaires.

Ceci est une bonne innovation; ceci rentre complétement dans mes vues et le seul souhait qui me reste à former, c'est que l'exemple donné par Paris — la grand' ville — soit copié jusque dans le plus petit des cantons de France. A côté des cirques, des ménageries, des chevaux de bois et autres récréations ou divertissements populaires, pourquoi ne verrait-on pas s'installer aussi, à l'occasion des fêtes et réjouissances publiques, des tirs sérieux et spécialement favorisés ? Il y aurait là une utilité certaine, un fait d'une portée considérable et éminemment patriotique.

FIN.

TABLE DES MATIÈRES

Paris. — Imp. de E. Donnaud, rue Cassette, 9.

CHASSES ET VOYAGES

DU COURRET

Les Mystères du désert. Souvenirs de voyage en Asie et en Afrique. 2 vol. gr. in-18 jésus, avec carte. . . 7 »

C. D'AMEZEUIL

Les Chasseurs excentriques. 1 vol. gr. in-18 jésus. . . . . . 3 »

LESTRELIN

Les Paysans russes. Usages, mœurs, caractère, religion et superstition. 1 vol. gr. in-18 jésus. . . . . 3 »

M. DE FOSSEY

Le Mexique, ancien et moderne. 1 vol. in-8. . . . . 5 »

O. FERÉ

Les Régions inconnues. Aventures de chasse et de pêche dans l'extrème Orient. 1 vol. gr. in-18 jesus. 3 »

B. H. RÉVOIL

Bourres de fusil. Souvenirs de chasse. 1 vol. gr. in-18 jésus. . 3 »

RÉMY

Voyage au pays des Mormons. Relation, géographie, histoire naturelle, théologie, mœurs et coutumes. 2 vol. gr. in-8, gravures et carte 20 »

UBICINI

Les Serbes de Turquie. Études historiques et statistiques. 1 vol. gr. in-18 jésus. 3 50

COMTE RAOUL DU BISSON

Les Femmes, les Eunuques et les Guerriers du Soudan. 1 vol. gr. in-18 jésus. 3 50

F. CHASSAING

Mes Chasses aux Lions. 1 vol. gr. in-18 jésus, illustré. . . . 3 »

VICOMTE LOUIS DE DAX

Nouveaux souvenirs de chasse et de pêche dans le midi de la France. 1 vol. gr. in-18, illustré 3 50

CHARLES DIGUET

Tablettes d'un Chasseur. 1 vol. gr. in-18 jésus. . . . . 3 »

DEYEUX

Le vieux Chasseur. Nouvelle édition, préface par Jules Janin 1 vol. in-32 orné de 50 gravures. . 1 »

Vte DE LA NEUVILLE

La Chasse au chien d'arrêt. 3e édition illustrée, par F. Grenier, 1 vol. gr. in-18 jésus. 3 50

OLYMPE AUDOUARD

L'Orient et ses peuplades. 1 vol. gr. in-18 jésus. . . . . . . 5 »

L'Égypte et ses mystères dévoilés. 1 vol. gr. in-18 jésus. 5 »

A travers l'Amérique. 2 vol. gr. in-18 jésus. . . . . 7 »

L. DEVILLE

Une aventure sur la mer Rouge. 1 vol. gr. in-18 jésus, illustré. 3 50

Une semaine sainte à Jérusalem. 1 vol. gr. in-18 jésus. . 2 »

Une excursion dans les Cornouailles. 1 v. gr. in-18 jésus 2 »

DURAND-BRAGER

Deux mois de campagne en Italie. 1 vol. gr. in-18 jésus. 3 »

DUC DE CHARTRES

Souvenirs de voyages. Visite à quelques champs de bataille de la vallée du Rhin. 1 vol. in-18 jésus. 3 »

J.-P. FERRIER

Voyages et Aventures en Perse, dans l'Afghanistan, le Béloutchistan et le Turkestan. *Nouv. édition.* 2 vol. gr. in-18 jésus, avec carte. . . . . 7 »

J. GÉRARD

Le Mangeur d'Hommes. Récits de chasse dans l'Inde. 1 vol. gr. in-18 jésus, illustré. 3 50

GABRIEL

Danube, Nil et Jourdain. 3 vol. gr. in-18 jésus. . . . . . . 6 »

GRENIER

La Grèce telle qu'elle est. 1 vol. gr. in-18 jésus. . . . . 3 »

LOUIS JACOLLIOT

Voyage au pays des Bayadères. 1 vol. gr. in-18 illustré par Riou. 4 »

Voyage au pays des Perles. 1 vol. gr. in-18, illustré par E. Yon. 4 »

Voyage aux Ruines de Golconde et à la Cité des Morts. 1 vol. in-8. 6 fr.

Mme LOUIS JACOLLIOT

Trois mois sur le Gange et le Branmapoutre. 1 vol. gr. in-18 orné de gravures. . . . . 4 »

JULES PATOUILLET

Trois ans en Nouvelle-Calédonie. 1 vol. gr. in-18, avec carte et gravures. . . . . 3 »

A. TOUSSENEL

Le Monde des Oiseaux. Ornithologie passionnelle, 3 vol. in-8, orné de figures. . . . . 21 »

Tristia. Histoire des misères et des fléaux de la chasse de France. 1 vol. gr. in-18. . . . . 5 »